テレンス・タオ

ルベーグ積分入門

舟木直久 [監訳] FUNAKI, TADAHISA
乙部厳己 [訳] OTOBE, YOSHIKI

朝倉書店

An Introduction to Measure Theory
by Terence Tao

This work was originally published in English by the American Mathematical Society under the title *An Introduction to Measure Theory* ©2011 by Terence Tao. The present translation was created for Asakura Publishing Co., Ltd. under authority of the American Mathematical Society and Terence Tao and is published by permission.

訳者まえがき

本書はテレンス・タオ著 "An Introduction to Measure Theory" (AMS Graduate Studies in Mathematics Vol.126, 2011) の翻訳である．著者のタオ氏は1975年7月17日生まれのオーストラリア人で，1992年に渡米し，プリンストン大学でスタインに師事して1996年に博士号を取得した．現在はカリフォルニア大学ロサンゼルス校の教授である．主たる専門は調和解析・偏微分方程式・組み合わせ論・解析数論などであるが，それ以外にも乱雑行列をはじめとして広い範囲の数学に興味を持つ希有な数学者である．特に，任意の自然数 $k > 0$ に対して，$a_1, a_2, \ldots, a_k$ が素数で a_{k+1} が素数でないような等差数列が存在することをグリーンと共に証明して，2006年にフィールズ賞を受けたことは名高い．(たとえば $a_n = 2n + 1$ は $n = 1, 2, 3$ で素数であるが $a_4 = 9$ は素数ではないし，$a_n = 6n + 245$ は $n = 1, 2, 3, 4$ で素数であるが $a_5 = 275$ は素数ではない．)

本書はそのような広い視野と深い見識とを世界最高レベルで兼ね備えた著者がカリフォルニア大学の大学院で行なった実解析学の講義のノートをもとにした教科書である．日本の標準的な理工系であれば3年次程度に相当する内容であろう．タオは自身の興味のある数学の問題を精力的にブログに載せているが，本書のもととなった講義ノートもそのようにブログに掲載されたものである．そして，それは講義で学生に語りかけるのとまったく同じように書き下されており，講義の様子が目の前にありありと浮かんでくるようである．

たとえば，本書で詳細に述べられている［証明］はさほど多くない．実際に講義中に学生に提示できるものはこの程度であろう．さらに，［証明］の中に，そのアイディアや注意点など，講義では板書せずに口頭で説明するであろう内容もそのまま残っている．読者，特に初学者にとってはこれは本当に助けになる．一方で，(おそらく) 講義中に詳細まで述べられないことは演習[*1]として与えられており，それはかなりの数になる．その点ではこの教科書ではかなり深いことまで

[*1] なお，訳書では他の場所から参照される演習については * 印を付加したほか，索引にも掲載した．

扱われているが，ほとんどの演習には適切にヒントが与えられているので，証明抜きで事実を列挙してあるのとはまったく違う．また到る所にやや饒舌過ぎる感もあるほど解説が加えられているし，本音ではどう捉えるべきかというようなことも率直に述べられている．一言で言えば，読者はこの本を通して，実際にタオの名講義を聴講したのと同じような体験ができるように書かれているのである．

一方で，ルベーグ積分論というのは往々にして学習しづらいといわれることがある．それは議論の大局的な部分と，それを支える実数論・集合論のような繊細な部分とを同時に把握しておかなければならないということも理由の一つであろうかと思う．そこで，たとえば

- まずは (証明や演習を飛ばして) それ以外の所だけを深く考えずに追ってみる．
- 次に証明をそれなりに見ながら，演習問題にも目を通しつつ，全体を読んでみる．
- 証明をしっかりと追い，演習問題も考えながら，しっかりと読む．

の3回くらいに分けて学習するというのもよい手であろうと思う．すると，講義に出席しているだけのような状態からはじめ，講義で話だけはちゃんと聞いている状態，演習の時間まで含めて積極的に取り組んでいる状態に対応した学習効果が得られると感じるからである．同じ講義を3回も聞けば，その内容は自然と分かってくるものである．

そのルベーグ積分論の講義録が本書の第1章であるが，本書の第2章には関連するブログ記事がいくつか集められている．特筆すべきは2.1節「問題の解き方」で，これを見て目から鱗が落ちる思いをする読者も多いのではないかと思う．フィールズ賞に輝く大数学者が初学者に向けて問題の解き方を率直に説明するというのはあまり聞いたことがないが，このようなところがタオの素晴らしさを実によく反映していると思う．

さて，このような本書の性格を反映して，原書はまったく形式張らない口語調の英語で，しかもテンポよく書かれている．その原書の感じを日本語で再現するのは完全に訳者の能力を超えていた．翻訳家というのは本当にすごいと感心するとともに，読者の皆様にはその点深くお詫びしたい．原著者のタオにも何度となく質問したが，そのたびに常にただちに返信をくれ，またそれから派生したような訳者のくだらない質問にもつきあってくれた．ここに彼から教えてもらったハムサンドイッチ論法を紹介しておこう．「永遠の幸福よりも素晴らしいものは何も

ない。」「ハムサンドイッチは何もないよりはよい。」「従って，ハムサンドイッチは永遠の幸福よりも素晴らしい。」これは演習 1.4.6 に関しての質問であった。

さて，本書の翻訳を引き受けてから長い時間がたってしまい，当初 2014 年中を計画していたにもかかわらず，締め切りを過ぎてから慌てて取り組むこととなった。朝倉書店編集部の方々には遅れによって多大な迷惑を掛けたにもかかわらず，常に励まして頂き大変感謝している。また，信州大学理学部の筒井容平氏には翻訳原稿に目を通して誤りを指摘して頂いた。翻訳作業は自宅で深夜に集中的に行なったのだが，その間妻の敦子は小さな子の世話をしながら献身的な協力をしてくれた。心から感謝するとともに，この翻訳を彼女に捧げたい。

最後であるが，すでにルベーグ積分を学ばれた読者は気づかれるかもしれないが，本書ではなぜか積分記号下での微分定理 ($\frac{d}{d\alpha} \int_X f(x,\alpha)\,d\mu(x) = \int_X \frac{\partial}{\partial \alpha} f(x,\alpha)\,d\mu(x)$) が明記されていない。これは，たとえば $f(x,\alpha)$ が x の関数として測度空間 $(X, \mathcal{B}, \mu)$ 上で絶対可積分で，α の関数としてある開区間 (a,b) 上で微分可能であり，X 上で絶対可積分な $\varphi(x)$ によって $X \times (a,b)$ 上で $\left|\frac{\partial}{\partial \alpha} f(x,\alpha)\right| \leq \varphi(x)$ であれば成り立つ。これは微分の定義を書き下して，平均値の定理と優収束定理 (定理 1.4.48) からただちに分かることであるが，応用上目にする機会も多いため，念のためにここで述べておく。

2016 年 11 月

乙 部 厳 己

日本語版への序

　この教科書は 2010 年に著者がカリフォルニア大学ロサンゼルス校で担当した大学院新入生向けの測度論の講義に基づいて書かれた。その講義は英語で行なわれたのだが，いうまでもなく数学的な概念や定理，その議論というのはどんな言語でも表現できる。

　朝倉書店やとくに乙部厳己氏にはもとの教科書をていねいに日本語に翻訳してくれたこととともに，いくつかの細かな誤りや改善点を見つけてくれたことに深く感謝する。

テレンス・タオ

Garth Gaudry へ。この道へ導いてくれて
家族へ。つねに扶助してくれて
そしてブログの読者へ。フィードバックと貢献に

まえがき

　2010年の秋学期に大学院生向けに実解析学の入門講義を担当することになり，測度論と積分論の基本的事項に焦点を絞って講義した．ただし，ユークリッド空間の場合と抽象測度空間の両方とも取り扱った．この教科書はその講義のノートを元にしたもので，ブログ terrytao.wordpress.com でも読める．また，実解析における問題の解き方（2.1節）のような学生との議論から生まれた内容も加えてある．

　この教科書は，大学院生向けに書いた教科書［文献11］（以下 An epsilon of room, Vol. I と記す）の準備編のように思ってもらってもよい．そちらの教科書では（L^p 空間やソボレフ空間といった）ヒルベルト空間やバナッハ空間の解析のほか，位相空間，フーリエ解析や超関数といった関連する話題への入門を扱っているので，両方あわせれば大学院1年生向けの1年間の実解析の教科書として使えると思う．

　この本での測度論の取り扱い方法は講義の副読本として指定した教科書［文献7］に従っている部分が多い．とくに講義の前半ではほとんどユークリッド空間 $\mathbb{R}^d$ の測度論（もっと基本的なジョルダン・リーマン・ダルブーの理論から始め，それから上級のルベーグの理論へと移る）のみを扱い，抽象測度論は講義の後半まで扱わない．このように講義すると早い段階で学生の直観を養うことができ，またカラテオドリによる外測度を用いた測度の一般的構成法のような抽象的理論にも学生が関心をもつようにできるように思う．

　ここで扱う内容のほとんどは本の中で全部説明しているが，微積分の簡単な知識だけ（それととくに，ハイネ・ボレルの定理がルベーグ測度の構成で基礎となるので必要）は仮定している．だからもう一冊基本的な微積分の教科書をあわせて使うとよいかもしれないが，必須というわけではない．ただし，ほんの少し，位

相空間や，濃度・基数といった集合論の知識が必要な演習問題も含まれている。

　本文の中に埋め込んである演習問題は相当な数であるが，読みながらかなりの部分を相手にしてもらいたい。なぜかというと，この本の内容に関する重要な結果や例を演習問題という形で書いてあるものがたくさんあるからである。この教科書のもとになった講義では演習問題は期末試験の問題を作る土台にすることにして，そのことをはっきりと学生に伝えておいた。すると学生たちは試験対策のためにできる限り多くの問題に挑戦するようになるからである。

　この教科書の中心部分は第 1 章であり，それだけで四半期の講義としては十分な内容になっている。2.1 節はほかの部分と比べてもずいぶん気楽なところで，問題を解くときの戦略について解説している。それは実解析の演習問題特有のものだけでなく，別の分野も含めて広い範囲の数学的な問題を解くのに役立つ。この節は講義期間中の学生とのいろいろな議論を通して生まれたものである。第 2 章の残りの 3 節は興味に応じて読めるが，第 1 章の内容のほとんどを理解している必要がある（ただし 2.3 節は 1.4 節を終えたら読むことができる）。

記　　　号

　紙面の都合上，この本の中に出てくる数学用語についてはいちいち定義を与えられないことがある。もしある単語が，強調や定義以外の目的でゴシック体になっていれば，それは標準的な数学用語・結果・概念を表しているという意味で，いくつか文献を当たれば簡単に見つけられるものである（この本のブログ版ではそうした用語の多くにウィキペディアその他ネット上のページへのリンクが貼ってある）。

　集合 X の部分集合 E が与えられたとしよう。**指示関数** $1_E\colon X \to \mathbb{R}$ は $x \in E$ のときに $1_E(x) = 1$ で $x \notin E$ のときに $1_E(x) = 0$ となる関数として定義する。

　任意の自然数 d に対してベクトル空間

$$\mathbb{R}^d := \{(x_1, \ldots, x_d) : x_1, \ldots, x_d \in \mathbb{R}\}$$

を（d-次元）**ユークリッド空間**という。$\mathbb{R}^d$ のベクトル $(x_1, \ldots, x_d)$ は長さ

$$|(x_1, \ldots, x_d)| := (x_1^2 + \cdots + x_d^2)^{1/2}$$

を持ち，また 2 つのベクトル $(x_1, \ldots, x_d)$ と $(y_1, \ldots, y_d)$ には**内積**（ドット積）

$$(x_1, \ldots, x_d) \cdot (y_1, \ldots, y_d) := x_1 y_1 + \cdots + x_d y_d$$

が定まる。

拡大非負数直線 $[0, +\infty]$ とは，非負数直線 $[0, +\infty) := \{x \in \mathbb{R} : x \geq 0\}$ に 1 つ元をくっつけたもので，その元を $+\infty$ という記号で表す．多くの集合（たとえば $\mathbb{R}^d$）が無限大の測度を持つのでこうしておく必要があるのである．いうまでもなく $+\infty$ は実数ではない．しかし，それをまるで拡大された実数であるかのようにみなすのである．さらに，足し算をどの $x \in [0, +\infty]$ に対しても

$$+\infty + x = x + +\infty = +\infty$$

によって，かけ算は 0 でない $x \in (0, +\infty]$ については

$$+\infty \cdot x = x \cdot +\infty = +\infty$$

で 0 については

$$+\infty \cdot 0 = 0 \cdot +\infty = 0$$

として，さらに順序についてはすべての $x \in [0, +\infty)$ が

$$x < +\infty$$

を満たすものだとして，$[0, +\infty)$ 上のものをそれぞれ拡大しておく．足し算，かけ算，順序に関する代数的な法則のほとんどはこの拡大された数についてもそのまま成り立つ．たとえば，足し算やかけ算は可換であるし，かけ算から足し算への分配法則も成り立つし，順序の関係 $x \leq y$ は両辺に同じ量を足したりかけたりしても変わらない．ただし移項や約分については，無限大を許しているときには適用できないことに注意しておこう．たとえば $+\infty + x = +\infty + y$ や $+\infty \cdot x = +\infty \cdot y$ といった関係から $x = y$ は結論できない．これは $+\infty - +\infty$ や $+\infty/+\infty$ という形の式には値が定まらない（定めようとすると代数的規則の多くが成り立たなくなってしまう）ことに関係している．普通大まかにいって，もし項を消去（または引き算や割り算を）したいなら，そこに現れるすべての量が有限である（もちろん，割るときにはそれが 0 でないことも必要）ときだけが安全である．そうはいっても，項を消去したりせず非負の量だけを扱っているときには，拡大実数を使用していても滅多に危ない目にはあわない．

さらに，$+\infty \cdot 0 = 0 \cdot +\infty = 0$ と約束しておくとかけ算は（$x_n \in [0, +\infty]$ が $x \in [0, +\infty]$ へ増大しながら収束し，$y_n \in [0, +\infty]$ が $y \in [0, +\infty]$ へ増大しなが

ら収束するなら $x_n y_n$ は xy へ増大しながら収束するという意味で)上方向に連続であるが,下方向に連続ではないことに注意しておこう(たとえば $1/n \to 0$ であるが,$1/n \cdot +\infty \not\to 0 \cdot +\infty$)。この非対称な性質のせいで,我々は積分を上からではなく下から近似して定義することになる。そしてさらに別の非対称性も現れてくることになる(たとえば単調収束定理(定理 1.4.43)は単調増加関数列には適用できるが単調減少関数列に対しては成り立たない)。

◆注意 0.0.1. ここで妥協していることがあることを注意しておこう。もし使い勝手のいい計算の規則をできる限り多く残しておきたいなら,無限大のところに規則を加えるか,負の数を考えるようにするかなのだろうが,この両方はなかなか同時には手に入らない。これのせいで,測度と積分の理論には,もちろん共通する部分もあるが2つのものが混在する。一方は**非負理論**で,これは $[0, +\infty]$ の値をとる量を扱う。もう一方は**絶対可積分理論**でこれは $(-\infty, +\infty)$ や $\mathbb{C}$ に値をとる量を扱う。前者の基礎となる収束定理は単調収束定理(定理 1.4.43)である。他方後者の基礎となる収束定理は優収束定理(定理 1.4.48)である。両方とも重要であって,この本で説明してある。

拡大された非負数直線で重要なことは,どんな和も収束するということである。つまり,どのような数列 $x_1, x_2, \ldots \in [0, +\infty]$ に対してもその和

$$\sum_{n=1}^{\infty} x_n \in [0, +\infty]$$

は,部分和 $\sum_{n=1}^{N} x_n$ の極限として,有限値か無限大のどちらかとして存在している。この無限和をすべての有限な部分和の上限

$$\sum_{n=1}^{\infty} x_n = \sup_{F \subset \mathbb{N}, F:\text{有限}} \sum_{n \in F} x_n \qquad (1)$$

として定義しても同値である。これを踏まえて,任意の(有限または無限,可算または非可算)集合 A で添え字づけられた数 $x_\alpha \in [0, +\infty]$ の集まり $(x_\alpha)_{\alpha \in A}$ に対してその和を

$$\sum_{x \in A} x_\alpha = \sup_{F \subset A, F:\text{有限}} \sum_{\alpha \in F} x_\alpha$$

として定義することができる。この定義からあきらかに,和の値を変えることなく,どんなやり方でも添え字を付け替えることができるということに注意しよう。もっと正確に言えば,どのような全単射 $\phi: B \to A$ によっても,変数変換

$$\sum_{\alpha \in A} x_\alpha = \sum_{\beta \in B} x_{\phi(\beta)} \qquad (2)$$

が成立するということである。もし符号付きの数の和を考えているなら,今の順

序交換公式は，級数の和が絶対収束していなければ成り立たないということを注意しておこう（リーマンの順序交換定理を参照）．

演習 0.0.1. もし $(x_\alpha)_{\alpha \in A}$ が $\sum_{\alpha \in A} x_\alpha < \infty$ を満たす数 $x_\alpha \in [0, \infty]$ の集まりであれば，もし A 自身が非可算集合であっても，たかだか可算個の $\alpha \in A$ を除いては $x_\alpha = 0$ であることを示せ．

次の基本的な事実（フビニ・トネリ定理（系 1.7.23）の特別な場合）はよく用いることになる．

定理 0.0.2.（級数に対するトネリの定理） $(x_{n,m})_{n,m \in \mathbb{N}}$ を拡大非負実数 $x_{n,m} \in [0, +\infty]$ からなる 2 重無限列とする．このとき
$$\sum_{(n,m) \in \mathbb{N}^2} x_{n,m} = \sum_{n=1}^{\infty} \sum_{m=1}^{\infty} x_{n,m} = \sum_{m=1}^{\infty} \sum_{n=1}^{\infty} x_{n,m}$$
が成立する．

おおざっぱに言えば，トネリの定理によると，各項が非負であれば和の順序を何も恐れずに入れ替えてもよいことがわかる．

[証明] 最初の 2 つが等しいことだけいう．1 つめと 3 つめが等しいことは同様に証明できる．

まず
$$\sum_{(n,m) \in \mathbb{N}^2} x_{n,m} \leq \sum_{n=1}^{\infty} \sum_{m=1}^{\infty} x_{n,m}$$
であることをいう．そこで F を任意の $\mathbb{N}^2$ の有限部分集合とする．すると，ある有限の N があって $F \subset \{1, \ldots, N\} \times \{1, \ldots, N\}$ となっているから，（$x_{n,m}$ が非負であることを用いれば）
$$\sum_{(n,m) \in F} x_{n,m} \leq \sum_{(n,m) \in \{1,\ldots,N\} \times \{1,\ldots,N\}} x_{n,m}$$
となる．そして右辺は
$$\sum_{n=1}^{N} \sum_{m=1}^{N} x_{n,m}$$
と書き直せ，これはあきらかに $\sum_{n=1}^{\infty} \sum_{m=1}^{\infty} x_{n,m}$ 以下である（再び $x_{n,m}$ が非負であることを用いる）．つまり，$\mathbb{N}^2$ のどんな有限部分集合 F においても
$$\sum_{(n,m) \in F} x_{n,m} \leq \sum_{n=1}^{\infty} \sum_{m=1}^{\infty} x_{n,m}$$
が成り立っているから，(1) を用いると主張がいえる．

残りは逆向きの不等式

$$\sum_{n=1}^{\infty}\sum_{m=1}^{\infty} x_{n,m} \leq \sum_{(n,m)\in\mathbb{N}^2} x_{n,m}$$

を示せばよい。このためには，各有限の N に対して

$$\sum_{n=1}^{N}\sum_{m=1}^{\infty} x_{n,m} \leq \sum_{(n,m)\in\mathbb{N}^2} x_{n,m}$$

をいえば十分である。そこで N を固定しよう。それぞれの $\sum_{m=1}^{\infty} x_{n,m}$ は $\sum_{m=1}^{M} x_{n,m}$ の極限だから，左辺は $\sum_{n=1}^{N}\sum_{m=1}^{M} x_{n,m}$ の $M \to \infty$ での極限である。従ってすべての固定した M において

$$\sum_{n=1}^{N}\sum_{m=1}^{M} x_{n,m} \leq \sum_{(n,m)\in\mathbb{N}^2} x_{n,m}$$

がいえれば十分である。しかしこの左辺は $\sum_{(n,m)\in\{1,\ldots,N\}\times\{1,\ldots,M\}} x_{n,m}$ であるから主張がいえることがわかった。 □

◆**注意 0.0.3.** 今の議論の中で，$x_{n,m}$ が非負だということがどれほど重要であったかをよくみておくように。もし符号付きの数の場合を考えているのであれば，和の順序を入れ替えるときに $x_{n,m}$ が $\mathbb{N}^2$ 上で絶対総和可能であるという追加の仮定が必要になる。これが**級数に対するフビニの定理**で，後ほど説明する。絶対総和可能であるか非負であるという仮定がなければ，定理は成り立たない（たとえば，$x_{n,m}$ は $n = m$ のとき $+1$ で $n = m + 1$ では -1 とし，それ以外は 0 としたものを考えてみよ）。

演習 0.0.2. (任意の集合上の級数に対するトネリの定理)* A, B を（無限や非可算でもよい）集合とし，$(x_{n,m})_{n\in A, m\in B}$ を A, B で添え字づけられた拡大非負実数 $x_{n,m} \in [0, +\infty]$ の 2 重無限列とする。このとき

$$\sum_{(n,m)\in A\times B} x_{n,m} = \sum_{n\in A}\sum_{m\in B} x_{n,m} = \sum_{m\in B}\sum_{n\in A} x_{n,m}$$

が成立することを示せ。（ヒント：かならずしも必要ではないが，もし $\sum_{n\in A} x_n$ が有限であれば，x_n はたかだか可算個の n においてのみ 0 でないという事実を先に示すのが便利であろう。）

次に選択公理を思い出しておこう。これは本書を通して仮定することになる。

公理 0.0.4. (**選択公理**) $(E_\alpha)_{\alpha\in A}$ を，添え字の集合 A によって添え字づけられた，空でない集合 E_α からなる族とする。すると同じ集合 A で添え字づけられた，E_α の元 x_α からなる族 $(x_\alpha)_{\alpha\in A}$ が存在する。

この公理は，もし A が単一の元からなる集合であれば考えるまでもない。そして数学的帰納法によって，A が有限の集合の場合も難しくない。しかしながら，A が無限集合になると，この公理は集合論の他の公理から導き出すことができず，公理群に明示的に追加しておかなければならないのである。可算集合の場合は（それは完全版の選択公理よりも本当に弱いものであるが）とくに役立つので系として取り出しておくことにする。

系 0.0.5. (**可算選択公理**)　$E_1, E_2, E_3, \ldots$ を空でない集合とする。するとすべての $n = 1, 2, 3, \ldots$ で $x_n \in E_n$ を満たす列 $x_1, x_2, \ldots$ が存在する。

◆**注意 0.0.6.**　もし我々が選択公理の使用を許されなければ，実解析のどの程度の部分がそれでもまだ使えるのかという質問は微妙な問題であり，答えるには相当程度の論理学と記述集合論とを必要とするので，本書ではそれについては議論しない。しかし，ゲーデルの定理［文献 4］によると，ペアノ算術の 1 階言語で記述できる主張が選択公理を用いて証明できるならば，選択公理なしでも証明できる。だから，おおざっぱに言って，ゲーデルの定理によれば実解析のどんな「有限的な」応用（ほとんどの「実用上の」応用を含む）においては選択公理を用いても安全である。つまり，選択公理を用いては証明可能であるが選択公理なしには証明できないような主張に出会ってしまうというような事態は，ペアノ算術の範囲を超えた「非有限の」対象に関する問題を考えているときにだけ現れるのである。

謝　　辞

　この教科書はスタイン・シャカルチの実解析の教科書［文献 7］に強い影響を受けている。この教科書は，本書のもとになった講義で副読本として使用したものである。とくに，まずはじめにルベーグ測度とルベーグ積分に焦点を絞り，それから抽象的な測度論と積分に移行していくという方法は［文献 7］での取り扱いに直接的な影響を受けている。さらに微分定理に関する内容も［文献 7］に従っている。その一方で，他の点に関しては［文献 7］とは異なる説明をしている。たとえばジョルダン測度やリーマン積分をルベーグ測度やルベーグ積分の基礎的な先駆けとしてかなり詳細に述べた。

　この教科書のもととなった講義に出席していた学生や，ブログにコメントを寄せてくれた Maria Alfonseca, Marco Angulo, J. Balachandran, Farzin Barekat, Marek Bernát, Lewis Bowen, Chris Breeden, Danny Calegari, Yu Cao, Chan-

drasekhar, David Chang, Nick Cook, Damek Davis, Eric Davis, Marton Eekes, Wenying Gan, Nick Gill, Ulrich Groh, Tim Gowers, Laurens Gunnarsen, Tobias Hagge, Xueping Huang, Bo Jacoby, Apoorva Khare, Shiping Liu, Colin McQuillan, David Milovich, Hossein Naderi, Brent Nelson, Constantin Niculescu, Mircea Petrache, Walt Pohl, Jim Ralston, David Roberts, Mark Schwarzmann, Vladimir Slepnev, David Speyer, Blake Stacey, Tim Sullivan, Jonathan Weinstein, Duke Zhang, Lei Zhang, Pavel Zorin その他何人かの匿名の人たちには，誤りを指摘し，内容に関して役立つコメントをしてくれたことに深く感謝する。それらのコメントは
terrytao.wordpress.com/category/teaching/245a-real-analysis
で見ることができる。

著者はマッカーサー基金，米国国立科学財団（NSF）助成金 DMS-0649473，および米国国立科学財団ウォーターマン賞（NSF Waterman award）から助成金を受けた。

目　　次

訳者まえがき i
日本語版への序 v
まえがき vii
記　　号 viii
謝　　辞 xiii

第1章　測度論　　　　　　　　　　　　　　　　　　　　　　　　　　　1

1.1. 序幕：測量の問題 2
　1.1.1　基本測度 5
　1.1.2　ジョルダン測度 9
　1.1.3　リーマン積分との関係 13

1.2. ルベーグ測度 17
　1.2.1　ルベーグ外測度の性質 20
　1.2.2　ルベーグ可測性 30
　1.2.3　非可測集合 40

1.3. ルベーグ積分 44
　1.3.1　単関数の積分 47
　1.3.2　可測関数 54
　1.3.3　符号なしルベーグ積分 59
　1.3.4　絶対可積分性 64
　1.3.5　リトルウッドの三原理 67

1.4. 抽象測度空間 74
  1.4.1 ブール集合代数 75
  1.4.2 σ-集合代数と可測空間 79
  1.4.3 可算加法的測度と測度空間 83
  1.4.4 可測関数と測度空間上の積分 87
  1.4.5 収 束 定 理 95

1.5. いろいろな収束 103
  1.5.1 一 意 性 107
  1.5.2 階段関数の場合 108
  1.5.3 有限測度空間 110
  1.5.4 高 速 収 束 111
  1.5.5 押さえ込みと一様可積分性 112

1.6. 微 分 定 理 118
  1.6.1 1次元でのルベーグの微分定理 122
  1.6.2 高次元におけるルベーグの微分定理 131
  1.6.3 ほとんど到る所での微分可能性 139
  1.6.4 微積分の第二基本定理 150

1.7. 外測度・前測度・積測度 161
  1.7.1 外測度とカラテオドリの補題 161
  1.7.2 前 測 度 165
  1.7.3 ルベーグ・スティルチェス測度 169
  1.7.4 積 測 度 174

第2章　関連記事　　　　　　　　　　　　　　　　　　**187**

2.1. 問題の解き方 188
  2.1.1 等式を不等式に分けて考えよう 188

2.1.2	イプシロンの余地をもらおう ·································	188
2.1.3	粗かったり一般的だったりするものをよりなめらかであったり単純なものへ［で］分解［近似］しよう ·····················	189
2.1.4	上界と下界をひっくり返さなければならないなら，反転させたり補集合をとる方法を探そう ·······························	191
2.1.5	非可算和集合は可算や有限の和集合に置き換えられるときがある ··	191
2.1.6	全体を考えるのが難しければ，局所的に考えてみよう ··········	192
2.1.7	除外集合を捨て去るのをいとわないようにしよう ··············	192
2.1.8	絵をかき，反例を作ろうとしてみよう ·······················	193
2.1.9	まず簡単な場合をやってみよう ·····························	194
2.1.10	無関係と思うまたは疑わしい情報は抽象化しよう ·············	195
2.1.11	ゼノンのパラドックスを活用しよう：イプシロンは可算無限個の小イプシロンに分割できる ·······························	197
2.1.12	2重和，2重積分，積分の和，和の積分に遭遇したなら，2つの順序を入れ替えてみよう ·································	197
2.1.13	各点，一様，積分（平均）の制御というのはお互い部分的に言いかえられる ···	199
2.1.14	結論と仮定とがとくに近いものに感じられるなら，すべての定義を展開し，何も考えずにやろう ···························	199
2.1.15	ε（やδやNなど）の値が正確にいくつなのかということをあまり心配しないで。必要なら後から選んだり調整したりできるのが普通だから ··	200
2.1.16	いったん定数を失い始めたら，それ以上なくすことをためらわないで ···	201
2.1.17	収束をよくするために部分列をとることがよくある ··········	202
2.1.18	極限というのは，上極限と下極限の一致することと思える ······	203

2.2. ラデマッハーの微分定理 ·· 205

2.3. 確率空間 ··· 211

2.4. 無限直積空間とコルモゴロフの拡張定理 214

参考文献 221

監訳者あとがき 223

定義・定理・演習ほか参照箇所 225

索　　引 227

英和用語対照表 235

第1章 測度論

1.1 序幕：測量の問題

ユークリッド幾何におけるもっとも基本的な問題として，1 次元またはそれより大きな次元での，中身が詰まった図形 E の大きさ $m(E)$ を測る (measure) という問題がある。1, 2, 3 次元ではそれらを測った大きさ，つまり測った量の度合いのことをそれぞれ E の長さ・面積・体積という。幾何学の古くからの方法では，ちょっとややこしい図形の大きさを測ろうとするとき，その図形をいくつかの部分にうまく分けて，それらをゆがめずに動かし（たとえば平行移動や回転），同じ大きさを持つと思われる簡単な図形に組み立て直すことで計算されることも多い。また，その図形に内接したり外接する図形を考えて，それらの大きさを計算すれば，その図形の大きさがだいたいどの程度かという目安を得ることもできる。これは由緒ある方法で，少なくとも遙かアルキメデスまでさかのぼることができる。これは幾何学的な直観に訴えることでも正当化できるし，そうでなければ単に図形 E にはある測量値 $m(E)$ が伴っていて，しかもそれが幾何学的に妥当ないくつかの公理に従っていると仮定してもよい。さらに，この大きさを測るということを「物理的」または「還元論的」に正当化することも可能である。つまり，巨視的な図形の測量値というものは，それの微視的な要素の測量値の和であるとみなすのである。

しかし，解析幾何学が出現すると，ユークリッド幾何学は，数直線 $\mathbb{R}$ の直積 $\mathbb{R}^d$ を研究することとして解釈し直されることになってしまった。そして，古典幾何学的な見方をやめてこの解析的な見方をすることにすると $\mathbb{R}^d$ の一般[*1]の部分集合 E の大きさの測量値 $m(E)$ を定義することはもはや直観的にあきらかなこととはいえない。そこでこの測量するということに「正しい」定義を書き下すという（なんだか漠然とした）問題を測量の問題と呼ぶことにする。

こういう問題を考える必要があるということを理解してもらうために，前に述

[*1] リーマン多様体のようなユークリッド空間以外の領域の測量の問題も設定できるが，話を簡単にするためにユークリッドの場合に限定する。多様体上の積分をどう扱うかはリーマン幾何学の適当な教科書を見てほしい。

べた測量に関する直観に沿って定式化してみよう．物体 E の大きさを定義する物理的な直観はそれを「原子」的な要素に分割するということだが，これはただちに問題に直面する．それは，典型的な図形は（非可算）無限の点からなり，一つ一つの点の大きさは 0 なのだが，$\infty \cdot 0$ という式の値を決めることはできないということにある．さらにひどいことに，まったく同じ個数の点からできている 2 つの図形が同じ大きさになる必然性もない．たとえば，1 次元において区間 $A := [0,1]$ と $B := [0,2]$ の間には（A から B への全単射 $x \mapsto 2x$ によって）1 対 1 の対応がある．しかし，いうまでもなく B の長さは A の 2 倍ある．これは，A を非可算個の点に分解してからそれらを組み立て直すと 2 倍の長さに変わってしまうということである．

もちろん，このような直観に反する結果は（非可算）無限個の要素に分解するというようなところから出てきてしまうのであって，図形を分割するときには有限の分割に限るべきだという意見もあるだろう．ところが，それでもまだ問題が現れてくることが知られている．その中でも際だったものがバナッハ・タルスキーのパラドックスである．それによると，3 次元 [*2)] の球 $B := \{(x,y,z) \in \mathbb{R}^3 : x^2 + y^2 + z^2 \leq 1\}$ を有限個（実はたった 5 つで十分）に分割してから，それを（回転させたり平行移動したりしてから）組み立て直すと，元の B と同じものが 2 つできあがるようにできる．

もしこんなことができるのなら，この分解をするときに使う断片がこの上なく究極的に「おかしな」ものでなければ無理だろう．そしてその通り，そのような分け方を考え出すためには選択公理を使わなければならないのである．（これは本当に必要である．有名なソロヴェイの定理［文献 6］によれば，選択公理を用いない集合論のモデルで，バナッハ・タルスキーのパラドックスを生じないものがある．）このようなおかしな集合は，数学を実際に応用するときにはほとんど決して現れてこない．そうはいっても，このようなことがあるのだから，測量の問題に対する解答としては，まず $\mathbb{R}^d$ のどんな集合でもその大きさを測ることができるようになるということはあきらめざるを得ない．そして $\mathbb{R}^d$ の部分集合のなかで「おかしくない」ものについてのみその大きさを測ることにするのである．そのような，大きさを測ることが可能な集合（図形）を略して<u>可測集合</u>と呼ぶこと

[*2)] このパラドックスは 3 以上の次元でのみ存在する．その理由である従順（アメナブル）性に関する群論的性質についての議論は An epsilon of room, Vol. I の §2.2 を参照．

にする。こうして考えてくると、$\mathbb{R}^d$ の中にある図形の大きさを測る、つまり測量するという問題は次のようにいくつかの問題にわけて考えることができるということがわかる。

(1) $\mathbb{R}^d$ の部分集合 E が可測であるとはどのような意味か。
(2) E が可測だとして、どのようにその大きさを定義するか。
(3) その測った大きさ、つまり測量の度合いである測度（あるいは可測性）という概念はどのようなよい性質や公理を満たしているのであろうか。
(4) そもそも立方体、球、多面体といったような「普通の」図形は可測なのだろうか。
(5)「普通の」図形を測量したときの大きさ、つまり測度は「素朴な意味での幾何学的測量値」に等しいのだろうか。（たとえば辺の長さが a, b の長方形の測度は ab に等しいのか。）

今挙げたような質問には定式化の方法がはっきりしていないものも入っているし、また答えがただ一つに決まっているというわけでもない。たとえば、今からやろうとしている我々の測量法ではうまくいっているようないくつかのよい性質（たとえば有限や可算の加法性、平行移動不変性、回転不変性など）をあきらめてしまって、可測になる集合というものを増やすこともできるかもしれない。そういうことを考えたとしても、測度と呼ばれる考え方の中にはほとんどの応用に十分であるような答えが2つあることが知られている。1つはジョルダン測度（あるいはジョルダン容積）と呼ばれるもので、これはリーマン積分（あるいはダルブー積分）と密接なつながりのある概念である。この概念は学部生の解析の講義でも十分扱えるほど基本的で、しかも多くの数学分野に現れるほとんどの「普通の」集合（たとえば連続関数のグラフの下部分にある領域）の大きさを測量するのに十分である。しかし、解析学に現れるような、とくに（何らかの意味で）極限として現れてくるような集合に目を向けると、ジョルダンの可測性では間に合わなくなってしまい、より一般化されたルベーグ可測性と、それに対応してジョルダン測度を拡張したルベーグ測度とを考えなければならなくなることがわかっている。ルベーグの理論（これはジョルダン・ダルブー・リーマンの理論を完備化したものと見ることもできる）は、ジョルダン測度が持っている望ましい性質をほとんどそのまま引き継いでいるだけではなく、極限操作においても保たれるよい性質を備えている（たとえばルベーグの理論においては、単調収束定理（定

理 1.4.43)や優収束定理（定理 1.4.48）といったような基本的な収束定理がある。これらはジョルダン・ダルブー・リーマンの理論では成り立たない）。解析学においては関数や集合の極限がいつも出てくるので，これらはとくに解析学での応用にとくによく適した[*3]ものになっているのである。

以後の節でルベーグ測度とルベーグ積分をきっちりと定義し，さらに抽象測度空間という，より一般的な概念とそれに基づいた積分についても述べる。この節の残りの部分ではより簡単な概念であるジョルダン測度とリーマン積分とについて説明する。その内容は後の節で説明している強力な理論によって最終的にはいらなくなってしまうのだが，この本の内容が必要になる動機がわかってくるだろうし，初等的な解析学の講義での測度や積分の取り扱いとの関係もわかりやすくなると思う。

1.1.1　基　本　測　度

ジョルダン測度について考える前に，もっと単純な概念である**基本測度**について述べておこう。これによって，**基本集合**（直方体の有限の和集合）というきわめて単純な形の集合についてはその大きさを測量できるようになる。

定義 1.1.1.（区間・直方体・基本集合） 区間というのは，$a \leq b$ を実数として，$[a,b] := \{x \in \mathbb{R} : a \leq x \leq b\}$・$[a,b) := \{x \in \mathbb{R} : a \leq x < b\}$・$(a,b] := \{x \in \mathbb{R} : a < x \leq b\}$・$(a,b) := \{x \in \mathbb{R} : a < x < b\}$ という形をした $\mathbb{R}$ の部分集合のことである。区間 $I = [a,b], [a,b), (a,b], (a,b)$ の長さ[*4] $|I|$ とは $|I| := b - a$ のことである。$\mathbb{R}^d$ の**直方体**（または矩形(くけい)）とは d 個の区間 $I_1, \ldots, I_d$（長さは同じでなくてもよい）の直積 $B := I_1 \times \cdots \times I_d$ のことである。従って区間は 1 次元の直方体である。そのような直方体 B の体積 $|B|$ を $|B| := |I_1| \times \cdots \times |I_d|$ と定義する。**基本集合**とは有限個の直方体の和集合として書くことができる $\mathbb{R}^d$ の部分集合のことである。

[*3] ジョルダン測度とリーマン積分とを拡張する方法はほかにもある（たとえば演習 1.6.54 や 1.7.3 項を見よ）。しかし，ほかのやり方と比べて，ルベーグのやり方では極限や順序交換を取り扱いやすい。そのため，このやり方が解析学では標準となっている。さらに 2.3 節で説明するように，確率論に厳密な基礎付けを与えるためにもとくに適した方法である。

[*4] 長さが 0 になるような退化した区間を許していることに注意。

演習 1.1.1.（ブール開包）* $E, F \subset \mathbb{R}^d$ が基本集合であれば合併 $E \cup F$・交わり $E \cap F$・差集合 $E \setminus F := \{x \in E : x \notin F\}$・対称差 $E \Delta F := (E \setminus F) \cup (F \setminus E)$ もまた基本集合であることを示せ。もし $x \in \mathbb{R}^d$ であれば平行移動したもの $E + x := \{y + x : y \in E\}$ もまた基本集合であることを示せ。

基本集合にも大きさの測量という概念が考えられる。

補題 1.1.2.（基本集合上の測量） $E \subset \mathbb{R}^d$ を基本集合とすると，
(1) E は有限個の交わらない直方体の和集合として表現できる。
(2) もし E が有限個の交わらない直方体の和集合 $B_1 \cup \cdots \cup B_k$ と分割されているならば，$m(E) := |B_1| + \cdots + |B_k|$ で定義される量はその分割によらない。言いかえれば，E の他の分割 $B'_1 \cup \cdots \cup B'_{k'}$ があったとすると $|B_1| + \cdots + |B_k| = |B'_1| + \cdots + |B'_{k'}|$ が成り立つ。

この量 $m(E)$ を E の基本測度と呼ぶ。（場合によって，この測度 $m(E)$ が d 次元のものであることを強調するために $m^d(E)$ と書くことがある。）従って，たとえば $(1,2) \cup [3,6]$ の基本測度は $(2-1) + (6-3) = 4$ である。

[証明] まずはじめに (1) を $d = 1$ の 1 次元の場合に証明する。有限個の区間の集まり $I_1, \ldots, I_k$ に対して，これらの区間の端点を集めた $2k$ 個を増大順に並べることができる（重複したのは捨ててしまう）。これらの端点に挟まれた開区間および端点自身（長さが 0 の区間と考える）を集めて交わらない有限個の区間 $J_1, \ldots, J_{k'}$ の集まりを考えると，$I_1, \ldots, I_k$ のどの区間も $J_1, \ldots, J_{k'}$ の一部分の和集合になっていることがわかる。これは $d = 1$ の場合の (1) である。高次元の場合を示すには，$B_i = I_{i,1} \times \cdots \times I_{i,d}$ として E を直方体 $B_1, \ldots, B_k$ の和集合として表現しておく。各 $j = 1, \ldots, d$ に対して 1 次元の場合の論法を用いて $I_{1,j}, \ldots, I_{k,j}$ をそれぞれ交わらない区間 $J_{1,j}, \ldots, J_{k'_j,j}$ から取り出した一部分の和集合として表現しておく。そうすると，直積をとることで $B_1, \ldots, B_k$ を直方体 $J_{i_1,1} \times \cdots \times J_{i_d,d}$ の有限個の和集合として表現できる。ただし $1 \leq j \leq d$ に対して $1 \leq i_j \leq k'_j$ である。そのような直方体はすべて交わらないから，主張が示された。

(2) を示すために，離散化論法を用いる。どのような区間 I に対しても，I の長さは極限を用いた公式

$$|I| = \lim_{N \to \infty} \frac{1}{N} \# \left(I \cap \frac{1}{N} \mathbb{Z} \right)$$

によって表現できることに注意せよ（演習!）。ただし $\frac{1}{N}\mathbb{Z} := \{\frac{n}{N} : n \in \mathbb{Z}\}$ であり $\#A$ は有限集合 A の元の個数を表す。直積をとると

$$|B| = \lim_{N \to \infty} \frac{1}{N^d} \# \left(B \cap \frac{1}{N}\mathbb{Z}^d\right)$$

が任意の直方体 B について成り立つことがわかり，従ってとくに

$$|B_1| + \cdots + |B_k| = \lim_{N \to \infty} \frac{1}{N^d} \# \left(E \cap \frac{1}{N}\mathbb{Z}^d\right)$$

である。右辺を $m(E)$ と表すと主張 (2) がわかる。 □

演習 1.1.2.* 補題 1.1.2 の (2) に対して，次のことを示して別証明を与えてみよ。E を直方体に分割する方法が 2 通りあるとすると，そのどちらの方法に対してもより細かな直方体でできているような共通の分割法が存在する。しかもその分割法の直方体は，交わらない区間を有限個集めたものから適当に区間を取り出して直積をとることでできている。

◆**注意 1.1.3.** ここで，どんな集合 $E \subset \mathbb{R}^d$ に対しても，その測度を

$$m(E) := \lim_{N \to \infty} \frac{1}{N^d} \# \left(E \cap \frac{1}{N}\mathbb{Z}^d\right) \tag{1.1}$$

という式で定義したいという誘惑に駆られる人がいるかもしれない。この方法で基本集合にはうまく定義できたのだから。しかし，残念ながらこの定義だとうまくいかない。まず第一に，この極限が存在しないような例を仕立て上げることができる（演習!）。仮に極限が存在するような場合でも，平行移動不変性のようなまっとうな性質を満たさない。たとえば $d = 1$ で $E := \mathbb{Q} \cap [0,1] := \{x \in \mathbb{Q} : 0 \le x \le 1\}$ としてみよう。この定義によれば E の測度は 1 である。しかしもしこれを平行移動した $E + \sqrt{2} := \{x + \sqrt{2} : x \in \mathbb{Q}; 0 \le x \le 1\}$ を考えれば，この測度は 0 になってしまう。とはいうものの，(1.1) はジョルダン可測集合に対しては正しい（演習 1.1.13 を見よ）。つまり，測度というのは連続性を持った概念であるが，しかしそれは（正規化された）元の個数という離散的な考え方の極限である[*5]という直観は正しいものである。

その決め方からいって，$m(E)$ はどんな基本集合 E に対しても非負の実数で，しかも E と F とが交わらない基本集合であれば

$$m(E \cup F) = m(E) + m(F)$$

がいつでも成り立っている。今後この性質を有限加法性と呼ぶことにしよう。そういう理由は，これを順次繰り返すことで $E_1, \ldots, E_k$ が交わらない基本集合のと

[*5] 離散的な測度の極限として連続的な測度を得る別な方法にモンテカルロ積分がある。これを厳密な意味でちゃんと説明するには確率論が必要になってしまうが，その時点でまず測度論の大部分が必要になる。だから，この方法は直観的にはよさげだが，きっちりした基礎付けのためには不適当なものであろう。

きにも
$$m(E_1 \cup \cdots \cup E_k) = m(E_1) + \cdots + m(E_k)$$
となっていることもわかるからである。また
$$m(\emptyset) = 0$$
であることもあきらかであろう。そして最後に，基本測度というのは，すべての直方体 B に対して
$$m(B) = |B|$$
を満たしている。つまり，基本測度というのは，長さ・面積・体積のような普通の考え方を拡張したものである。

非負であることと有限加法性（および演習 1.1.1）から，$E \subset F$ であるような基本集合に対して，**単調性**
$$m(E) \leq m(F)$$
が成り立つことがわかる。このことと，有限加法性（および演習 1.1.1）から E と F が基本集合であれば（交わっていてもよい），**有限劣加法性**
$$m(E \cup F) \leq m(E) + m(F)$$
が成り立ち，従って帰納的に $E_1, \ldots, E_k$ が基本集合であれば
$$m(E_1 \cup \cdots \cup E_k) \leq m(E_1) + \cdots + m(E_k)$$
が成り立つことがわかる。

さらに，定義からどんな基本集合 E と $x \in \mathbb{R}^d$ に対しても**平行移動不変性**
$$m(E + x) = m(E)$$
が成り立つこともわかる。

実は，これらの性質によって，定数倍を除けば，基本測度というものは完全に決定されてしまっている：

演習 1.1.3.（基本測度の一意性）* $d \geq 1$ とする。$m' : \mathcal{E}(\mathbb{R}^d) \to \mathbb{R}^+$ を $\mathbb{R}^d$ の基本部分集合すべてからなる集合 $\mathcal{E}(\mathbb{R}^d)$ から非負実数への写像で，非負，有限加法的，かつ平行移動不変なものであるとする。このとき，$m'(E) = cm(E)$ がすべての基本集合 E に対して成り立つような定数 $c \in \mathbb{R}^+$ が存在することを示せ。とくにもし $m'([0,1)^d) = 1$ と仮定すれば，$m' \equiv m$ である。(ヒント：$c := m'([0,1)^d)$ とおき，正の整数 n に対して $m'\left(\left[0, \frac{1}{n}\right)^d\right)$ を求めよ。)

演習 1.1.4. $d_1, d_2 \geq 1$ とし，$E_1 \subset \mathbb{R}^{d_1}$, $E_2 \subset \mathbb{R}^{d_2}$ を基本集合とする．このとき，$E_1 \times E_2 \subset \mathbb{R}^{d_1+d_2}$ は基本集合で，$m^{d_1+d_2}(E_1 \times E_2) = m^{d_1}(E_1) \times m^{d_2}(E_2)$ であることを示せ．

1.1.2 ジョルダン測度

今や，基本集合に対する測度としては，満足のいく概念を手にすることができた．もちろん基本集合というものは集合というものの中では非常に限定されたものに過ぎず，応用ではほとんど役に立たない．たとえば平面上の三角形や円板といったものは基本集合や長方形を回転させたものではない．一方，アルキメデスが本質的に見抜いていたことであるが，そのような図形 E は内側と外側の両方から，つまり，$A \subset E \subset B$ となるような基本集合で近似することができる．さらに内接基本集合 A や外接基本集合 B は，もし E の測度があると仮定するならば，それの下界と上界とを与えると考えられる．だから，もし A, B による近似をどんどんよくなるように作っていくと，この上側からと下側からの近似は最終的には同じ値になると期待してもよいだろう．そこで次のような定義を考える．

定義 1.1.4.（ジョルダン測度） $E \subset \mathbb{R}^d$ を有界な集合とする．
- E のジョルダン内測度 $m_{*,(J)}(E)$ を
$$m_{*,(J)}(E) := \sup_{A \subset E \text{ となる基本集合 } A} m(A)$$
で定義する．
- E のジョルダン外測度 $m^{*,(J)}(E)$ を
$$m^{*,(J)}(E) := \inf_{B \supset E \text{ となる基本集合 } B} m(B)$$
で定義する．
- $m_{*,(J)}(E) = m^{*,(J)}(E)$ であるとき，E はジョルダン可測といい，$m(E) := m_{*,(J)}(E) = m^{*,(J)}(E)$ を E のジョルダン測度という．今までと同様に，もし次元 d を強調したいときには $m(E)$ を $m^d(E)$ と書く．

有界でない集合はジョルダン可測であるとはいわない慣例である（それらはジョルダン外測度が無限大であると考える）．

ジョルダン可測集合というのはジョルダン外測度に関して「ほとんど基本的」な集合のことである。もっと正確に言うなら，

演習 1.1.5.（ジョルダン可測性の特徴付け）* $E \subset \mathbb{R}^d$ を有界集合とする。このとき，次が同値であることを示せ：
  (1) E はジョルダン可測である。
  (2) どんな $\varepsilon > 0$ に対しても，$m(B \backslash A) \leq \varepsilon$ となる基本集合 $A \subset E$ と $B \supset E$ が存在する。
  (3) どんな $\varepsilon > 0$ に対しても，$m^{*,(J)}(A \Delta E) \leq \varepsilon$ となるような基本集合 A が存在する。

この演習問題から，どんな基本集合 E もジョルダン可測であるし，基本集合に対してはジョルダン測度と基本測度は一致することがわかる。だからこの両方を $m(E)$ と同じ記号で表してもかまわない。とくに $m(\emptyset) = 0$ である。

ジョルダン可測集合には，基本測度の性質の多くが残っている。

演習 1.1.6.* $E, F \subset \mathbb{R}^d$ をジョルダン可測集合とする。
  (1)（ブール閉包性）$E \cup F$, $E \cap F$, $E \backslash F$, $E \Delta F$ はジョルダン可測であることを示せ。
  (2)（非負性）$m(E) \geq 0$ であることを示せ。
  (3)（有限加法性）もし E, F が交わらないなら，$m(E \cup F) = m(E) + m(F)$ であることを示せ。
  (4)（単調性）もし $E \subset F$ であれば $m(E) \leq m(F)$ であることを示せ。
  (5)（有限劣加法性）$m(E \cup F) \leq m(E) + m(F)$ であることを示せ。
  (6)（平行移動不変性）任意の $x \in \mathbb{R}^d$ に対して $E + x$ はジョルダン可測であり，$m(E + x) = m(E)$ であることを示せ。

さて，ジョルダン可測集合の例をいくつか挙げておこう。

演習 1.1.7.（グラフの下部分はジョルダン可測）B を $\mathbb{R}^d$ の閉直方体とし，$f \colon B \to \mathbb{R}$ を連続関数とする。
  (1) グラフ $\{(x, f(x)) : x \in B\} \subset \mathbb{R}^{d+1}$ は $\mathbb{R}^{d+1}$ のジョルダン可測集合で，そのジョルダン測度は 0 であることを示せ。（ヒント：コンパクト距離空間においては，連続関数は一様連続である。）
  (2) 集合 $\{(x, t) : x \in B; 0 \leq t \leq f(x)\} \subset \mathbb{R}^{d+1}$ はジョルダン可測であることを示せ。

演習 1.1.8. A, B, C を $\mathbb{R}^2$ の 3 点とする。
  (1) A, B, C を頂点とする三角形はジョルダン可測であることを示せ。
  (2) この三角形のジョルダン測度は $\frac{1}{2}|(B - A) \wedge (C - A)|$ であることを示せ。ただし $|(a, b) \wedge (c, d)| := |ad - bc|$ とする。

(ヒント：辺のどれか，たとえば AB が水平な場合を最初に考えてみるとよい。)

演習 1.1.9. $\mathbb{R}^d$ のコンパクト凸多面体 [*6)] はジョルダン可測であることを示せ．

演習 1.1.10.
(1) $\mathbb{R}^d$ における開または閉のユークリッド球 $B(x,r) := \{y \in \mathbb{R}^d : |y-x| < r\}$ と $\overline{B(x,r)} := \{y \in \mathbb{R}^d : |y-x| \leq r\}$ はジョルダン可測であり，そのジョルダン測度は d のみによる定数 $c_d > 0$ を用いて $c_d r^d$ と表せることを示せ．
(2) 次の評価が成り立つことを示せ．
$$\left(\frac{2}{\sqrt{d}}\right)^d \leq c_d \leq 2^d$$
(Γ をガンマ関数として $\omega_d := \dfrac{2\pi^{d/2}}{\Gamma(d/2)}$ を単位球 $S^{d-1} \subset \mathbb{R}^d$ の体積としたとき，$c_d = \dfrac{1}{d}\omega_d$ であるが，ここではこれを導くことはしないでおく。)

演習 1.1.11. この演習では線型代数の知識を仮定する．$L \colon \mathbb{R}^d \to \mathbb{R}^d$ を線型変換とする．
(1) どんな基本集合 E に対しても $m(L(E)) = Dm(E)$ となるような非負の実数 D が存在することを示せ（上に挙げてある演習問題から $L(E)$ はジョルダン可測であることに注意）。(ヒント：演習 1.1.3 を $E \mapsto m(L(E))$ に適用せよ。)
(2) もし E がジョルダン可測であるならば，$L(E)$ もそうであり，$m(L(E)) = Dm(E)$ であることを示せ．
(3) $D = |\det L|$ であることを示せ．(ヒント：まず最初に，ガウスの消去法を用いて，L が基本変換である場合を考えよ．あるいは，L が対角行列または直交行列である場合を考え，直交行列の場合には単位球を使って極分解を使え。)

演習 1.1.12. ジョルダン零集合をジョルダン測度が 0 であるようなジョルダン可測集合と定義する．ジョルダン零集合の部分集合はつねにジョルダン零集合であることを示せ．

演習 1.1.13.[*] すべてのジョルダン可測な $E \subset \mathbb{R}^d$ に対して (1.1) が成り立つことを示せ．

演習 1.1.14. (ジョルダン可測性のイプシロンエントロピーによる定式化)[*] $n, i_1, \ldots, i_d$ を整数として，次の形からなる半開直方体

[*6)] 閉凸多面体とは $\mathbb{R}^d$ の部分集合で，$\{x \in \mathbb{R}^d : x \cdot v \leq c\}$ という形をした閉半空間の有限個の交わりになっているようなものである．ただし，$v \in \mathbb{R}^d$ で $c \in \mathbb{R}$ とし，$\cdot$ は $\mathbb{R}^d$ の通常の内積を表す．コンパクト凸多面体は閉凸多面体で有界なもののことである．

$$\left[\frac{i_1}{2^n}, \frac{i_1+1}{2^n}\right) \times \cdots \times \left[\frac{i_d}{2^n}, \frac{i_d+1}{2^n}\right)$$

を考え，2進立方体と呼ぶことにする．$E \subset \mathbb{R}^d$ を有界集合とする．各整数 n に対して $\mathcal{E}_*(E, 2^{-n})$ を E に含まれる一辺の長さが 2^{-n} の2進立方体の個数とし，$\mathcal{E}^*(E, 2^{-n})$ を E と交わる一辺の長さが 2^{-n} である2進立方体の個数[*7]とする．このとき，E がジョルダン可測である必要十分条件は

$$\lim_{n \to \infty} 2^{-dn}(\mathcal{E}^*(E, 2^{-n}) - \mathcal{E}_*(E, 2^{-n})) = 0$$

であり，このとき

$$m(E) = \lim_{n \to \infty} 2^{-dn}\mathcal{E}_*(E, 2^{-n}) = \lim_{n \to \infty} 2^{-dn}\mathcal{E}^*(E, 2^{-n})$$

であることを示せ．

演習 1.1.15. (ジョルダン測度の一意性)* $d \geq 1$ とする．$m' : \mathcal{J}(\mathbb{R}^d) \to \mathbb{R}^+$ を $\mathbb{R}^d$ のジョルダン可測な部分集合の全体 $\mathcal{J}(\mathbb{R}^d)$ から非負の実数への写像であり，非負性，有限加法性，および平行移動不変性を満たすものとする．このとき，すべてのジョルダン可測集合 E に対して $m'(E) = cm(E)$ が成り立つような定数 $c \in \mathbb{R}^+$ が存在することを示せ．とくに，さらに $m'([0,1)^d) = 1$ を仮定すれば $m' \equiv m$ であることを示せ．

演習 1.1.16. $d_1, d_2 \geq 1$ とし，$E_1 \subset \mathbb{R}^{d_1}$, $E_2 \subset \mathbb{R}^{d_2}$ をジョルダン可測集合とする．このとき，$E_1 \times E_2 \subset \mathbb{R}^{d_1+d_2}$ はジョルダン可測で $m^{d_1+d_2}(E_1 \times E_2) = m^{d_1}(E_1) \times m^{d_2}(E_2)$ であることを示せ．

演習 1.1.17. P, Q を $\mathbb{R}^d$ の多角形とする．さらに，P は有限個の部分多角形 $P_1, \ldots, P_n$ に分割され，それらは回転および平行移動を行なって，Q をほとんど交わらずに覆う多角形 $Q_1, \ldots, Q_n$ になるものとする．つまり，$Q = Q_1 \cup \cdots \cup Q_n$ であって，すべての $1 \leq i < j \leq n$ に対して Q_i と Q_j は境界でしか交わらない（言いかえれば，Q_i の内部は Q_j の内部と交わらない）ようにできるとする．このとき，P と Q は同じジョルダン測度を持つことを示せ．1次元または2次元であれば逆も正しい（ボヤイ・ゲルヴィンの定理）が，より高次元では正しくない（ヒルベルトの第3問題に対するデーンの否定的解決 [文献 2]）．

今までに挙げた演習からジョルダン可測な集合はかなりたくさんあることがわかる．しかしながら，$\mathbb{R}^d$ の部分集合がいつもジョルダン可測というわけではない．まず最初に，定義から，有界でない集合はジョルダン可測ではない．さらに，

[*7] この量をスケール 2^{-n} での E のイプシロンエントロピーと呼ぶことができるだろう．

有界集合であってもジョルダン可測でないものが存在する。

演習 1.1.18. * $E \subset \mathbb{R}^d$ を有界集合とする。
(1) E とその閉包 $\overline{E}$ のジョルダン外測度は等しいことを示せ。
(2) E とその内部 E° のジョルダン内測度は等しいことを示せ。
(3) E がジョルダン可測である必要十分条件は，その位相的境界 ∂E のジョルダン外測度が 0 であることを示せ。
(4) 有理数点を抜いた正方形 $[0,1]^2 \setminus \mathbf{Q}^2$ と有理数点の集合 $[0,1]^2 \cap \mathbf{Q}^2$ は共にジョルダン内測度が 0 でジョルダン外測度が 1 であることを示せ。とくにこれらは両方ともジョルダン可測ではない。

おおざっぱに言えば，「穴」がたくさん空いている集合や，きわめて「フラクタル」的な境界を持つような集合はジョルダン可測にはなりそうもない。そういった集合の大きさを測るために，我々はルベーグ測度を作らなければならないのである。しかし，それは次の節以降で行なうことにしよう。

演習 1.1.19. （カラテオドリ型の性質） $E \subset \mathbb{R}^d$ は有界集合で，$F \subset \mathbb{R}^d$ は基本集合とする。このとき，$m^{*,(J)}(E) = m^{*,(J)}(E \cap F) + m^{*,(J)}(E \setminus F)$ であることを示せ。さらにこの結果を F が基本集合ではなくジョルダン可測な場合に一般化せよ。

1.1.3　リーマン積分との関係

この節を終えるにあたって，ここで簡単にジョルダン測度とリーマン積分（あるいは同値だがダルブー積分）との関係についてまとめておこう。簡単のために，区間 $[a,b]$ 上の 1 次元のリーマン積分についてのみ述べることにする。もちろん，これを多次元のジョルダン可測な集合の上での積分に拡張することは難しくない。（後の節でこのリーマン積分はルベーグ積分に取って代わられることになる。）

定義 1.1.5. （リーマン可積分性） $[a,b]$ を正の長さを持つ区間とし，$f: [a,b] \to \mathbb{R}$ を関数とする。$[a,b]$ の点付き分割 $\mathcal{P} = ((x_0, x_1, \ldots, x_n), (x_1^*, \ldots, x_n^*))$ とは実数の有限個の列 $a = x_0 < x_1 < \cdots < x_n = b$ と，各 $i = 1, \ldots, n$ に対して $x_{i-1} \leq x_i^* \leq x_i$ を満たす数とをいっしょに考えたものである。ここで $x_i - x_{i-1}$ を δx_i と略記する。さらに $\Delta(\mathcal{P}) := \sup_{1 \leq i \leq n} \delta x_i$ をこの分割のノルムと呼ぶことにしよう。点付き分割 $\mathcal{P}$ に関する f のリーマン和 $\mathcal{R}(f, \mathcal{P})$ を

$$\mathcal{R}(f,\mathcal{P}) := \sum_{i=1}^{n} f(x_i^*)\delta x_i$$

で定義する。f が $[a,b]$ 上リーマン積分可能であるとは，$\int_a^b f(x)\,dx$ という記号で表される実数で，

$$\int_a^b f(x)\,dx = \lim_{\Delta(\mathcal{P})\to 0} \mathcal{R}(f,\mathcal{P})$$

となるようなものが存在することをいう。これを $[a,b]$ 上の f のリーマン積分と呼ぶ。つまり，どんな $\varepsilon > 0$ に対しても，点付き分割 $\mathcal{P}$ が $\Delta(\mathcal{P}) \leq \delta$ を満たしているならば $\left|\mathcal{R}(f,\mathcal{P}) - \int_a^b f(x)\,dx\right| \leq \varepsilon$ となるような $\delta > 0$ が存在することをいう。

もし $[a,b]$ の区間の長さが 0 であるならば，どんな関数 $f\colon [a,b] \to \mathbb{R}$ もそのリーマン積分は 0 であるとして，リーマン積分可能であると考える。

有界でない関数はリーマン可積分にはなり得ないことに注意せよ（何故か）。

上の定義は図形的には自然かもしれないが，実用上の面から考えると往々にして取り扱いづらい。そこでもう少し便利に取り扱えるようにその定義を書き直すことができる。

演習 1.1.20.（区分的に定数の関数） $[a,b]$ を区間とする。$f\colon [a,b] \to \mathbb{R}$ が**区分的定数関数**であるとは，$[a,b]$ を各区間 I_i 上で f の値が定数 c_i であるような有限個の区間 $I_1,\ldots,I_n$ に分割できることをいう。もし f が区分的に定数であれば，

$$\sum_{i=1}^{n} c_i |I_i|$$

の値は f が区分的に定数であることを示すのに用いた分割に依らないことを示せ。この量を $\mathrm{p.c.}\int_a^b f(x)\,dx$ と表し，f の $[a,b]$ 上の**区分的定数積分**と呼ぶ。

演習 1.1.21.（区分的定数積分の基本的な性質） $[a,b]$ を区間とし，$f,g\colon [a,b] \to \mathbb{R}$ を区分的定数関数とする。このとき，次を示せ。

(1)（線型性）どんな実数 c に対しても cf や $f+g$ は区分的に定数で，$\mathrm{p.c.}\int_a^b cf(x)\,dx = c\,\mathrm{p.c.}\int_a^b f(x)\,dx$ かつ $\mathrm{p.c.}\int_a^b f(x)+g(x)\,dx = \mathrm{p.c.}\int_a^b f(x)\,dx + \mathrm{p.c.}\int_a^b g(x)\,dx$ である。

(2)（単調性）もし，各点で $f \leq g$ である（つまり，各 $x \in [a,b]$ で $f(x) \leq g(x)$）であれば，$\mathrm{p.c.}\int_a^b f(x)\,dx \leq \mathrm{p.c.}\int_a^b g(x)\,dx$ となる。

(3)（指示関数）もし E が $[a,b]$ の基本集合であれば，指示関数 $1_E\colon [a,b] \to \mathbb{R}$ ($x \in$

E のとき $1_E(x) := 1$ と定め，そうでないとき $1_E(x) := 0$ としたもの）は区分的定数関数で，p.c. $\int_a^b 1_E(x)\,dx = m(E)$ である。

定義 1.1.6.（ダルブー積分） $[a,b]$ を区間とし，$f:[a,b] \to \mathbb{R}$ は有界な関数とする。f の $[a,b]$ 上でのダルブー下積分 $\underline{\int_a^b} f(x)\,dx$ を

$$\underline{\int_a^b} f(x)\,dx := \sup_{g \leq f:\text{区分的定数}} \text{p.c.} \int_a^b g(x)\,dx$$

で定める。ただし，g は各点で f 以下となる区分的定数関数すべてを考える。（f が有界という仮定からこの上限を考えている集合は空ではないことが保証できる。）同様にして f の $[a,b]$ 上でのダルブー上積分 $\overline{\int_a^b} f(x)\,dx$ を

$$\overline{\int_a^b} f(x)\,dx := \inf_{h \geq f:\text{区分的定数}} \text{p.c.} \int_a^b h(x)\,dx$$

で定める。あきらかに $\underline{\int_a^b} f(x)\,dx \leq \overline{\int_a^b} f(x)\,dx$ であるが，もしこの両者が一致するならば f はダルブー積分可能であるといい，その値を f の $[a,b]$ 上でのダルブー積分という。

ダルブー上積分とダルブー下積分とは，反射関係

$$\overline{\int_a^b} - f(x)\,dx = -\underline{\int_a^b} f(x)\,dx$$

にあることに注意せよ。

演習 1.1.22. $[a,b]$ を区間とし，$f:[a,b] \to \mathbb{R}$ を有界な関数とする。このとき f がリーマン積分可能である必要十分条件はダルブー積分可能であることを示せ。またこのときリーマン積分とダルブー積分とは等しいことを示せ。

演習 1.1.23. どんな連続関数 $f:[a,b] \to \mathbb{R}$ もリーマン積分可能であることを示せ。より一般に，どんな有界な区分的連続[*8)] な関数 $f:[a,b] \to \mathbb{R}$ もリーマン積分可能であることを示せ。

さて，ここでリーマン積分とジョルダン積分との関係を 2 通り述べておこう。まず最初に，リーマン積分と 1 次元ジョルダン測度との関係である。

[*8)] 関数 $f:[a,b] \to \mathbb{R}$ が区分的連続とは，f が各区間上で連続関数であるような区間で $[a,b]$ を有限個に分割できることをいう。

演習 1.1.24.（リーマン積分の基本的性質） $[a,b]$ を区間とし，$f, g\colon [a,b] \to \mathbb{R}$ をリーマン積分可能とする．このとき，次が成り立つことを示せ．

(1)（線型性）任意の実数 c に対して，cf と $f+g$ はリーマン積分可能であり，
$$\int_a^b cf(x)\,dx = c \cdot \int_a^b f(x)\,dx \quad \text{かつ} \quad \int_a^b f(x)+g(x)\,dx = \int_a^b f(x)\,dx + \int_a^b g(x)\,dx$$
である．

(2)（単調性）もし $f \le g$ が各点で成り立つ（つまり，すべての $x \in [a,b]$ において $f(x) \le g(x)$ である）ならば $\int_a^b f(x)\,dx \le \int_a^b g(x)\,dx$ である．

(3)（指示関数）もし E が $[a,b]$ のジョルダン可測な部分集合であれば，指示関数 $1_E \colon [a,b] \to \mathbb{R}$（$x \in E$ のとき $1_E(x) := 1$ と定め，そうでないとき $1_E(x) := 0$ と定める）はリーマン積分可能であり，$\int_a^b 1_E(x)\,dx = m(E)$ である．

さらに，これらの性質はリーマン積分を一意的に定める．すなわち $[a,b]$ 上のリーマン可積分関数全体のなす集合から $\mathbb{R}$ への写像で上の 3 つの性質をすべて満たす汎関数は $f \mapsto \int_a^b f(x)\,dx$ に限られる．

次に，積分と 2 次元ジョルダン測度との関係である．

演習 1.1.25.（リーマン積分の面積としての解釈） $[a,b]$ を区間とし，$f\colon [a,b] \to \mathbb{R}$ を有界な関数とする．このとき，f がリーマン積分可能である必要十分条件は集合 $E_+ := \{(x,t) : x \in [a,b]; 0 \le t \le f(x)\}$ と $E_- := \{(x,t) : x \in [a,b]; f(x) \le t \le 0\}$ が共に $\mathbb{R}^2$ のジョルダン可測集合であることであり，このとき
$$\int_a^b f(x)\,dx = m^2(E_+) - m^2(E_-)$$
である．ただし m^2 は 2 次元のジョルダン測度である．（**ヒント**： まず f が非負である場合を考えよ．）

演習 1.1.26. リーマン積分とダルブー積分の定義を，今まで述べたものに類似した性質が成り立つようにしながら，多次元に拡張せよ．

1.2 ルベーグ測度

1.1 節ではユークリッド空間上のジョルダン測度の古典論を復習した。この理論は次のようにして展開されたのであった。

(1) まずはじめに，直方体 B とその体積 $|B|$ を定義した。
(2) それを用いて，基本集合（直方体の有限個の集まり）E とそのような集合の基本測度 $m(E)$ とを導入した。
(3) それから，任意の有界集合 $E \subset \mathbb{R}^d$ に対してジョルダン内測度 $m_{*,(J)}(E)$ とジョルダン外測度 $m^{*,(J)}(E)$ とを定めた。そして，もしこの両者が一致するなら E はジョルダン可測であるといい，$m(E) = m_{*,(J)}(E) = m^{*,(J)}(E)$ を E のジョルダン測度ということにした。

ジョルダン可測な集合だけを取り扱ってもよいという恵まれた状況にある限り，ジョルダン測度の理論は十分に強力である。ところが，すでに注意したとおり，有界集合に限定したとしてもすべての集合がジョルダン可測というわけではない。実際少し後（注意 1.2.8）で述べるが，有界開集合，あるいはコンパクト集合であってもジョルダン可測だとは限らない。だから，ジョルダンの理論だけでは我々が取り扱いたいような集合すべてを処理するというわけにはいかない。それ以外にも，可測だということがわかっている集合を可算個考えて，その和集合や共通部分というようなものをジョルダンの理論で取り扱うことはできない。

演習 1.2.1. $E_1, E_2, \ldots \subset \mathbb{R}$ はジョルダン可測な集合とする。それらの可算和 $\bigcup_{n=1}^{\infty} E_n$ や可算共通部分 $\bigcap_{n=1}^{\infty} E_n$ は有界であったとしてもジョルダン可測とは限らないことを示せ。

このことから，リーマン積分可能性（1.1 節で見たように，ジョルダン測度に深く関係している）と各点収束との間には問題があることがわかる。

演習 1.2.2. 一様有界でリーマン可積分な関数からなる列 $f_n : [0,1] \to \mathbb{R}$ $(n = 1, 2, \ldots)$ で，リーマン可積分ではない関数 $f : [0,1] \to \mathbb{R}$ に各点収束するようなものの例を挙げよ。もし各点収束ではなく一様収束ならどうか。

もし測度という概念についてジョルダン測度よりももっと強力なもの，つまりルベーグ測度を使うことができれば，このような問題が生じないようにすることができる．そこで，そのような測度を定義するために，まずはジョルダン外測度の概念を修正することから始めよう．

ジョルダン外測度は集合 $E \subset \mathbb{R}^d$ に対して

$$m^{*,(J)}(E) := \inf_{B \supset E; B: \text{基本集合}} m(B)$$

なるものであった（ただし，もし E が有界でなければ $m^{*,(J)}(E) = +\infty$ と表すことにする．従って $m^{*,(J)}$ は拡大非負実数 $[0, +\infty]$ に値をとると理解する．これの性質は簡単に下で述べる）．基本測度は有限加法性と劣加法性とを持っているから，ジョルダン外測度は

$$m^{*,(J)}(E) := \inf_{B_1 \cup \cdots \cup B_k \supset E; B_1, \ldots, B_k \text{直方体}} |B_1| + \cdots + |B_k|$$

と書けることに注意しておこう．つまり，ジョルダン外測度というのは E を有限個で覆ってしまうために必要となる直方体の体積の下限のことである．（いまの下限において自然数 k は自由にとってよい）．さて，ここでこの有限個の直方体というのを，可算個の直方体に変更してしまおう．それがルベーグ外測度である．つまり，E のルベーグ外測度 $m^*(E)$ を *9)

$$m^*(E) := \inf_{\bigcup_{n=1}^{\infty} B_n \supset E; B_1, B_2, \ldots: \text{直方体}} \sum_{n=1}^{\infty} |B_n|$$

と定義する．従って，ルベーグ外測度というのは E を可算個の和集合で覆うのに必要となる直方体の面積の和の下限のことである．ただし，可算和 $\sum_{n=1}^{\infty} |B_n|$ は正の無限大に発散するかもしれない．だから，ルベーグ外測度 $m^*(E)$ は $+\infty$ になるかもしれない．

あきらかに $m^*(E) \leq m^{*,(J)}(E)$ である（直方体の有限和に無限個の空集合を加えれば可算和になるから）．しかし，$m^*(E)$ は本当に小さくなりうる．

◆例 1.2.1. $E = \{x_1, x_2, x_3, \ldots\} \subset \mathbb{R}^d$ を可算集合とする．すでに見たように，E のジョルダン外測度は大変大きな量になることがある．たとえば，1次元においては $m^{*,(J)}(\mathbf{Q})$ は無限大であるし，$m^{*,(J)}(\mathbf{Q} \cap [-R, R]) = m^{*,(J)}([-R, R]) = 2R$ である．なぜなら，$\mathbf{Q} \cap [-R, R]$ の閉包は $[-R, R]$ だからである（演習 1.1.18 を見よ）．ところが，E が可算集合である限り，そのルベーグ外測度は 0 である．なぜなら，単純に E を一辺の長さが 0

---

*9) 教科書によってはルベーグ外測度に $m_*(E)$ という記号を用いることもある．

であり,従って体積も 0 であるようなつぶれた直方体 $\{x_1\}, \{x_2\}, \ldots$ で覆ってしまえばよいからである.

もしつぶれた直方体というのが気に入らないなら,$\varepsilon > 0$ を任意にとって,各 x_n を一辺の長さが $\varepsilon/2^n$ の立方体で覆ってしまえばよい.するとその全部の体積は $\sum\limits_{n=1}^{\infty} (\varepsilon/2^n)^d$ だから,この和は $C_d \varepsilon^d$ に収束する.ただし C_d は定数である.ε は任意に小さくとれるのだから,結局ルベーグ外測度が 0 であることがわかる.今の技法を **$\varepsilon/2^n$ の技**と呼ぶことにしよう.この教科書ではこの技を何度も使うことになる.

この例から,とくに,ルベーグ外測度が 0 であるとしても,その集合は非有界かもしれないということがわかる.これはジョルダン外測度の場合とは対照的である.

1.7 節で,ルベーグ外測度というのは**外測度**と呼ばれるもっと一般的な概念の特別な場合であるということがわかるであろう.

さて,ジョルダンの理論を真似して進めようとすると,外測度といっしょに「ルベーグ内測度」を定義しておきたいと思うであろう.ところが,そのように進めることはできない(結局のところ,これは基本測度というのが劣加法的であって,優加法的ではないということが原因である).というのは,ジョルダン内測度の定義で直方体の有限和というところを可算和に置き換えたとしても,何も得をしない.しかし,補集合を考えることで,ある種のルベーグ内測度を考えることができるようになる.これについては演習 1.2.18 を見よ.それを使ってもルベーグ可測という概念を考えることができる.これはルベーグ可測性に対する**カラテオドリ条件**と呼ばれているもの(演習 1.2.17)であるが,それがいちばん直観的にわかりやすいやり方かといわれれば,そういうわけではない.だから,我々としては別のやり方(論理的には同じものであるが)を採用することにする.そのためにまず,ジョルダン可測集合というのが効率よく基本集合の中に入るようなもののことであったということ(演習 1.1.5)を思い出しておこう.つまり,その差というのが小さなジョルダン外測度しか持っていないということであった.これを参考にして,ルベーグ可測集合というのを,開集合の中に効率よく入ることができるような集合,すなわちその差のルベーグ外測度が小さくできるようなものとして定義しよう.

定義 1.2.2.(ルベーグ可測性) 集合 $E \subset \mathbb{R}^d$ がルベーグ可測であるとは,任意の $\varepsilon > 0$ に対して,$m^*(U \setminus E) \leq \varepsilon$ となるような E を含む開集合 $U \subset \mathbb{R}^d$ がとれることをいう.もし E がルベーグ可測であれば,$m(E) := m^*(E)$ のことを

E のルベーグ測度と呼ぶ（この量は $+\infty$ かもしれない）。さらに，もし次元 d を強調したいときには $m(E)$ を $m^d(E)$ と書くこともある。

◆**注意 1.2.3.** 可測集合というものの直観は，それがほとんど開集合だということである。これはリトルウッドの**第一原理**として知られている。この原理はいうまでもなく我々が定義として採用したものであるが，もしルベーグ可測性の定義を同値ではあるが別のものに変更したら，それほど当たり前のことではなくなってしまう。リトルウッドの原理は 1.3.5 項でもっと詳しく述べることにする。

後に述べるが，ルベーグ測度というのはジョルダン測度を拡張したものになっている。つまり，ジョルダン可測集合はかならずルベーグ可測であるし，ジョルダン可測集合に対してはルベーグ測度とジョルダン測度の値はつねに一致する。

この節の残りの部分ではルベーグ測度に関する基本的な性質を述べる。大まかに言ってしまうと，ルベーグ測度というのは測量した結果というものが持っていてほしいと直観的に思うような性質はすべて持っている。ただし，非可算無限回の操作をせずに可算無限回にとどめておかなければならないし，さらにルベーグ可測な集合に限定しておく必要はある。後者については実際上は深刻な制限にはならない。なぜなら，我々が解析学で出会うほとんどすべての集合は可測だから（例外は，選択公理を用いて構成される異常な集合くらいである）。その後で，ルベーグ測度を使ってルベーグ積分を考える。これはルベーグ測度がジョルダン測度を拡張したのと同じく，リーマン積分を拡張する。さらにルベーグ測度が持っている多くのうれしい性質が，そのままルベーグ積分のうれしい性質として現れることになる（もっとも強調しておくべきなのは収束定理であろう）。

ここでは，次元 $d = 1, 2, \ldots$ については何でもよいとしておくが，絵をかいて考えるということから，読者は $d = 2$ として考えることを勧める。しかし少なくともここで扱う内容に関しては，高次元にするときにも，数学的には，難しいことは何一つ出てこない（もちろん，d が 3 以上であると視覚的には深刻な問題が生じてしまうが）。

1.2.1　ルベーグ外測度の性質

まずはルベーグ外測度 m^* を調べることから始めよう。これは拡大非負実数

$[0, +\infty]$ に値をとるものであった。最初にルベーグ外測度について成り立つ 3 つの簡単な性質を挙げておくことにしよう。これらは今後繰り返し用いることになるが，いちいちそれを断ったりはしない。

演習 1.2.3. （外測度の公理）*
(1)（空集合）$m^*(\emptyset) = 0$ である。
(2)（単調性）もし $E \subset F \subset \mathbb{R}^d$ であるならば $m^*(E) \leq m^*(F)$ である。
(3)（可算劣加法性）もし $E_1, E_2, \ldots \subset \mathbb{R}^d$ が集合の可算列であれば，$m^*\left(\bigcup_{n=1}^{\infty} E_n\right) \leq \sum_{n=1}^{\infty} m^*(E_n)$ である。（ヒント：可算選択公理，級数に対するトネリの定理，それに以前可算集合が外測度 0 であることを示すのに使った $\varepsilon/2^n$ の技を用いよ。）

可算劣加法性は，空集合の公理と組み合わせれば有限劣加法性，つまりどんな $k \geq 0$ に対しても
$$m^*(E_1 \cup \cdots \cup E_k) \leq m^*(E_1) + \cdots + m^*(E_k)$$
を意味していることに注意しよう。これらの劣加法性はルベーグ外測度の上からの評価を示すのに便利である。下からの評価は，多くの場合技巧的になってしまう。（一般的にいって下限を使って定義されているような量に対しては，上界を得る方が下界よりは易しい。なぜなら，上界を示したければ，下限に現れている要素の 1 つを押さえてしまえばよいのに対し，下界の方はすべての要素を押さえてしまわないといけないからである。）

◆**注意 1.2.4.** この教科書の後の方で一般的な集合 X 上の抽象測度論を扱うときには，X 上に**外測度**の概念を導入することになる。それは，X の任意の部分集合 E に対して空集合・単調性・可算劣加法性の 3 つの公理を満たすように $[0, +\infty]$ の値を与えるような対応 $E \mapsto m^*(E)$ のことである。だから，ルベーグ外測度というのは抽象外測度の典型的な例になっているというわけである。ところが，（ちょっと混乱しそうになるが）ジョルダン外測度は抽象外測度には（もし非有界集合に対して $+\infty$ の値を与えるとして意味を広げておいてすら）ならない。なぜならジョルダン外測度は空集合と単調性の 2 つの公理は満たしているものの，劣加法性については可算ではなく，有限でしか満たしていないからである。（たとえば，有理数の全体 $\mathbf{Q}$ というのは，可算個の点からできていて，それぞれの点のジョルダン外測度は 0 であるにもかかわらず，$\mathbf{Q}$ のジョルダン外測度は無限大になってしまう。）だから，ジョルダン外測度の定義では有限個の直方体の和集合しか許さなかったものを，可算和を許すということでルベーグ外測度を定義したということの大きな利点がすでにあきらかになったことと思う。つまり，有限劣加法性が可算劣加法性へと進化したのである。

いうまでもないが，今後可算劣加法性を非可算の劣加法性へと進められるかも

しれないと期待してはならない。なぜなら，$\mathbb{R}^d$ は非可算無限個の点の集まりであり，各点はルベーグ外測度が 0 であるが，(すぐに述べるように) $\mathbb{R}^d$ はルベーグ外測度が無限大だからである。

ルベーグ外測度が有限加法性，つまり $E, F \subset \mathbb{R}^d$ が共通部分を持たないときに $m^*(E \cup F) = m^*(E) + m^*(F)$ が成り立つのかどうかと思うのは当たり前のことである。この問題の答えは，やや微妙である。後で述べることであるが，有限加法性（さらに可算加法性まで）は成り立つのであるが，それはすべての集合がルベーグ可測な場合に限る。可測でなければ，有限加法性は（従って当然可算加法性も）成り立たない。何が難しいのかといえば，(ついでに言っておけば，これはジョルダン外測度のところでも出てきたことである) もし E と F が非常に「絡み合った」状態にあったとすると，E と F のそれぞれを重複のないように可算個の直方体で覆い，さらに $E \cup F$ も覆っているようにはできないかもしれないということである。もちろん，E と F が正の距離だけ離れているならば，少なくとも有限加法性については示すことができる。

補題 1.2.5. (離れている集合に対する有限加法性) $E, F \subset \mathbb{R}^d$ は $\operatorname{dist}(E, F) > 0$ を満たしているとする。ただし，
$$\operatorname{dist}(E, F) := \inf\{|x - y| : x \in E, y \in F\}$$
は E と F の間の距離を表す [*10]。すると，$m^*(E \cup F) = m^*(E) + m^*(F)$ である。

[証明] 劣加法性から $m^*(E \cup F) \leq m^*(E) + m^*(F)$ が成り立っているから，逆向きの不等式 $m^*(E) + m^*(F) \leq m^*(E \cup F)$ を示せば十分である。もしも $E \cup F$ のルベーグ外測度が無限大であれば何も示すべきことはないから，これのルベーグ外測度は有限である（従って，単調性から E と F もそうである）と仮定してかまわない。

ここで，標準的な「イプシロンの余地をもらえ」の技（An epsilon of room, Vol I. の 2.7 節を参照）を使う。$\varepsilon > 0$ とする。ルベーグ外測度の定義によると，$E \cup F$ は

[*10] まえがきで書いたように，我々は $\mathbb{R}^d$ 上で通常のユークリッド距離 $|(x_1, \ldots, x_d)| := \sqrt{x_1^2 + \cdots + x_d^2}$ を使っていることを思い出すように。

$$\sum_{n=1}^{\infty} |B_n| \leq m^*(E \cup F) + \varepsilon$$

を満たすような可算個の直方体 $B_1, B_2, \ldots$ で覆うことができる．そこで，各直方体は E か F と交わるとしても，どちらかとしか交わらないとしてみよう．すると，この直方体の集まりは，E を覆っている $B_1', B_2', \ldots$ と F を覆っている $B_1'', B_2'', B_3'', \ldots$ の 2 種類に分けることができる．ルベーグ外測度の定義から，

$$m^*(E) \leq \sum_{n=1}^{\infty} |B_n'|$$

かつ

$$m^*(F) \leq \sum_{n=1}^{\infty} |B_n''|$$

が成り立っているから，これらを加えれば

$$m^*(E) + m^*(F) \leq \sum_{n=1}^{\infty} |B_n|$$

となり，従って

$$m^*(E) + m^*(F) \leq m^*(E \cup F) + \varepsilon$$

であることがわかる．ところが ε は任意だったのだから，これは $m^*(E) + m^*(F) \leq m^*(E \cup F)$ であることを意味する．

もちろん E と F の両方に交わる直方体 B_n が存在するということは当然あり得ることであるし，とくにもしそのような直方体が大きいものであれば，その箱は 2 重に数えられてしまうようになって上の議論は成り立たない．しかし，もし大きな直方体 B_n が入っていたとしても，それはいつも直径[*11)] がたかだか r 未満であるような小さな直方体を有限個集めたもの（その体積の和はもとの直方体に等しい）に分割できるということに注意しよう．ここで $r > 0$ は任意に決めてしまってよい．このことを B_n に対して用いれば，$E \cup F$ を覆う直方体 $B_1, B_2, \ldots$ の直径はたかだか r であると仮定しても一般性を失わない．とくに我々はすべての直方体の直径は $\mathrm{dist}(E, F)$ よりも真に小さいと仮定することができる．そうしてしまえば，もはや E と F の両方と交わるような直方体というのは存在しようがない．そうして前の議論は正当化できるのである．□

一般的には，交わらない集合 E, F の間に本当に正の幅の隙間があるとは限らない（たとえば $E = [0, 1)$ と $F = [1, 2]$ を考えてみよ）．しかしもし E, F が閉で，

[*11)] 集合 B の直径は $\sup\{|x - y| : x, y \in B\}$ で定義される．

E, F のどちらかがコンパクトであればそういうことは起きない。

演習 1.2.4.* $E, F \subset \mathbb{R}^d$ を交わらない閉集合とし, E, F の少なくとも一方はコンパクトであるとする。このとき, $\mathrm{dist}(E, F) > 0$ であることを示せ。また, コンパクト性に関する仮定をなくした場合にはこの結論が成り立たなくなる反例を挙げよ。

さて, 可算集合というのはルベーグ外測度が 0 であるということはすでに述べたのであるが, そろそろほかの集合についても外測度を計算し始めよう。まずは基本集合である。

補題 1.2.6. (基本集合の外測度) E を基本集合とする。E のルベーグ外測度 $m^*(E)$ は E の基本測度に等しい。つまり $m^*(E) = m(E)$ である。

◆**注意 1.2.7.** 可算集合の外測度は 0 だから, これで $\mathbb{R}^d$ が非可算だというカントールの定理に証明を与えることができたということになる。もちろんカントールの定理にはもっと簡明な証明がある。しかしながら, このような点から見れば, この補題の証明というのが, $\mathbb{R}$ の可算個の元からなる部分体, たとえば有理数全体 $\mathbf{Q}$ のような集合では決して成り立たないような, 実数に関するきわめて重要な性質に基づいているに違いないということがわかるであろう。ここで挙げる証明では, ハイネ・ボレルの定理こそがその鍵を握っている定理である。これは, 最終的には, 実数が**完備**だという事実に帰される。ただし, 1 次元の場合には完備性の代わりに, 実数が**連結**であるということを用いても証明できる。(実数全体に真に含まれるような部分体は連結でも完備でもないことに注意せよ。)

[証明] $m^*(E) \leq m^{*,(J)}(E) = m(E)$ であることはすでにわかっているから, $m(E) \leq m^*(E)$ を示せば十分である。

まず最初に基本集合 E が閉である場合を示そう。基本集合 E は有界でもあるから, 我々はあの強力なハイネ・ボレルの定理を使うことができる。すなわち, E のどんな開被覆も有限の部分被覆を持つ (つまり, E はコンパクトである)。

さて, ここで再びイプシロンの余地の戦略を使おう。$\varepsilon > 0$ を任意として,
$$E \subset \bigcup_{n=1}^{\infty} B_n$$
かつ
$$\sum_{n=1}^{\infty} |B_n| \leq m^*(E) + \varepsilon$$
であるような可算個の直方体 $B_1, B_2, \ldots$ の集まりをとることができる。

ここでハイネ・ボレルの定理を使いたいのだが, B_n は開であるとは限らない。しかし, これは大した問題ではない。なぜなら, 開集合となるように直方体を少

し大きくすればよいからで，そのためにはイプシロンを別のものに取り替えればよい．もっと正確に言えば，各直方体 B_n に対して，B_n を含む開直方体 B'_n で（たとえば）$|B'_n| \leq |B_n| + \varepsilon/2^n$ となるようなものをとることができる．B'_n は E を覆っているし，

$$\sum_{n=1}^{\infty} |B'_n| \leq \sum_{n=1}^{\infty} (|B_n| + \varepsilon/2^n) = \left(\sum_{n=1}^{\infty} |B_n|\right) + \varepsilon \leq m^*(E) + 2\varepsilon$$

なる関係を満たす．そして B'_n は開なのだから，ハイネ・ボレルの定理を用いれば，ある有限の N で

$$E \subset \bigcup_{n=1}^{N} B'_n$$

となっていることがわかる．基本測度の有限劣加法性によると

$$m(E) \leq \sum_{n=1}^{N} |B'_n|$$

であることがわかるから，従って

$$m(E) \leq m^*(E) + 2\varepsilon$$

である．ところが $\varepsilon > 0$ は任意だったのだから，主張が従う．

さて，基本集合 E が閉でない場合を考えよう．すると E は，交わらない有限個の直方体（閉とは限らない）で $Q_1 \cup \cdots \cup Q_k$ と書き直すことができる．ところが，ここで今の議論と同じように，イプシロンの余地の方法を使うことができる．つまり，$\varepsilon > 0$ と $1 \leq j \leq k$ に対して，Q_j の部分直方体 Q'_j で（たとえば）$|Q'_j| \geq |Q_j| - \varepsilon/k$ となるようなものを見つけてくることができる．そうすると E は交わらない有限個の閉直方体の和集合 $Q'_1 \cup \cdots \cup Q'_k$ を含むということがわかる．そして，これは閉基本集合である．だから前の議論が適用できて，基本測度の有限劣加法性から

$$\begin{aligned} m^*(Q'_1 \cup \cdots \cup Q'_k) &= m(Q'_1 \cup \cdots \cup Q'_k) \\ &= m(Q'_1) + \cdots + m(Q'_k) \\ &\geq m(Q_1) + \cdots + m(Q_k) - \varepsilon \\ &= m(E) - \varepsilon \end{aligned}$$

であることがわかる．そして，ルベーグ外測度の単調性から

$$m^*(E) \geq m(E) - \varepsilon$$

が任意の $\varepsilon > 0$ に対して成り立つことがわかり，$\varepsilon > 0$ は任意なのだから，主張が従うのである． □

今の補題から，直方体の有限和集合に対してルベーグ外測度を求めることができる。これと単調性を用いると，どんな集合のルベーグ外測度も，それのジョルダン内測度で下から押さえられることがわかる。もちろんジョルダン外測度で上からも押さえられるから，任意の $E \subset \mathbb{R}^d$ に対して

$$m_{*,(J)}(E) \leq m^*(E) \leq m^{*,(J)}(E) \tag{1.2}$$

が成立する。

◆**注意 1.2.8.** ここまで来ると，なぜ有界開集合やコンパクト集合でもジョルダン可測でないものが存在するのかを説明することができる。まず可算集合 $\mathbf{Q} \cap [0,1]$ を考えよう。これは，その元を $\{q_1, q_2, q_3, \ldots\}$ と並べ上げることができる。そこで $\varepsilon > 0$ を小さな数にとり，集合

$$U := \bigcup_{n=1}^{\infty} (q_n - \varepsilon/2^n, q_n + \varepsilon/2^n)$$

を考えてみよう。これは開集合の和集合だから，開集合である。一方で，可算劣加法性から

$$m^*(U) \leq \sum_{n=1}^{\infty} 2\varepsilon/2^n = 2\varepsilon$$

であることがわかる。ところが U は $[0,1]$ で稠密（つまり，$\overline{U}$ は $[0,1]$ を含む）なのだから，

$$m^{*,(J)}(U) = m^{*,(J)}(\overline{U}) \geq m^{*,(J)}([0,1]) = 1$$

となっている。ε は十分に小さい（たとえば $\varepsilon := 1/3$ とせよ）から，U のルベーグ外測度とジョルダン外測度は一致しない。(1.2) を使うと，有界開集合 U はジョルダン可測でないことがわかる。また，たとえば $[-2,2]$ の中で U の補集合を考えれば，それはコンパクトであるにもかかわらずジョルダン可測でないということもわかるのである。

次に，直方体の可算和集合を考えよう。そのために，2 つの直方体の内部が交わらないとき，その 2 つはほとんど交わらないということにしておくと説明しやすい。たとえば，$[0,1]$ と $[1,2]$ はほとんど交わらない。直方体は，その内部だけを考えても基本測度は等しいから，交わらないという条件をほとんど交わらない直方体 $B_1, \ldots, B_k$ と変えてしまっても次の有限加法性が成り立つことがわかる。

$$m(B_1 \cup \cdots \cup B_k) = |B_1| + \cdots + |B_k| \tag{1.3}$$

これ（と補題 1.2.6）から次のことがわかる。

補題 1.2.9. （ほとんど交わらない直方体の可算和集合の外測度） $E = \bigcup_{n=1}^{\infty} B_n$ をほとんど交わらない直方体 $B_1, B_2, \ldots$ の可算和集合とする。このとき，

$$m^*(E) = \sum_{n=1}^{\infty} |B_n|$$

1.2.1 ルベーグ外測度の性質

が成り立つ。

従って，たとえば $\mathbb{R}^d$ は無限の外測度を持つ。

[証明] 可算劣加法性と補題 1.2.6 から
$$m^*(E) \leq \sum_{n=1}^{\infty} m^*(B_n) = \sum_{n=1}^{\infty} |B_n|$$
が成り立っているから，
$$\sum_{n=1}^{\infty} |B_n| \leq m^*(E)$$
を示せば十分である。ところが，N を自然数とすると，E は基本集合 $B_1 \cup \cdots \cup B_N$ を含んでいるのだから，単調性と補題 1.2.6 とから
$$m^*(E) \geq m^*(B_1 \cup \cdots \cup B_N)$$
$$= m(B_1 \cup \cdots \cup B_N)$$
であり，従って (1.3) から
$$\sum_{n=1}^{N} |B_n| \leq m^*(E)$$
である。ここで $N \to \infty$ とすると主張を得る。 □

◆注意 1.2.10. 今の補題からただちに次の系が従う：もし E が $E = \bigcup_{n=1}^{\infty} B_n = \bigcup_{n=1}^{\infty} B'_n$ のように，ほとんど交わらない直方体の可算和集合に 2 通りに分解できるとすると $\sum_{n=1}^{\infty} |B_n| = \sum_{n=1}^{\infty} |B'_n|$ が成り立つ。この主張は直観的にあきらかであるし，ルベーグ外測度やルベーグ測度といった概念を表立っては使っていないけれども，もしこれらの概念を本質的に使わないで厳密に証明しようとしたら驚くほど難しい（やってみよ！）。

演習 1.2.5. $E \subset \mathbb{R}^d$ がほとんど交わらない直方体の可算和集合として表されるならば，E のルベーグ外測度はジョルダン内測度と等しい，つまり $m^*(E) = m_{*,(J)}(E)$ であることを示せ。ただし有界でない集合に対してはジョルダン内測度の定義は適当に拡張しておく。

もちろんほとんど交わらない直方体の可算和としては表されないような集合もある（たとえば，無理数の集合 $\mathbb{R}\backslash\mathbf{Q}$ を考えてみよ。このような集合は元 1 つからなるような集合を除いては，直方体を一切含まない）。しかしながら，そのように表される集合の中には重要なものがある。それは，開集合である。

補題 1.2.11. $E \subset \mathbb{R}^d$ を開集合とする。すると，E はほとんど交わらない直方体の可算和集合として表される。（さらにいえば，ほとんど交わらない閉立方体の可算和として表される。）

[証明] ユークリッド空間は 2 進数の網をかけることができる構造を持っていることを使おう。この構造は実解析学において「離散化」を実行したいときに便利な道具である。

そこで，$n, i_1, \ldots, i_d$ を整数として，

$$Q = \left[\frac{i_1}{2^n}, \frac{i_1+1}{2^n}\right] \times \cdots \times \left[\frac{i_d}{2^n}, \frac{i_d+1}{2^n}\right]$$

という形をしている立方体 Q を閉 2 進立方体と呼ぶことにしよう。技術的な問題を避けるため，ここでは一辺の長さがたかだか 1 であるような「小さな」立方体だけ考えることにする。つまり，n は非負の整数であるとし，一辺の長さが 1 を超えるような「大きな」立方体はまったく考えないことにする。一辺の長さが 2^{-n} であるような閉 2 進立方体はほとんど交わらず，$\mathbb{R}^d$ 全体を覆っていることに注意しよう。さらに，一辺が 2^{-n} の 2 進立方体を 1 つ考えると，それを含んでいるような長さ 2^{-n+1} であるような「親」立方体がただ 1 つだけある。（逆に言えば，一辺が 2^{-n+1} であるような立方体は，一辺が 2^{-n} の「子」立方体を 2^d 個持っている。）このことから，2 進立方体が 2 進木と同じような構造を持っていることがわかる（より正確に言えば 2^d 分木からなる無限森（フォレスト）である）。これらのことから，重要な 2 進入れ子構造があるということがわかる。つまり，任意に 2 つの閉 2 進立方体（一辺の長さは違っていてもよい）が与えられると，それらはほとんど交わらないか，あるいは一方が他方の中に含まれているか，いずれかである。

もし E が開であり，$x \in E$ とすると，定義によって，x を中心とする開球で E に含まれるようなものがある。そして，x を含むような閉 2 進立方体で E に含まれているようなものが存在するということも簡単にわかる。だから，E に含まれるような 2 進立方体すべてからなる集合 $\mathcal{Q}$ 考えると，それらすべての立方体の和集合 $\bigcup_{Q \in \mathcal{Q}} Q$ は完全に E に一致することがわかる。

2 進立方体というのは可算個しかないのだから，$\mathcal{Q}$ はたかだか可算である。しかし，まだ完了ではない。これらの立方体はほとんど交わらないというわけでは

ないからである（たとえばどんな $\mathcal{Q}$ に含まれるどんな立方体 Q も，当然その子立方体と重なっている部分がある）。しかしこれは 2 進入れ子構造を使って対処することができる。$\mathcal{Q}$ に含まれる立方体で，集合の包含関係に関して極大であるようなものを集めたものを $\mathcal{Q}^*$ としよう。つまり，$\mathcal{Q}$ の中ではほかの立方体には含まれるようなことのない立方体である。入れ子の性質（と考えている立方体の大きさには上限を設けてあるということ）から $\mathcal{Q}$ の中のどのような立方体も $\mathcal{Q}^*$ の中にあるただ 1 つの極大立方体に含まれているということがわかる。そして $\mathcal{Q}^*$ に含まれるそのような極大立方体は，ほとんど交わらない。だから E はほとんど交わらない立方体の和集合として $E = \bigcup_{Q \in \mathcal{Q}^*} Q$ と書ける。$\mathcal{Q}^*$ はたかだか可算なのだから，主張が（可算にする必要があれば，空集合を加えておいて）従う。 □

こうして，どんな開集合に対してもルベーグ外測度を測る方法が手に入った。つまり，それはその集合のジョルダン内測度と完全に等しいし，またはその集合をほとんど交わらない直方体にどのように分割したとしてもその総体積に等しい。最後に，任意の集合に対してルベーグ外測度を測る方法を述べよう。

補題 1.2.12.（外部正則性） $E \subset \mathbb{R}^d$ を任意の集合とする。すると，
$$m^*(E) = \inf_{E \subset U, U:\text{開}} m^*(U)$$
が成り立つ。

[証明] 単調性から，
$$m^*(E) \leq \inf_{E \subset U, U:\text{開}} m^*(U)$$
であることは当たり前だから，
$$\inf_{E \subset U, U:\text{開}} m^*(U) \leq m^*(E)$$
を言えば十分である。これは $m^*(E)$ が無限大のときは当たり前だから，$m^*(E)$ は有限であるとする。

$\varepsilon > 0$ としよう。外測度の定義から，E を覆うような直方体の可算列 $B_1, B_2, \ldots$ で，
$$\sum_{n=1}^{\infty} |B_n| \leq m^*(E) + \varepsilon$$
となるものが存在する。ここで再び $\varepsilon/2^n$ の技を使おう。この直方体それぞれを $|B'_n| \leq |B_n| + \varepsilon/2^n$ を満たすような開直方体へと広げてしまう。すると，集合

$\bigcup_{n=1}^{\infty} B'_n$ は開集合の和集合だから,これ自身開集合であり,E を含んでいる。さらに
$$\sum_{n=1}^{\infty} |B'_n| \leq m^*(E) + \varepsilon + \sum_{n=1}^{\infty} \varepsilon/2^n = m^*(E) + 2\varepsilon$$
が成り立つ。可算劣加法性から,
$$m^*(\bigcup_{n=1}^{\infty} B'_n) \leq m^*(E) + 2\varepsilon$$
であることがわかり,従って
$$\inf_{E \subset U, U:開} m^*(U) \leq m^*(E) + 2\varepsilon$$
となる。$\varepsilon > 0$ は任意だから,主張を得る。 □

演習 1.2.6. 逆向きの主張
$$m^*(E) = \sup_{U \subset E, U:開} m^*(U)$$
が成り立たないことを例を挙げて示せ。(この命題を正しく修正したものについては演習 1.2.15 を見よ。)

1.2.2 ルベーグ可測性

さて,ルベーグ可測集合というのは,その集合が開集合の中に定義 1.2.2 の意味で効率よく含まれるもののことだと定義して,その基本的な性質を述べることにしよう。

まず,ルベーグ可測集合というのがたくさんあるということを示す。

補題 1.2.13. (ルベーグ可測集合の存在)
(1) 開集合はルベーグ可測である。
(2) 閉集合はルベーグ可測である。
(3) ルベーグ外測度が 0 である集合は可測である。(そのような集合は**零集合**と呼ばれる。)
(4) 空集合 $\emptyset$ はルベーグ可測である。
(5) もし $E \subset \mathbb{R}^d$ がルベーグ可測であるならば,それの補集合 $\mathbb{R}^d \backslash E$ もそうである。
(6) もし $E_1, E_2, E_3, \ldots \subset \mathbb{R}^d$ がルベーグ可測集合の列であれば,その和集合

$\bigcup_{n=1}^{\infty} E_n$ はルベーグ可測である。
(7) もし $E_1, E_2, E_3, \ldots \subset \mathbb{R}^d$ がルベーグ可測集合の列であれば,その積集合 $\bigcap_{n=1}^{\infty} E_n$ はルベーグ可測である。

[証明] まず,主張 (1) と (3) と (4) は定義からあきらかである。

(6) を証明するために,$\varepsilon/2^n$ の技を使う。$\varepsilon > 0$ を任意とする。仮定から各 E_n は $U_n \backslash E_n$ のルベーグ外測度がたかだか $\varepsilon/2^n$ であるような開集合 U_n に含まれている。だから $\bigcup_{n=1}^{\infty} E_n$ は $\bigcup_{n=1}^{\infty} U_n$ に含まれており,可算劣加法性から,その差集合 $\left(\bigcup_{n=1}^{\infty} U_n\right) \backslash \left(\bigcup_{n=1}^{\infty} E_n\right)$ のルベーグ外測度はたかだか ε である。そして,集合 $\bigcup_{n=1}^{\infty} U_n$ は開集合の和集合としてこれ自身開集合だから,主張が従う。

次に主張 (2) を確認しよう。閉集合 E は有界閉集合の可算和集合である(たとえば,$n = 1, 2, 3, \ldots$ として,半径が n の閉球 $\overline{B(0, n)}$ と E との交わりを考えればよい)。だから,(6) によれば,E が有界閉集合,従ってハイネ・ボレルの定理からコンパクトである場合を示せば十分である。そして E の有界性から $m^*(E)$ は有限であることに注意しておこう。

$\varepsilon > 0$ とする。外部正則性(補題 1.2.12)から,$m^*(U) \leq m^*(E) + \varepsilon$ となるような E を含む開集合 U をとることができる。これが $m^*(U \backslash E) \leq \varepsilon$ であることを示せば十分である。

$U \backslash E$ は開集合である。だから補題 1.2.11 によると,これはほとんど交わらない立方体の可算和集合 $\bigcup_{n=1}^{\infty} Q_n$ である。補題 1.2.9 から $m^*(U \backslash E) = \sum_{n=1}^{\infty} |Q_n|$ となるので,すべての有限な N に対して $\sum_{n=1}^{N} |Q_n| \leq \varepsilon$ であることを示せば十分である。

集合 $\bigcup_{n=1}^{N} Q_n$ は閉立方体の有限和集合であり,従って閉集合である。そしてコンパクト集合 E とは交わらない。だから演習 1.2.4 と補題 1.2.5 から

$$m^*\left(E \cup \bigcup_{n=1}^{N} Q_n\right) = m^*(E) + m^*\left(\bigcup_{n=1}^{N} Q_n\right)$$

であることがわかる。単調性から左辺はたかだか $m^*(U)$ であり,だからたかだか $m^*(E) + \varepsilon$ である。$m^*(E)$ は有限だからこの項は打ち消しあい,従って示したかった $m^*\left(\bigcup_{n=1}^{N} Q_n\right) \leq \varepsilon$ を結論できる。

次に主張 (5) を示そう。もし E がルベーグ可測であれば，すべての n に対して $m^*(U_n \backslash E) \leq 1/n$ となるような E を含む開集合 U_n をとってくることができる。F_n を U_n の補集合とすると E の補集合 $\mathbb{R}^d \backslash E$ は F_n をすべて含み，$m^*((\mathbb{R}^d \backslash E) \backslash F_n) \leq 1/n$ である。そこで $F := \bigcup_{n=1}^{\infty} F_n$ とおくと $\mathbb{R}^d \backslash E$ は F を含み，従って単調性から $m^*((\mathbb{R}^d \backslash E) \backslash F) = 0$ であるから，従って $\mathbb{R}^d \backslash E$ は F とルベーグ外測度が 0 であるような集合との和集合である。しかし F は可算個の閉集合の和集合なのだから，(2)・(3)・(6) から主張が従う。

最後に，主張 (7) は (5)・(6) とド モルガンの法則

$$\left(\bigcap_{\alpha \in A} E_\alpha\right)^c = \bigcup_{\alpha \in A} E_\alpha^c, \quad \left(\bigcup_{\alpha \in A} E_\alpha\right)^c = \bigcap_{\alpha \in A} E_\alpha^c$$

（これは無限の和集合や積集合に対しても何の困難もなく成立する）から従う。 □

（何よりもいまわかったことは，）おおざっぱに言えば，もし開集合や閉集合というような $\mathbb{R}^d$ の基本的な部分集合から出発して，それに対してたかだか可算回のブール操作を行ったとすると，いつもルベーグ可測な集合に落ち着くということである。だから，実解析で出会うほとんどの集合がルベーグ可測であるということが保証される。(一方で，選択公理を使うと，ルベーグ可測でない集合を作ることができるが，これは後で例を挙げる。結論としては可算で閉じている今の性質を非可算へと一般化することはできない。)

◆注意 1.2.14. 補題 1.2.13 の性質 (4)・(5)・(6) は，$\mathbb{R}^d$ のルベーグ可測な部分集合の集まりが，σ-集合代数をなしているということを述べている。これは古典的なブール集合代数をなすということを強めたものである。1.4 節では抽象的な σ-集合代数について詳細に説明する。

補題 1.2.13 がジョルダン可測性が持つ対応した性質（演習 1.1.6）よりもどれほど強いものであるかに注意しておくべきである。とくに，単に有限回というのではなく，可算無限回のブール操作を許しているということに注意しておこう。これこそが，我々がジョルダン測度ではなくルベーグ測度を使う大きな理由なのである。

演習 1.2.7. (可測性の条件)* $E \subset \mathbb{R}^d$ とする。このとき，次が同値であることを示せ。
(1) E はルベーグ可測である。
(2) (開集合による外からの近似) 任意の $\varepsilon > 0$ に対して，$m^*(U \backslash E) \leq \varepsilon$ となるような開集合 U で E を含むことができる。
(3) (ほとんど開集合) 任意の $\varepsilon > 0$ に対して，$m^*(U \Delta E) \leq \varepsilon$ となる開集合 U が存在

する.（言いかえれば, E は外測度がたかだか ε であるような集合の差を除けば, 開集合である.）

(4)（閉集合による中からの近似）任意の $\varepsilon > 0$ に対して, $m^*(E\setminus F) \leq \varepsilon$ となるような E に含まれる閉集合 F が存在する.

(5)（ほとんど閉集合）任意の $\varepsilon > 0$ に対して, $m^*(F\Delta E) \leq \varepsilon$ となるような閉集合 F が存在する.（言いかえれば, F は外測度がたかだか ε であるような集合の差を除けば, 閉集合である.）

(6)（ほとんど可測）任意の $\varepsilon > 0$ に対して, $m^*(E_\varepsilon \Delta E) \leq \varepsilon$ となるようなルベーグ可測集合 E_ε が存在する.（言いかえれば, E は外測度がたかだか ε であるような集合を除けば, 可測集合である.）

（ヒント：このいくつかのものは, ほとんど何もいう必要がないか, きわめて簡単に導くことができる. (6) から (1) を導くには, $\varepsilon/2^n$ の技を使って, E が $m^*(E'_\varepsilon \Delta E) \leq \varepsilon$ となるルベーグ可測集合 E'_ε に含まれていることを示し, それから可算の積集合をとって, E が零集合を除いてルベーグ可測であることをいえばよい.）

演習 1.2.8. ジョルダン可測集合はルベーグ可測であることを示せ.

演習 1.2.9. （3進中抜きカントール集合）* $I_0 := [0,1]$ を単位区間とする. $I_1 := [0,1/3] \cup [2/3,1]$ を, I_0 の三分の一の部分が取り除かれたものとし, $I_2 := [0,1/9] \cup [2/9,1/3] \cup [2/3,7/9] \cup [8/9,1]$ を I_1 の各区間の真ん中三分の一の部分が取り除かれたものとし, これを進めていく. もっとちゃんと書けば,
$$I_n := \bigcup_{a_1,\ldots,a_n \in \{0,2\}} \left[\sum_{i=1}^n \frac{a_i}{3^i}, \sum_{i=1}^n \frac{a_i}{3^i} + \frac{1}{3^n}\right]$$
である. $C := \bigcap_{n=1}^\infty I_n$ を基本集合である I_n すべての共通部分とする. このとき, C はコンパクトで, 非可算な零集合であることを示せ.

演習 1.2.10. （この演習問題では, 位相に関する知識を仮定する）半開区間 $[0,1)$ は交わらない閉区間の可算和集合としては表されないことを示せ.（ヒント：交わらない閉区間の有限和集合として $[0,1)$ を表すことができないというのは簡単にわかる. 次に, 矛盾を目指して, $[0,1)$ が無限個の閉区間の和集合であると仮定し, このとき $[0,1)$ が3進中抜きカントール集合と同相であることを示す. これは不条理である. あるいはベールの**カテゴリー定理**を用いることも可能である（*An epsilon of room, Vol. I.* の §1.7)). さらに, $[0,1)$ が可算個の交わらない閉集合の和集合としても書くことができないことを示すのにも挑戦してみよ.

さて, ここでルベーグ可測集合 E のルベーグ測度 $m(E)$ を見ておこう. これ

は，ルベーグ外測度 $m^*(E)$ に等しい値として定められる。もし E がジョルダン可測であれば，(1.2) から E のルベーグ測度とジョルダン測度は一致する。だから，ルベーグ測度というのはジョルダン測度を拡張したものである。このことから，ルベーグ可測集合に対するルベーグ測度と，ジョルダン可測集合に対するジョルダン測度（さらには基本集合に対する基本測度）に対して同じ記号 $m(E)$ を使うということが正当化される。

ルベーグ測度は，ルベーグ可測集合に限定して考えれば，ルベーグ外測度よりも大変よい性質を持っている。

補題 1.2.15. (測度の公理)
(1) (空集合) $m(\varnothing) = 0$ である。
(2) (可算加法性) もし $E_1, E_2, \ldots \subset \mathbb{R}^d$ がルベーグ可測集合の交わらない可算列とすると，$m\left(\bigcup_{n=1}^{\infty} E_n\right) = \sum_{n=1}^{\infty} m(E_n)$ である。

[証明] 最初の主張に関しては何もいうことはないから，2 番目に専念することにしよう。まずは簡単な，E_n がすべてコンパクトである場合を考える。補題 1.2.5 と演習 1.2.4 を繰り返して用いれば，
$$m\left(\bigcup_{n=1}^{N} E_n\right) = \sum_{n=1}^{N} m(E_n)$$
であることがわかる。単調性を用いると，
$$m\left(\bigcup_{n=1}^{\infty} E_n\right) \geq \sum_{n=1}^{N} m(E_n)$$
となる。(補題 1.2.13 があるから，この議論を通して m^* の代わりに m を使うことができる。) $N \to \infty$ として，
$$m\left(\bigcup_{n=1}^{\infty} E_n\right) \geq \sum_{n=1}^{\infty} m(E_n)$$
となる。一方で可算劣加法性から
$$m\left(\bigcup_{n=1}^{\infty} E_n\right) \leq \sum_{n=1}^{\infty} m(E_n)$$
であり，主張が従う。

次に，E_n は有界であるが，コンパクトとは限らない場合について考えよう。$\varepsilon/2^n$ の技を使う。$\varepsilon > 0$ とする。演習 1.2.7 から，それぞれの E_n はコンパクト集合 K_n と外測度がたかだか $\varepsilon/2^n$ の集合との和集合である。従って
$$m(E_n) \leq m(K_n) + \varepsilon/2^n$$

であり，従って
$$\sum_{n=1}^{\infty} m(E_n) \leq \Big(\sum_{n=1}^{\infty} m(K_n)\Big) + \varepsilon$$
となる。最後に，コンパクトの場合についてはすでに
$$m\Big(\bigcup_{n=1}^{\infty} K_n\Big) = \sum_{n=1}^{\infty} m(K_n)$$
であることを示したから，単調性によって
$$m\Big(\bigcup_{n=1}^{\infty} K_n\Big) \leq m\Big(\bigcup_{n=1}^{\infty} E_n\Big)$$
がわかる。これをすべてまとめると，
$$\sum_{n=1}^{\infty} m(E_n) \leq m\Big(\bigcup_{n=1}^{\infty} E_n\Big) + \varepsilon$$
が任意の $\varepsilon > 0$ に対して成立し，可算劣加法性から
$$m\Big(\bigcup_{n=1}^{\infty} E_n\Big) \leq \sum_{n=1}^{\infty} m(E_n)$$
となり，主張が従う。

最後に E_n が有界や閉集合と仮定しない場合を扱おう。ここでの基本的な考え方は，各 E_n を有界で交わらないルベーグ可測集合の可算和集合に分解することである。最初に $\mathbb{R}^d$ を交わらない有界可測集合 A_m の可算和集合に $\mathbb{R}^d = \bigcup_{m=1}^{\infty} A_m$ と分解する。これは，たとえば，円環領域 $A_m := \{x \in \mathbb{R}^d : m-1 \leq |x| < m\}$ を考えればよい。すると，各 E_n は交わらない有界可測集合 $E_n \cap A_m$ $(m = 1, 2, \ldots)$ の可算和集合であり，従って
$$m(E_n) = \sum_{m=1}^{\infty} m(E_n \cap A_m)$$
であることが前の議論からわかる。同様にして $\bigcup_{n=1}^{\infty} E_n$ は交わらない有界可測集合 $E_n \cap A_m$ $(n, m = 1, 2, \ldots)$ の可算和集合だから，
$$m\Big(\bigcup_{n=1}^{\infty} E_n\Big) = \sum_{n=1}^{\infty} \sum_{m=1}^{\infty} m(E_n \cap A_m)$$
であることがわかる。従って主張が従う。 □

補題 1.2.15 から，$E_1, \ldots, E_k \subset \mathbb{R}^d$ がルベーグ可測集合である場合には，もちろん有限加法性
$$m(E_1 \cup \cdots \cup E_k) = m(E_1) + \cdots + m(E_k)$$
も成り立つことがわかる。ほかの重要な結果としては，次のものがある。

演習 1.2.11. (可測集合に対する単調収束定理)*
(1) (上向き単調収束) $E_1 \subset E_2 \subset \cdots \subset \mathbb{R}^n$ をルベーグ可測集合の可算非減少列とする。このとき $m\left(\bigcup_{n=1}^{\infty} E_n\right) = \lim_{n \to \infty} m(E_n)$ であることを示せ。(ヒント：$\bigcup_{n=1}^{\infty} E_n$ を可算個の欠落部分 $E_n \setminus \bigcup_{n'=1}^{n-1} E_{n'}$ の和集合として表せ。)
(2) (下向き単調収束) $\mathbb{R}^d \supset E_1 \supset E_2 \supset \cdots$ をルベーグ可測集合の可算非増大列とする。もし $m(E_n)$ の少なくとも 1 つが有限であるならば，$m\left(\bigcap_{n=1}^{\infty} E_n\right) = \lim_{n \to \infty} m(E_n)$ であることを示せ。
(3) 下向き単調収束定理において，$m(E_n)$ の少なくとも 1 つが有限であるという仮定をなくすことはできないことを，反例によって示せ。

演習 1.2.12. ルベーグ可測集合から $[0, +\infty]$ への写像 $E \mapsto m(E)$ で，上の空集合と可算加法性の公理を満たすものは，演習 1.2.3 にある単調性と可算劣加法性の公理を満たすことを示せ。ただし，もちろんルベーグ可測集合に限ってである。

演習 1.2.13. $\mathbb{R}^d$ の集合の列 E_n が，ある $\mathbb{R}^d$ 内の集合 E に**各点収束**するとは，指示関数 1_{E_n} が 1_E に各点収束することをいう。
(1) もし E_n がすべてルベーグ可測で，E に各点収束しているならば，E もまたルベーグ可測であることを示せ。(ヒント：$1_E(x) = \liminf_{n \to \infty} 1_{E_n}(x)$ または $1_E(x) = \limsup_{n \to \infty} 1_{E_n}(x)$ なる恒等式を使って E を E_n の可算個の和集合や積集合として表せ。)
(2) (優収束定理) E_n, E は (1) と同じとし，さらに E_n がすべて有限測度を持つあるルベーグ可測集合 F に含まれているとする。すると，$m(E_n)$ は $m(E)$ に収束することを示せ。(ヒント：演習 1.2.11 の上向きおよび下向き単調収束定理を使え。)
(3) もし E_n が有限測度の集合に含まれていないのであれば，たとえ $m(E_n)$ がすべて一様に有界であると仮定しても優収束定理は成り立たないことを，反例を挙げて示せ。

後の節でこの単調収束定理や優収束定理を可測集合から可測関数へと一般化する。定理 1.4.43 や定理 1.4.48 を参照。

演習 1.2.14. $E \subset \mathbb{R}^d$ とする。E はその測度が $m^*(E)$ と一致しているようなルベーグ可測集合に含まれていることを示せ。

演習 1.2.15. (内部正則性)* $E \subset \mathbb{R}^d$ をルベーグ可測とする。
$$m(E) = \sup_{K \subset E, K:コンパクト} m(K)$$
であることを示せ。

1.2.2 ルベーグ可測性

◆**注意 1.2.16.** 測度が内部正則および外部正則であるという性質は，ラドン測度という概念を定義するために使うことができる。(An epsilon of room, Vol. I. の §1.10 を参照。)

演習 1.2.16. (測度が有限である条件)* $E \subset \mathbb{R}^d$ とする。このとき，下に挙げたものはすべて同値であることを示せ。
(1) E は測度が有限なルベーグ可測集合である。
(2) (開による外側近似) 任意の $\varepsilon > 0$ に対して，$m^*(U \setminus E) \leq \varepsilon$ であるような有限測度の開集合 U の中に E が含まれているようにできる。
(3) (ほとんど有界開) E と有界開集合との違いは，任意に小さなルベーグ外測度を持つ集合だけである。(言いかえれば，任意の $\varepsilon > 0$ に対して $m^*(E \Delta U) \leq \varepsilon$ となる有界開集合 U が存在する。)
(4) (コンパクトによる内側近似) 任意の $\varepsilon > 0$ に対して，$m^*(E \setminus F) \leq \varepsilon$ であるようなコンパクト集合 F で E に含まれているようなものがある。
(5) (ほとんどコンパクト) E とコンパクト集合との違いは，任意に小さなルベーグ外測度を持つ集合だけである。
(6) (ほとんど有界可測) E と有界ルベーグ可測集合との違いは，任意に小さなルベーグ外測度を持つ集合だけである。
(7) (ほとんど有限測度) E と測度有限なルベーグ可測集合との違いは，任意に小さなルベーグ外測度を持つ集合だけである。
(8) (ほとんど基本的) E と基本集合との違いは，任意に小さなルベーグ外測度を持つ集合だけである。
(9) (ほとんど 2 進的に基本的) 任意の $\varepsilon > 0$ に対して，うまく n を決めると，$m^*(E \Delta F) \leq \varepsilon$ であるような，一辺の長さが 2^{-n} である閉 2 進立方体の有限和集合 F が存在する。

上の演習における (1) と (9) との同値性は，ルベーグ可測集合というものは（局所的には）十分な細かさで「ドット絵」のように描かれている集合のことだと解釈することもできる。このことは後の節でルベーグの微分定理として正確に述べることにする（演習 1.6.24）。

演習 1.2.17. (カラテオドリ条件，一方向)* $E \subset \mathbb{R}^d$ とするとき，次が同値であることを示せ。
(1) E はルベーグ可測である。
(2) A を基本集合とするとき，$m(A) = m^*(A \cap E) + m^*(A \setminus E)$ が成り立つ。
(3) B を直方体とするとき，$|B| = m^*(B \cap E) + m^*(B \setminus E)$ が成り立つ。

演習 1.2.18. （内測度）* $E \subset \mathbb{R}^d$ を有界集合とする。E のルベーグ内測度 $m_*(E)$ を，E を含む基本集合 A を用いて
$$m_*(E) := m(A) - m^*(A\setminus E)$$
として定める。

(1) これが問題なく定義できていることを示せ．つまり，もし A, A' が共に E を含む基本集合であるならば，$m(A) - m^*(A\setminus E)$ は $m(A') - m^*(A'\setminus E)$ に等しい。

(2) $m_*(E) \leq m^*(E)$ であり，等号は E がルベーグ可測であるときに限って成立することを示せ。

G_δ 集合を可算個の開集合の共通部分 $\bigcap_{n=1}^{\infty} U_n$ のこととし，F_σ 集合を可算個の閉集合の和集合 $\bigcup_{n=1}^{\infty} F_n$ のこととする。

演習 1.2.19.* $E \subset \mathbb{R}^d$ とするとき，次が同値であることを示せ。

(1) E はルベーグ可測である。
(2) E は零集合を取り除くと，G_δ 集合である。
(3) E は F_σ 集合と零集合の和である。

◆**注意 1.2.17.** 今の演習問題からわかるように，ある集合がルベーグ可測であるとはどういうことかを説明しようとすると，どのような近似で我慢できるのかということと，近似について何が言えるかということとの間に折り合いを付けなければならない。もし零集合を除いての近似しかしたくないというのであれば，可測集合というのは G_δ 集合や F_σ 集合で近似できるものだとしか言いようがない。そして，これはかなり弱い構造しか持っていない。もしイプシロンの誤差を（ルベーグ外測度で測ったときのように）追加してよいというなら，可測集合とは開集合だといってよい。同様に，もしイプシロンの誤差を取り除いてよいなら，可測集合とは閉集合といってよい。最後に，もしイプシロンの誤差を追加・除去の両方とも受け入れられるのであれば，（有限測度の）可測集合というのは，基本集合のことだといってよいし，さらに 2 進立方体の有限和集合のことだとさえ言ってもかまわない。

演習 1.2.20. （平行移動不変性）$E \subset \mathbb{R}^d$ がルベーグ可測であれば，どんな $x \in \mathbb{R}^d$ に対しても $E + x$ もルベーグ可測であり，$m(E + x) = m(E)$ であることを示せ。

演習 1.2.21. （変数変換）* $E \subset \mathbb{R}^d$ がルベーグ可測で，$T \colon \mathbb{R}^d \to \mathbb{R}^d$ を線型変換とすると，$T(E)$ もルベーグ可測で $m(T(E)) = |\det T| m(E)$ であることを示せ。もし $T \colon \mathbb{R}^d \to \mathbb{R}^{d'}$ が，$\mathbb{R}^d$ よりも本当に小さな次元の空間 $\mathbb{R}^{d'}$ への線型写像であれば，$T(E)$ はルベーグ可測ではないかもしれないということを注意しておく。演習 1.2.27 を見よ。

1.2.2 ルベーグ可測性

演習 1.2.22.* $d, d' \geq 1$ を自然数とする。
(1) もし $E \subset \mathbb{R}^d$ で $F \subset \mathbb{R}^{d'}$ であれば，
$$(m^{d+d'})^*(E \times F) \leq (m^d)^*(E) \cdot (m^{d'})^*(F)$$
であることを示し。ただし $(m^d)^*$ などは d-次元ルベーグ外測度などを表す。
(2) $E \subset \mathbb{R}^d$ と $F \subset \mathbb{R}^{d'}$ をルベーグ可測集合とする。このとき，$E \times F \subset \mathbb{R}^{d+d'}$ はルベーグ可測で，$m^{d+d'}(E \times F) = m^d(E) \cdot m^{d'}(F)$ であることを示せ。（E や F は無限測度を持っていてもよいことに注意。だから場合分けをしたり，ルベーグ測度に対する単調収束定理（演習 1.2.11）を使ったりしなければならないかもしれない。）

演習 1.2.23. （ルベーグ測度の一意性）ルベーグ測度というのは，ルベーグ可測集合から $[0, +\infty]$ への写像で，次の公理を満たすただ 1 つの写像であることを示せ。
(1) （空集合）$m(\emptyset) = 0$ である。
(2) （可算加法性）もし $E_1, E_2, \ldots \subset \mathbb{R}^d$ がルベーグ可測集合の交わらない可算列とすると，$m\left(\bigcup_{n=1}^{\infty} E_n\right) = \sum_{n=1}^{\infty} m(E_n)$ である。
(3) （平行移動不変性）E がルベーグ可測で $x \in \mathbb{R}^d$ であれば，$m(E + x) = m(E)$ である。
(4) （正規化）$m([0, 1]^d) = 1$ である。

ヒント：最初に m が基本集合上で基本測度に一致していなければならないことを示せ。それから m は外測度で押さえられていることを示せ。

演習 1.2.24. （ルベーグ測度は基本測度の完備化である）ここで挙げる演習問題の目的は，ルベーグ測度がある意味で基本測度の距離的完備化と捉える方法を説明することである。技術的な問題を避けるために，$\mathbb{R}^d$ 全体の中で議論することはせず，固定された基本集合 A（たとえば $A = [0, 1]^d$）の中でのみ議論する。
(1) $2^A := \{E : E \subset A\}$ を A の冪集合とする。2 つの集合 $E, F \in 2^A$ が同値であるとは，$E \Delta F$ が零集合であることをいう。これが同値関係であることを示せ。
(2) $2^A/\sim$ を上の同値関係に関する 2^A の同値類 $[E] := \{F \in 2^A : E \sim F\}$ 全体からなる集合とする。2 つの同値類 $[E], [E']$ の間の距離 $d: 2^A/\sim \times 2^A/\sim \to \mathbb{R}^+$ を $d([E], [E']) := m^*(E \Delta E')$ で定める。この距離が問題なく定義できていること（$[E] = [F]$ かつ $[E'] = [F']$ ならば $m(E \Delta E') = m(F \Delta F')$ であること）および，この距離によって $2^A/\sim$ は完備距離空間の構造を持つことを示せ。
(3) $\mathcal{E} \subset 2^A$ を A の基本集合すべての集まりとする。さらに $\mathcal{L} \subset 2^A$ を A のルベーグ可測集合すべての集まりとする。このとき，$\mathcal{L}/\sim$ は上で定義した距離に関して，$\mathcal{E}/\sim$ の閉包であることを示せ。とくに，$\mathcal{L}/\sim$ は $\mathcal{E}/\sim$ を稠密な部分集合として含む完備距離空間である。言いかえれば，$\mathcal{L}/\sim$ は $\mathcal{E}/\sim$ の距離的完備化である。

(4) ルベーグ測度 $m: \mathcal{L} \to \mathbb{R}^+$ は連続関数 $m: \mathcal{L}/\sim \to \mathbb{R}^+$ を導くことを示せ. 記号を乱用して, これも m で表すことにする. $m: \mathcal{L}/\sim \to \mathbb{R}^+$ は同様の基本測度関数 $m: \mathcal{E}/\sim \to \mathbb{R}^+$ の $\mathcal{L}/\sim$ へのただ 1 つの連続拡大であることを示せ.

測度がどのように基本測度の完備化と捉えられるかについての進んだ議論は An epsilon of room, Vol. I の §2.1 を参照.

演習 1.2.25. $[a,b]$ を閉区間, $\gamma: [a,b] \to \mathbb{R}^d$ を連続微分可能な関数とする. そして, $\mathbb{R}^d$ の連続微分可能曲線を, $\{\gamma(t) : a \leq t \leq b\}$ なる形の集合と定める.
  (1) もし $d \geq 2$ であれば, 連続微分可能曲線はルベーグ測度が 0 であることを示せ.（なぜ条件 $d \geq 2$ は必要なのか.）
  (2) もし $d \geq 2$ であれば, 単位立方体 $[0,1]^d$ を可算個の連続微分可能曲線で覆ってしまうことは不可能であることを説明せよ.

もし曲線が連続微分可能ではなく, 連続とだけ仮定されていれば, これらの主張は成り立たない. **空間充填曲線**というものが存在するからである.

1.2.3 非可測集合

前項でルベーグ測度についてたっぷりと述べた. それは, ルベーグ可測集合を相手にしているときには多くのよい性質を持っているものであった.

これまで我々は, すべての集合がルベーグ可測になるという可能性を否定せずにやってきた. これにはちゃんとした理由がある. 有名なソロヴェイの定理［文献 6］によれば, もし選択公理がなくてもよいというのであれば, $\mathbb{R}^d$ のすべての部分集合が可測であるという集合論のモデルが存在する. だから, 非可測集合が存在するということを証明するには, どうやったとしても選択公理を本質的に用いなければならない.

それはそうとして, なぜ非可測集合などというものが存在してしまうのかについて, ざっくばらんに（まったく厳密ではなく）述べておこう. また, 集合論的なものではなく, 確率的な直観に基づいて説明する. 出発点となることは, 測度有限なルベーグ集合（そして, とくに有界なルベーグ集合）というのは, 演習 1.2.16 の意味で,「ほとんど基本的」なものでなければならないということである. だから非可測集合を作ろうと思えば, ほとんど基本的とはなっていない有界集合を示すことができればよいということになる. そういう集合は, 直観的にはどんなに

1.2.3 非可測集合

細かく見ていっても振動しているような構造を持っているものであろうということができる。

これを厳密性を気にせずに実行してみよう。単位区間 $[0,1]$ の中で考えることにする。そして，各 $x \in [0,1]$ において，コインを投げることにする。コインは（各 x ごとに独立に）表か裏かが出る。そこで $E \subset [0,1]$ をコイン投げで表が出た $x \in [0,1]$ をすべて集めて作った集合とする。すると，E がルベーグ可測とすれば矛盾するという気がする。直観的に言えば，各 x で表が出るのは 50% の確率である。だから，E は $[0,1]$ の大体「半分」を占めているだろう。つまり，もし大数の法則（たとえば［文献 10（§1.4）］を見よ）が，厳密性を気にせずに適用できるとすれば，$m(E)$ は $1/2$ に等しいと期待できるというわけである。

さらに，$[0,1]$ のどんな部分区間に対しても，同じ理由が適用できるから $E \cap [a,b]$ は $[a,b]$ の半分を占めていると期待できる。すなわち，$m(E \cap [a,b])$ は $|[a,b]|/2$ でなければならない。さらに一般に，$[0,1]$ に含まれるどんな基本集合 F に対しても $m(E \cap F) = m(F)/2$ が成り立つはずである。ところが，これを見ると，E を基本集合で近似するのはきわめて難しい。実際，少しの代数的な計算をすれば，どんな基本集合 $F \subset [0,1]$ に対しても $m(E \triangle F) = 1/2$ であることがわかる [*訳注]。従って E はルベーグ可測ではない。

残念ながら，今の議論は恐ろしいまでに厳密性を欠いている。そのわけはたくさんある。少なくとも，非可算無限回のコイン投げなどというものを用いているし，このような確率的な現象をモデル化するために使われる厳密な確率論というのは弱すぎ[*12]て，「E はルベーグ可測である」というような事象に意味のある確率を考えることなどできない。そのようなわけで，もっと厳密な議論を行なってルベーグ非可測集合の存在を示すことにしよう。その議論はかなり単純なものであるが，結果としてできあがる集合は，本質的にやや不自然なものである。

命題 1.2.18. ルベーグ可測ではない部分集合 $E \subset [0,1]$ がある。

［証明］有理数の全体 $\mathbf{Q}$ が実数 $\mathbb{R}$ の部分加法群であることを使う。そして，$\mathbf{Q}$ によって実数 $\mathbb{R}$ を交わらない剰余類 $x + \mathbf{Q}$ に分割する。これは商群 $\mathbb{R}/\mathbf{Q} := \{x +$

[*訳注] $m(E \triangle F) = m(E \setminus F) + m(F \setminus E) = m(E) - m(E \cap F) + m(F) - m(E \cap F) = \frac{1}{2} - \frac{1}{2}m(F) + m(F) - \frac{1}{2}m(F) = \frac{1}{2}$ であり，E はどんな F でも近似できない。

[*12] この点に関しては［文献 10（§1.10）］でさらに論じる。

$\mathbf{Q} : x \in \mathbb{R}\}$ をなす。$\mathbb{R}/\mathbf{Q}$ の各剰余類 C は $\mathbb{R}$ で稠密であるから，$[0,1]$ と空でない共通部分を持つ。ここで選択公理を用いると，各 $C \in \mathbb{R}/\mathbf{Q}$ から元 $x_C \in C \cap [0,1]$ を取り出すことができ，この剰余類の代表元すべてを集めたものを $E := \{x_C : C \in \mathbb{R}/\mathbf{Q}\}$ とおこう。その作り方から，$E \subset [0,1]$ である。

$[0,1]$ から元 y を取り出す。すると，これは $\mathbb{R}/\mathbf{Q}$ のどれかの剰余類 C に入っている。だから，x_C との差は $[-1,1]$ に含まれる有理数である。言いかえると，

$$[0,1] \subset \bigcup_{q \in \mathbf{Q} \cap [-1,1]} (E+q) \tag{1.4}$$

である。ところが，あきらかに

$$\bigcup_{q \in \mathbf{Q} \cap [-1,1]} (E+q) \subset [-1,2] \tag{1.5}$$

が成り立つ。また，E を平行移動した $E+q$ は q が違えば交わらない。なぜなら，E には $\mathbf{Q}$ の各剰余類からはただ 1 つの元しか入っていないからである。

この E がルベーグ可測でないことを示そう。そのために，矛盾を期待して，E がルベーグ可測であるとしよう。すると，平行移動した $E+q$ もまたルベーグ可測である。可算加法性から，

$$m\left(\bigcup_{q \in \mathbf{Q} \cap [-1,1]} (E+q)\right) = \sum_{q \in \mathbf{Q} \cap [-1,1]} m(E+q)$$

が成り立ち，従って平行移動不変性および (1.4)・(1.5) から

$$1 \leq \sum_{q \in \mathbf{Q} \cap [-1,1]} m(E) \leq 3$$

であることがわかる。ところが和 $\sum_{q \in \mathbf{Q} \cap [-1,1]} m(E)$ は 0 である（$m(E) = 0$ のとき）か，無限大（$m(E) > 0$ のとき）のいずれかであり，これは望んでいた矛盾を導く。 □

演習 1.2.26. （外測度は有限加法的ではない）実数上の交わらない有界な部分集合 E, F で $m^*(E \cup F) \neq m^*(E) + m^*(F)$ となるものが存在することを示せ。（ヒント：上の命題の証明で作った集合は正の外測度を持つことを示せ。）

演習 1.2.27. （可測集合の射影は可測とは限らない）* $\pi \colon \mathbb{R}^2 \to \mathbb{R}$ を座標射影 $\pi(x,y) := x$ とする。このとき，$\mathbb{R}^2$ の可測部分集合 E で $\pi(E)$ が可測でないものが存在することを示せ。

1.2.3 非可測集合

◆注意 1.2.19. 上の議論から，選択公理の存在のもとでは，可算加法性と平行移動不変性の両方を保ったまま，$\mathbb{R}$ の任意の部分集合へとルベーグ測度を拡張しようと望んではならないということがわかる．もし平行移動不変性がなくてもよいのであれば，この問題は**可測基数**（measurable cardinals）の理論に関係してきてしまい，標準的な ZFC 公理系では決定不能である．他方で，ハーン・バナッハの定理（An epsilon of room, Vol. I の §1.5）を用いて積分汎関数を拡大すれば，$\mathbb{R}$ の冪集合上で**有限加法的**かつ平行移動不変なようにルベーグ測度の拡大を構成することができるが，ここではそういうことはしない．

1.3 ルベーグ積分

1.2 節において，ルベーグ可測集合 $E \subset \mathbb{R}^d$ のルベーグ測度 $m(E)$ を定義し，この測度の基本的な性質について説明した．この節では，ルベーグ測度を使って，関数 $f: \mathbb{R}^d \to \mathbb{C} \cup \{\infty\}$ に対するルベーグ積分

$$\int_{\mathbb{R}^d} f(x)\, dx$$

を定義する．すべての集合をルベーグ測度によって測量することができないのと同じで，すべての関数をルベーグ積分で積分することはできない．そのような関数はルベーグ可測である必要がある．さらに，関数は符号なし（$[0, +\infty]$ に値をとる）であるか，絶対可積分である必要もある．

ルベーグ積分をどう定義するかを考える前に，まずもっと単純な積分的概念を2つほど簡単に振り返っておこう．それは，数列 c_n の無限和

$$\sum_{n=1}^{\infty} c_n$$

に関するものである．実は，これはルベーグ積分の離散版とみなすことができる．

さて，ここで無限和には2つの概念があることを思い出しておきたい．それらには重複するところもあるが，異なるものである．1つめのものは符号なし無限和であり，これは c_n が拡大非負数直線 $[0, +\infty]$ に値をとっている場合である．このとき，無限和は部分和の極限として

$$\sum_{n=1}^{\infty} c_n = \lim_{N \to \infty} \sum_{n=1}^{N} c_n \tag{1.6}$$

で定義され，あるいは同値であるが，任意の有限部分和の上限として

$$\sum_{n=1}^{\infty} c_n = \sup_{A \subset \mathbf{N}, A:\text{有限}} \sum_{n \in A} c_n \tag{1.7}$$

で定義される．符号なし無限和 $\sum_{n=1}^{\infty} c_n$ はつねに存在するが，その値は，仮に各項が有限であったとしても，無限大かもしれない（たとえば $\sum_{n=1}^{\infty} 1$ を考えてみよ）．

和に関する2つめの概念は絶対収束する無限和である．このときは c_n は複素平面 $\mathbb{C}$ にあり，絶対収束条件

1.3. ルベーグ積分

$$\sum_{n=1}^{\infty} |c_n| < \infty$$

を満たす。ここで，左辺はもちろん符号なし無限和である。これが成り立っているとき，部分和 $\sum_{n=1}^{N} c_n$ が収束することを示すことができ，だから，無限和を符号なしの場合における (1.6) と同じ式を使って定義することができる。ただし，今の場合には和は $[0,+\infty]$ ではなく $\mathbb{C}$ に値をとる。絶対収束している無限和には，単に条件収束しているだけの無限和にはないすばらしい性質がたくさんある。もっとも注意すべきは，絶対収束級数の和の値というのは，その級数に現れる項の順序をどのように変更しても変わらないということであろう。また，絶対収束級数の和というのは，絶対可和な複素数 c_n に対する

$$\sum_{n=1}^{\infty} c_n = \left(\sum_{n=1}^{\infty} \operatorname{Re}(c_n)\right) + i\left(\sum_{n=1}^{\infty} \operatorname{Im}(c_n)\right)$$

と，絶対可和な実数 c_n に対する

$$\sum_{n=1}^{\infty} c_n = \sum_{n=1}^{\infty} c_n^+ - \sum_{n=1}^{\infty} c_n^-$$

を使えば，符号なし無限和によって定義することができるということにも注意しよう。ただし，$c_n^+ := \max(c_n, 0)$ と $c_n^- := \max(-c_n, 0)$ は c_n の正部分および負部分（の大きさ）である。

今の考察を参考にして，まず最初に（可測な）符号なし関数 $f\colon \mathbb{R}^d \to [0,+\infty]$ に対する符号なしルベーグ積分 $\int_{\mathbb{R}^d} f(x)\,dx$ を定義しよう。その後でこれを使って絶対可積分関数 $f\colon \mathbb{R}^d \to \mathbb{C} \cup \{\infty\}$ に対する絶対収束ルベーグ積分 $\int_{\mathbb{R}^d} f(x)\,dx$ を定義することにしよう。（絶対収束する級数の場合には無限大となる項の存在は許されなかったが，絶対可積分関数というのは無限大になることがあってもよい。しかしながら，後でわかるように，これはルベーグ測度が 0 の集合上でのみ許される。）

符号なしルベーグ積分を定義するにあたって，まずはもっと簡単な積分について考えることにしよう。つまり，リーマン可積分な関数 $f\colon [a,b] \to \mathbb{R}$ に対する $\int_a^b f(x)\,dx$ である。1.1 節で述べたように，これはダルブー下積分に等しい。

$$\int_a^b f(x) = \underline{\int_a^b} f(x)\,dx := \sup_{g \leq f;\, g:\text{区分的定数}} \text{p.c.} \int_a^b g(x)\,dx$$

（これはダルブー上積分にも等しい。しかし，ルベーグ測度の理論が非常に簡単であったのはそれがただ外測度のみを用いて定義されていて，内測度を使っていな

いからであった．同じことが符号なしルベーグ積分にも言え，これが非常に簡単なのは，ただ下積分のみを用いて定義され，上積分を用いないからである．上積分というのは，非有界な関数や無限測度の集合上で「広義」積分を考えようとすると，少しやっかいなものになってしまう．）今の式を (1.7) と比べてみよう．積分 p.c. $\int_a^b g(x)\,dx$ は区分的定数積分であり，区分的定数な関数 g を区間 I の指示関数 1_I の有限な線形結合に分解して積分を求めるという形になっている．

今の定義における区間をもっと一般的なルベーグ可測集合と取り替えてしまえば，事実上同じ定義でルベーグ下積分 $\int_{\mathbb{R}^d} f(x)\,dx$ がすべての $f\colon \mathbb{R}^d \to [0,+\infty]$ に対して定義できるということがわかる．（同時に区分的定数関数というところも，単関数からなるもっと一般の関数に置き換えてしまう必要がある．）もし関数が（いま定義しようとしている）ルベーグ可測であるならば，ルベーグ下積分のことを単にルベーグ積分と呼ぶことにする．すぐにわかるように，この積分は，単調性や加法性といったようなおよそ積分というものに期待される基本的な性質はすべて満たしている．さらに後で述べるように，極限操作に対しても実によい振る舞いをする．たとえば，符号なしルベーグ積分に対しては，ファトゥの補題（系 1.4.46）や単調収束定理（定理 1.4.43）が成り立つことがわかる．

符号なしルベーグ積分の理論がいったんできあがると，絶対収束ルベーグ積分を定義することができるようになる．これは絶対収束級数が符号なし無限和を使って定義できるのと同じである．この積分もまた，線型性や古典的リーマン積分との整合性など，積分に期待される基本的な性質はすべて満たしている．さらに後で述べるように，根本的に重要な収束定理である優収束定理（定理 1.4.48）が成り立つ．この収束定理のおかげで，ルベーグ積分（あるいは，これの $\mathbb{R}^d$ 以外の測度空間への抽象的な一般化）というものが解析学，さらには関数の極限操作というのに強く依存している理論である偏微分方程式論，確率論，エルゴード理論などの分野においてとくに適したものとなるのである．

◆注意 1.3.1． 符号なしや絶対収束のルベーグ積分というものを作っていくにあたって，ここで挙げるものが唯一の方法というわけではない．たとえば，符号なし積分を作ってしまって，それから絶対収束ルベーグ積分へ行く前に，有界かつ測度有限の集合上でのみ 0 でない値をとる関数の積分でいったん立ち止まってもよい．たとえば［文献 7］を参照せよ．また別の方法（ここでは述べない）としては，L^1 距離に関してリーマン積分を距離的完備化してしまうというものもある．

ルベーグ積分とルベーグ測度は，リーマン積分とジョルダン測度をそれぞれ完備化したものと捉えることもできる．つまり，次の3つの性質が成り立つ．まず最初に，ルベーグの理論というのは，リーマンの理論を拡大したものである．つまり，すべてのジョルダン可測集合はルベーグ可測集合であり，リーマン可積分関数はルベーグ可積分関数であり，これら2つの測度と積分は同じ値を与える．逆にルベーグの理論というのは，リーマンの理論で近似できる．これは 1.2 節で説明したことであるが，ルベーグ可測集合というのは（いろいろな意味で），開集合や基本集合のようなもっと簡単な集合で近似できる．同じようなやり方でルベーグ可測関数というのは，リーマン可積分関数や連続関数といったようなもっとよい性質の関数で近似できる．最後に，ルベーグの理論というのはいろいろな意味で完備である．これは An epsilon of room, Vol. I の §1.3 で正確に述べるが，上に挙げたような収束定理というのからも，もう完備性というのが成り立ちそうであろう．関連して，エゴロフの定理として知られる事実によると，関数が各点収束しているならば，それは（局所）一様収束している関数列で近似できる．ここで挙げた事実は**実解析学**におけるリトルウッドの三原理（1.3.5 項）として知られており，ルベーグの理論の本質的部分を言い表している．

1.3.1 単関数の積分

リーマン積分は，まずは区分的定数であるような関数に対して定められたのであった．それと同じようにして，ルベーグ積分というのも，まずは単関数に対して定めよう．

定義 1.3.2.（単関数） （複素数値）関数 $f \colon \mathbb{R}^d \to \mathbb{C}$ が単関数であるとは，$k \geq 0$ を自然数とし，ルベーグ可測集合 $E_i \subset \mathbb{R}^d$ $(i = 1, \ldots, k)$ の指示関数 1_{E_i} と複素数 $c_1, \ldots, c_k \in \mathbb{C}$ による有限個の線形結合として

$$f = c_1 1_{E_1} + \cdots + c_k 1_{E_k} \tag{1.8}$$

と表されていることをいう．符号なし単関数 $f \colon \mathbb{R}^d \to [0, +\infty]$ も，c_i が $\mathbb{C}$ ではなく $[0, +\infty]$ に値をとるとして，同様に定義される．

定義から，複素数値単関数の全体 $\mathrm{Simp}(\mathbb{R}^d)$ が複素ベクトル空間をなすという

こと，さらに $\mathrm{Simp}(\mathbb{R}^d)$ が点ごとの積 $f,g \mapsto fg$ や複素共役 $f \mapsto \overline{f}$ について閉じているということはあきらかである．一言で言えば，$\mathrm{Simp}(\mathbb{R}^d)$ は可換 *-代数である．一方，符号なし単関数の全体 $\mathrm{Simp}^+(\mathbb{R}^d)$ は $[0,+\infty]$-加群である．つまり，それは和と $[0,+\infty]$ の元によるスカラー倍について閉じている．

今の定義においては，$E_1,\ldots,E_k$ が交わらないということは要求していない．しかし，基本的にはヴェン図をかいて考えれば（あるいは，ちょっと格好いい言い回しでいえば，有限ブール集合代数を使えば）交わらないものを使って書き直すのは簡単である．どうやるかといえば，まず，E_i かその補集合 $\mathbb{R}^d\backslash E_i$ ($i=1,\ldots,k$) を使って，その共通部分（とくに，これらは可測である）としてできあがる集合を考えよう．これは 2^k 個ある．この集合によって，$\mathbb{R}^d$ の k 個の部分集合 $E_1,\ldots,E_k$ は，$\mathbb{R}^d$ を 2^k 個の交わらない集合へと分割することができる．（複素あるいは符号なし）単関数というのはこれらの集合の上では定数である．だから，これらの集合の指示関数の線形結合として書き直すことができる．このことから，もし f が複素数値単関数であれば，その絶対値 $|f|\colon x \mapsto |f(x)|$ というのは符号なし単関数であることが簡単にわかる．

さて，可測集合 E 上の指示関数に対する積分 $\int_{\mathbb{R}^d} 1_E(x)dx$ が $m(E)$ に等しい，つまり

$$\int_{\mathbb{R}^d} 1_E(x)\,dx = m(E)$$

と定義するというのは図形的な感覚によく合っているだろう．これを踏まえて，積分の規則を形式的に適用すれば，符号なし単関数に対する積分を次のように定義することになる．

定義 1.3.3.（符号なし単関数の積分） $f = c_1 1_{E_1} + \cdots + c_k 1_{E_k}$ が符号なし単関数のとき，積分 $\mathrm{Simp}\int_{\mathbb{R}^d} f(x)\,dx$ を

$$\mathrm{Simp}\int_{\mathbb{R}^d} f(x)\,dx := c_1 m(E_1) + \cdots + c_k m(E_k)$$

で定義する．従って $\mathrm{Simp}\int_{\mathbb{R}^d} f(x)\,dx$ は $[0,+\infty]$ に値をとる．

しかしながら，この定義がちゃんと意味のあるものであるかどうかは実際に確認しなければならない．つまり，もし関数を可測集合の指示関数の有限個の組み合わせとして

1.3.1 単関数の積分

$$f = c_1 1_{E_1} + \cdots + c_k 1_{E_k} = c'_1 1_{E'_1} + \cdots + c'_{k'} 1_{E'_{k'}}$$

のように違う表現をした場合であっても，積分 $\mathrm{Simp}\int_{\mathbb{R}^d} f(x)\,dx$ の値が同じであるかどうかを確認しなければならない。

補題 1.3.4.（単関数積分の定義は問題ない） $k, k' \geq 0$ を自然数とする。$c_1, \ldots, c_k, c'_1, \ldots, c'_{k'} \in [0, +\infty]$ であり，$E_1, \ldots, E_k, E'_1, \ldots, E'_{k'} \subset \mathbb{R}^d$ をルベーグ可測集合とする。もし恒等式

$$c_1 1_{E_1} + \cdots + c_k 1_{E_k} = c'_1 1_{E'_1} + \cdots + c'_{k'} 1_{E'_{k'}} \tag{1.9}$$

が $\mathbb{R}^d$ 上で成り立つとすると，

$$c_1 m(E_1) + \cdots + c_k m(E_k) = c'_1 m(E'_1) + \cdots + c'_{k'} m(E'_{k'})$$

が成り立つ。

[証明] 再びヴェン図を使って考えよう。$\mathbb{R}^d$ を $k+k'$ 個の集合 $E_1, \ldots, E_k$, $E'_1, \ldots, E'_{k'}$ によって，$2^{k+k'}$ 個の交わらない集合に分割する。この分割のそれぞれの集合は $E_1, \ldots, E_k, E'_1, \ldots, E'_{k'}$ やその補集合の共通部分となっているものである。ここで，空になっている集合は捨ててしまおう。すると，$0 \leq m \leq 2^{k+k'}$ として，$\mathbb{R}^d$ が m 個の空でない交わらない集合 $A_1, \ldots, A_m$ で分割されているようになる。$E_1, \ldots, E_k, E'_1, \ldots, E'_{k'}$ はルベーグ可測だから，$A_1, \ldots, A_m$ もそう。作り方から，$E_1, \ldots, E_k, E'_1, \ldots, E'_{k'}$ のそれぞれの集合は $A_1, \ldots, A_m$ からいくつか取り出したものの和集合である。だから，すべての $i = 1, \ldots, k$ と $i' = 1, \ldots, k'$ のそれぞれについて部分集合 $J_i, J'_{i'} \subset \{1, \ldots, m\}$ を作って，

$$E_i = \bigcup_{j \in J_i} A_j$$

かつ

$$E'_{i'} = \bigcup_{j' \in J'_{i'}} A_{j'}$$

と書くことができる。ルベーグ測度は有限加法的だから，

$$m(E_i) = \sum_{j \in J_i} m(A_j)$$

かつ

$$m(E'_{i'}) = \sum_{j \in J'_{i'}} m(A_j)$$

である。さて，我々の目標は

$$\sum_{i=1}^{k} c_i \sum_{j \in J_i} m(A_j) = \sum_{i'=1}^{k'} c'_{i'} \sum_{j \in J'_{i'}} m(A_j) \tag{1.10}$$

を示すことである．そのためにまず $1 \leq j \leq m$ を固定し，空でない集合 A_j の点 x において (1.9) を評価する．そのような点においては，$1_{E_i}(x)$ は $1_{J_i}(j)$ に等しく，同様にして $1_{E'_{i'}}$ は $1_{J'_{i'}}(j)$ に等しい．そこで (1.9) によると

$$\sum_{i=1}^{k} c_i 1_{J_i}(j) = \sum_{i'=1}^{k'} c'_{i'} 1_{J'_{i'}}(j)$$

であることがわかる．これを $m(A_j)$ 倍して，$j=1,\ldots,m$ について足しあわせると (1.10) を得る． □

さて，この教科書で繰り返し使うことになる重要な言葉を定義しておこう．

定義 1.3.5.（ほとんど到る所と台） 点 $x \in \mathbb{R}^d$ に関する性質 $P(x)$ が（ルベーグ的に）ほとんど到る所で成り立つ，あるいは（ルベーグ的に）ほとんどすべての点 $x \in \mathbb{R}^d$ に対して成り立つとは，$P(x)$ の成り立たない $x \in \mathbb{R}^d$ の集合がルベーグ測度 0 である（つまり，P は零集合を除いて成り立つ）ことをいう．また，しばしばルベーグ的というのを略し，さらに「ほとんど到る所」や「ほとんどすべて」を単に a.e. と書く．

任意の値域 Z を持つ 2 つの関数 $f,g\colon \mathbb{R}^d \to Z$ がほとんど到る所で一致するとは，ほとんどすべての $x \in \mathbb{R}^d$ で $f(x)=g(x)$ が成り立つことをいう．

関数 $f\colon \mathbb{R}^d \to \mathbb{C}$ や $f\colon \mathbb{R}^d \to [0,+\infty]$ の台とは，f の値が 0 でない集合 $\{x \in \mathbb{R}^d : f(x) \neq 0\}$ のことをいう．

もし $P(x)$ がほとんどすべての x で成り立ち，さらに $P(x)$ ならば $Q(x)$ が成り立つのであれば，$Q(x)$ もほとんどすべての x で成り立つ．同じように，$P_1(x), P_2(x), \ldots$ がほとんどすべての x で成り立つような性質をたかだか可算個集めたものであれば，それらはほとんどすべての x においていっせいに正しい．なぜなら零集合を可算個集めたものはやはり零集合だからである．このような性質のおかげで，たかだか可算個の性質を同時に考えている場合，あるいは自由変数 x を零集合に絶対に制限したりしないという場合に限ってではあるが，読者は（経験則として）ほとんど普遍的といえる数量詞「ほとんどすべてに対して」をまるでそれが本当に普遍的な数量詞「すべてに対して」であるかのように扱ってよい．さらにほとんど到る所で一致するという性質は同値関係であり，これをほとんど到る所同値と

呼ぶことにする。

An epsilon of room, Vol. I においては，$f\colon \mathbb{R}^d \to \mathbb{C}$ の閉台という概念を用いるが，これは台の閉包として定義される。

符号なしの単関数積分についての次の性質は定義からただちに導かれる。

演習 1.3.1. （符号なし単関数積分の基本的性質）$f, g\colon \mathbb{R}^d \to [0, +\infty]$ を符号なしの単関数とする。

(1)（符号なし線型性）
$$\mathrm{Simp}\int_{\mathbb{R}^d} f(x) + g(x)\,dx = \mathrm{Simp}\int_{\mathbb{R}^d} f(x)\,dx + \mathrm{Simp}\int_{\mathbb{R}^d} g(x)\,dx$$
と，すべての $c \in [0, +\infty]$ に対して
$$\mathrm{Simp}\int_{\mathbb{R}^d} cf(x)\,dx = c \times \mathrm{Simp}\int_{\mathbb{R}^d} f(x)\,dx$$
が成り立つ。

(2)（有限性）$\mathrm{Simp}\int_{\mathbb{R}^d} f(x)\,dx < \infty$ が成り立つ必要十分条件は f がほとんど到る所で有限であり，その台が有限測度を持つことである。

(3)（0 になる）$\mathrm{Simp}\int_{\mathbb{R}^d} f(x)\,dx = 0$ である必要十分条件は f はほとんど到る所で 0 であることである。

(4)（同値性）f と g がほとんど到る所で一致していれば，$\mathrm{Simp}\int_{\mathbb{R}^d} f(x)\,dx = \mathrm{Simp}\int_{\mathbb{R}^d} g(x)\,dx$ が成り立つ。

(5)（単調性）ほとんどすべての $x \in \mathbb{R}^d$ で $f(x) \leq g(x)$ であれば，$\mathrm{Simp}\int_{\mathbb{R}^d} f(x)\,dx \leq \mathrm{Simp}\int_{\mathbb{R}^d} g(x)\,dx$ である。

(6)（ルベーグ測度との整合性）E がルベーグ可測な集合であれば，$\mathrm{Simp}\int_{\mathbb{R}^d} 1_E(x)\,dx = m(E)$ が成り立つ。

さらに符号なし単関数積分 $f \mapsto \mathrm{Simp}\int_{\mathbb{R}^d} f(x)\,dx$ は，符号なし単関数全体からなる空間 $\mathrm{Simp}^+(\mathbb{R}^d)$ から $[0, +\infty]$ への写像で上の性質を満たす唯一の写像であることを示せ。

ここで，符号なし単関数積分に対応する絶対収束積分を定義しておこう。この積分は絶対収束ルベーグ積分を導入するといらなくなってしまうが，積分についてもっと一般的に考える動機付けとしてここで考えておくことにする。

定義 1.3.6.（絶対収束単関数積分）複素数値単関数 $f\colon \mathbb{R}^d \to \mathbb{C}$ が絶対可積分であるとは，
$$\mathrm{Simp}\int_{\mathbb{R}^d} |f(x)|\,dx < \infty$$

であることをいう．もし f が絶対可積分であれば，積分 $\mathrm{Simp}\int_{\mathbb{R}^d} f(x)\,dx$ は実数値の符号付き関数 f に対して

$$\mathrm{Simp}\int_{\mathbb{R}^d} f(x)\,dx := \mathrm{Simp}\int_{\mathbb{R}^d} f_+(x)\,dx - \mathrm{Simp}\int_{\mathbb{R}^d} f_-(x)\,dx$$

で定義される．ただし $f_+(x) := \max(f(x), 0)$ で $f_-(x) := \max(-f(x), 0)$ である（これらは各点で $|f|$ で押さえられている符号なし単関数であるから，有限の積分値を持つことに注意）．さらに，複素数値の f に対しては，次の式[*13]

$$\mathrm{Simp}\int_{\mathbb{R}^d} f(x)\,dx := \mathrm{Simp}\int_{\mathbb{R}^d} \mathrm{Re}\,f(x)\,dx \\ + i\,\mathrm{Simp}\int_{\mathbb{R}^d} \mathrm{Im}\,f(x)\,dx$$

で定義する．

この前の演習問題で述べたように，複素数値単関数 f が絶対可積分である必要十分条件は，それが測度有限な台を持つことである（ほとんど到る所有限であるのは自動的に満たされるから）ことに注意しよう．とくに絶対可積分な単関数全体のなす集合 $\mathrm{Simp}^{\mathrm{abs}}(\mathbb{R}^d)$ は加法と複素数によるスカラー倍とで閉じているから，複素ベクトル空間である．

符号なし単関数の性質を使って，複素数値積分の性質を導くことができる．

演習 1.3.2.（複素数値単関数積分の基本的性質） $f, g : \mathbb{R}^d \to \mathbb{C}$ を絶対可積分な単関数とする．

(1)（∗-線型性）

$$\mathrm{Simp}\int_{\mathbb{R}^d} f(x) + g(x)\,dx = \mathrm{Simp}\int_{\mathbb{R}^d} f(x)\,dx \\ + \mathrm{Simp}\int_{\mathbb{R}^d} g(x)\,dx$$

かつ，すべての $c \in \mathbb{C}$ に対して

$$\mathrm{Simp}\int_{\mathbb{R}^d} cf(x)\,dx = c \times \mathrm{Simp}\int_{\mathbb{R}^d} f(x)\,dx \tag{1.11}$$

が成り立つ．さらに

[*13] 厳密に言えば，これはいま定義した単関数積分 $\mathrm{Simp}\int_{\mathbb{R}^d}$ を 3 回違ったやり方で，つまり符号なし，実数値符号付き，複素数値の単関数に対して，記号を乱用しているのだが，同じ単関数に対してはすべて同じ定義になることが簡単に確認できるから，この 3 つについて同じ記号を使っても安全である．

1.3.1 単関数の積分

$$\mathrm{Simp}\int_{\mathbb{R}^d}\overline{f(x)}\,dx = \overline{\mathrm{Simp}\int_{\mathbb{R}^d}f(x)\,dx}$$

が成り立つ．

(2)(同値性) もし f と g がほとんど到る所で一致するならば $\mathrm{Simp}\int_{\mathbb{R}^d}f(x)\,dx = \mathrm{Simp}\int_{\mathbb{R}^d}g(x)\,dx$ が成り立つ．

(3)(ルベーグ測度との整合性) E を任意のルベーグ可測集合とするとき，$\mathrm{Simp}\int_{\mathbb{R}^d}1_E(x)\,dx = m(E)$ が成り立つ．

(ヒント：まず，実数値の場合の線型性に取り組んでみよ．(1.11) を示すには，$c>0, c=0, c=-1$ の場合を別々に考えよ．実関数 f, g に対する加法性を示すには，まず恒等式

$$f+g = (f+g)_+ - (f+g)_- = (f_+ - f_-) + (g_+ - g_-)$$

から始め，2番目の等式を書き直して引き算が出てこないようにせよ．) さらに複素数値単関数積分

$$f \mapsto \mathrm{Simp}\int_{\mathbb{R}^d}f(x)\,dx$$

は絶対可積分単関数全体の空間 $\mathrm{Simp}^{\mathrm{abs}}(\mathbb{R}^d)$ から $\mathbb{C}$ への写像で，上の性質をすべて満たすただ1つのものであることを示せ．

　ここで，ほとんど到る所で一致する（単）関数が同じ積分値を持つという事実について一言追加しておこう．この事実は，積分というのが**雑音許容的な操作だ**とみなすことができる．つまり，零集合の上では，関数 $f(x)$ は「雑音」あるいは「誤差」を持つことができ，これが積分の値には影響しないということである．そして，この雑音に対する許容性があるおかげで，$\mathbb{R}^d$ の到る所では定義されておらずただ $\mathbb{R}^d$ のほとんど到る所でのみ定義されている（つまり，N をある零集合として f は $\mathbb{R}^d \backslash N$ 上でのみ定義されている）ような関数 f についてさえ積分することができる．そのために必要なことは，単に f を $\mathbb{R}^d$ へ好きなように拡張しておくだけである（たとえば f は N 上で 0 だとしてやればよい）．これは解析学にとってはきわめて便利なことである．なぜなら，世の中には（たとえば1次元での $\frac{\sin x}{x}$ や，多次元ではいろいろな $\alpha > 0$ に対する $\frac{1}{|x|^\alpha}$ のように）すべての点では定義されず，ただほとんど到る所でのみ定義されるだけの自然な関数がたくさんあるからである（それらは，大体の場合は分母が 0 になってしまう「ゼロで割る」問題のせいである）．そういった関数は，そのような特異点での値というものを考えられない．しかしそれでもまだ積分できるし（もちろん，たとえば絶対可積分性のような，何らかの可積分性の条件があれば），従って，そのような関数

実際,解析学の一分野である**関数解析学**という分野では,ほとんど到る所で定義されている関数というのを抽象化して,関数 f というものを f にほとんど到る所で等しくなるほとんど到る所で定義された関数からなる**同値類**に置き換えるというようなことをしてしまうのが便利である。そのような同値類というのは,当然ながら普通の集合論的な意味では関数ではない ($\mathbb{R}^d$ の点というのは測度 0 なのだから,定義域の各点を値域のある点へと一意的に写像するというようなことはない) のであるが,このようなものを考えると,いろいろな関数の空間が持っている性質が改良されるのである (いろいろな半ノルムがノルムになるし,いろいろな位相がハウスドルフ性を持つし,などなど)。詳しい議論については An epsilon of room, Vol. I の §1.3 を参照せよ。

◆**注意 1.3.7.** 測度 0 の集合に深入りしないという「ルベーグ哲学」は,ルベーグ型の解析学と他の解析学との違いを際立たせているものである。とくに**記述集合論**的な立場の解析学というのは,$\mathbb{R}^d$ の部分集合を研究することにも興味があるものであるが,ほとんど到る所で一致する集合の組というものに対して,まったく異なる構造的な分類を与えることができる。そういうことができなくなるという,零集合を議論しないでおくというのが,ルベーグ積分という強力な道具を使うことができるようになるための対価として支払う代償である。もし,単にほとんどすべての点だけではなくて本当にすべての点における関数の振る舞いを制御したいのであれば,(しかも,もしほとんど到る所で成り立つ主張をすべての点で成り立つ主張へと変更してくれる,連続性のような関数の正則性がないのであれば) だいたいの場合は積分論以外の方法が必要になる。

1.3.2 可 測 関 数

区分的定数関数の積分がリーマン積分になったように,符号なし単関数積分をルベーグ積分へとつなげることができる。そのためには符号なし単関数というものをもっと大きな,符号なしルベーグ可測関数というものへと広げて考えればよい。それを定義するもっとも手っ取り早い方法の一つは次のようなものである。

定義 1.3.8.(符号なし可測関数) 符号なし関数 $f\colon \mathbb{R}^d \to [0, +\infty]$ が符号なしルベーグ可測である,あるいは単に可測であるとは,符号なし単関数の各点収束極限であることである。つまり,各 $x \in \mathbb{R}^d$ で $f_n(x) \to f(x)$ となるような

符号なし単関数 $f_1, f_2, f_3, \ldots : \mathbb{R}^d \to [0, +\infty]$ が存在することをいう。

今挙げた定義はもっとも扱いやすいものというわけではない。幸運にも，これには多くの同値な言いかえがある。

補題 1.3.9.（可測性の同値な言いかえ） $f \colon \mathbb{R}^d \to [0, +\infty]$ を符号なし関数とする。このとき，次はすべて同値である。
(1) f は符号なしルベーグ可測である。
(2) f は符号なし単関数 f_n の各点収束極限である（だから $\lim_{n \to \infty} f_n(x)$ は存在し，すべての $x \in \mathbb{R}^d$ で $f(x)$ に等しい）。
(3) f は符号なし単関数 f_n のほとんど到る所での各点収束極限である（だからほとんどすべての $x \in \mathbb{R}^d$ で極限 $\lim_{n \to \infty} f_n(x)$ が存在して $f(x)$ に等しい）。
(4) f は有界で測度有限な台を持つ符号なし単関数の増大列 $0 \leq f_1 \leq f_2 \leq \cdots$ の上限 $f(x) = \sup_n f_n(x)$ である。
(5) すべての $\lambda \in [0, +\infty]$ に対して，集合 $\{x \in \mathbb{R}^d : f(x) > \lambda\}$ はルベーグ可測である。
(6) すべての $\lambda \in [0, +\infty]$ に対して，集合 $\{x \in \mathbb{R}^d : f(x) \geq \lambda\}$ はルベーグ可測である。
(7) すべての $\lambda \in [0, +\infty]$ に対して，集合 $\{x \in \mathbb{R}^d : f(x) < \lambda\}$ はルベーグ可測である。
(8) すべての $\lambda \in [0, +\infty]$ に対して，集合 $\{x \in \mathbb{R}^d : f(x) \leq \lambda\}$ はルベーグ可測である。
(9) すべての区間 $I \subset [0, +\infty)$ に対して，集合 $f^{-1}(I) := \{x \in \mathbb{R}^d : f(x) \in I\}$ はルベーグ可測である。
(10) すべての（相対）開集合 $U \subset [0, +\infty)$ に対して，集合 $f^{-1}(U) := \{x \in \mathbb{R}^d : f(x) \in U\}$ はルベーグ可測である。
(11) すべての（相対）閉集合 $K \subset [0, +\infty)$ に対して，集合 $f^{-1}(K) := \{x \in \mathbb{R}^d : f(x) \in K\}$ はルベーグ可測である。

[証明] (1) と (2) は定義によって同値である。(2) から (3) はあきらかである。$[0, +\infty]$ に含まれる単調列はかならず収束するから，(4) から (2) がわかる。そこで，(3) から (5) が導かれることを示そう。もし f が f_n のほとんど到る所での各

点収束極限であれば，ほとんどすべての $x \in \mathbb{R}^d$ において

$$f(x) = \lim_{n \to \infty} f_n(x) = \limsup_{n \to \infty} f_n(x) = \inf_{N > 0} \sup_{n \geq N} f_n(x)$$

が成り立つ．このことから，すべての λ に対して集合 $\{x \in \mathbb{R}^d : f(x) > \lambda\}$ は

$$\bigcup_{M > 0} \bigcap_{N > 0} \left\{ x \in \mathbb{R}^d : \sup_{n \geq N} f_n(x) > \lambda + \frac{1}{M} \right\}$$

に測度 0 の外で等しいことがわかる．ところがこの集合は，測度 0 の集合の外では，結局

$$\bigcup_{M > 0} \bigcap_{N > 0} \bigcup_{n \geq N} \left\{ x \in \mathbb{R}^d : f_n(x) > \lambda + \frac{1}{M} \right\}$$

に等しくなる．ところが各 f_n は符号なし単関数なのだから，集合 $\{x \in \mathbb{R}^d : f_n(x) > \lambda + \frac{1}{M}\}$ はルベーグ可測である．ルベーグ可測集合の可算個の和集合や積集合はルベーグ可測で，あるルベーグ可測集合を零集合で修正しても別のルベーグ可測集合ができあがるのだから，(5) を得ることになる．

(5) と (6) の同値性を示すためには，まず

$$\{x \in \mathbb{R}^d : f(x) \geq \lambda\} = \bigcap_{\lambda' \in \mathbf{Q}^+ : \lambda' < \lambda} \{x \in \mathbb{R}^d : f(x) > \lambda'\}$$

が $\lambda \in (0, +\infty]$ に対して成り立つことと，

$$\{x \in \mathbb{R}^d : f(x) > \lambda\} = \bigcup_{\lambda' \in \mathbf{Q}^+ : \lambda' > \lambda} \{x \in \mathbb{R}^d : f(x) \geq \lambda'\}$$

が $\lambda \in [0, +\infty)$ に対して成り立つことに注意しよう．ただし，$\mathbf{Q}^+ := \mathbf{Q} \cap [0, +\infty]$ は非負の有理数全体を表す．そうすると，$\mathbf{Q}^+$ が可算集合なのだから，主張は簡単にわかる．（必要なら $\lambda = 0, +\infty$ の場合は別に扱う．）同様の議論から (5) や (6) を (9) から示すこともできる．

(5) および (6) が (7) および (8) と同値であることは，$\{x \in \mathbb{R}^d : f(x) \leq \lambda\}$ が $\{x \in \mathbb{R}^d : f(x) > \lambda\}$ の補集合であることと，$\{x \in \mathbb{R}^d : f(x) < \lambda\}$ が $\{x \in \mathbb{R}^d : f(x) \geq \lambda\}$ の補集合であることからわかる．同様の議論で (10) と (11) の同値性もわかる．

区間を半区間の共通部分として表現すれば，(9) が (5)–(8) から導かれることがわかる．従って (5)–(9) のすべてが同値であることが示された．

あきらかに (10) から (8) が出る．従って (5)–(9) も従う．逆に，$[0, +\infty)$ に含まれるすべての開集合は $[0, +\infty)$ に含まれる可算個の開区間の和集合として表されるから，(9) から (10) が従う．

1.3.2 可 測 関 数

従って残っているのは (5)–(11) が (4) を導くことを示すことだけである。そこで f が (5)–(11) を満たすとしよう。正の整数 n に対して $f_n(x)$ を $|x| \leq n$ においては $\min(f(x), n)$ 以下であるような 2^{-n} の整数倍となる数でもっとも大きなものに等しいと定め,$|x| > n$ においては $f_n(x) := 0$ と定める。すると,この定め方から $f_n : \mathbb{R}^d \to [0, +\infty]$ は増大列で,f がその上限であることは簡単にわかる。さらに,各 f_n はたかだか有限個の値しかとらず,さらに非零のその値 c に対する $f_n^{-1}(c)$ なる集合はある区間か半直線 I_c を使って $f^{-1}(I_c) \cap \{x \in \mathbb{R}^d : |x| \leq n\}$ という形になる。従ってこれは可測である。結果として f_n は単関数で,その定め方から有界で,測度有限な台を持つ。だから主張が従う。 □

この同値な関係を使えば,可測関数を大量に作り出すことができる。

演習 1.3.3. *
(1) すべての連続関数 $f : \mathbb{R}^d \to [0, +\infty]$ は可測であることを示せ。
(2) すべての符号なし単関数は可測であることを示せ。
(3) 符号なし可測関数列の上限,下限,上極限,下極限は可測であることを示せ。
(4) ある符号なし可測関数にほとんど到る所等しい符号なし関数はそれ自身可測であることを示せ。
(5) もし符号なし可測関数の列 f_n がほとんど到る所である符号なしの極限 f に各点収束していれば,f もまた可測であることを示せ。
(6) もし $f : \mathbb{R}^d \to [0, +\infty]$ が可測で,$\phi : [0, +\infty] \to [0, +\infty]$ が連続であれば,$\phi \circ f : \mathbb{R}^d \to [0, +\infty]$ は可測であることを示せ。
(7) もし f, g が符号なし可測関数であれば,$f + g$ と fg も可測であることを示せ。

演習 1.3.3(4) から,$\mathbb{R}^d$ 全体で定義されていなくても,$\mathbb{R}^d$ 上ほとんど到る所で定義されているだけの符号なし関数について可測性の概念を定義することができる。そのためには,現時点で未定義である零集合において,その関数を任意に拡張して定義しておけばよい。

演習 1.3.4. * $f : \mathbb{R}^d \to [0, +\infty]$ とする。f が**有界**な符号なし可測関数である必要十分条件は f が**有界**な単関数の**一様**収束極限であることを示せ。

演習 1.3.5. 符号なし関数 $f : \mathbb{R}^d \to [0, +\infty]$ が単関数である必要十分条件は,それが可測であり,たかだか有限個の値しかとらないことであることを示せ。

演習 1.3.6. $f : \mathbb{R}^d \to [0, +\infty]$ を符号なし可測関数とする。このとき,領域 $\{(x, t) \in \mathbb{R}^d \times \mathbb{R} : 0 \leq t \leq f(x)\}$ は $\mathbb{R}^{d+1}$ の可測な部分集合であることを示せ。(この事実の逆

も成り立つが，それを示すのはフビニ・トネリの定理（系 1.7.23）が利用可能になったあとの演習 1.7.24 まで待つことにしよう。）

◆注意 1.3.10.　補題 1.3.9 によると，$f: \mathbb{R}^d \to [0, +\infty]$ が可測であれば，$f^{-1}(E)$ は多くの集合 E に対してルベーグ可測となる。しかしながら，E がルベーグ可測であるときに $f^{-1}(E)$ がルベーグ可測となるとは限らないのだということを注意しておく。これを理解するために，C をカントール集合

$$C := \left\{ \sum_{j=1}^{\infty} a_j 3^{-j} : すべての j で a_j \in \{0, 2\} \right\}$$

とし，$f: \mathbb{R} \to [0, +\infty]$ なる関数を $x \in [0, 1]$ が有限の 2 進小数でないとき，すなわち $b_j \in \{0, 1\}$ として，$x = \sum_{j=1}^{\infty} b_j 2^{-j}$ と一意的に展開できるときに

$$f(x) := \sum_{j=1}^{\infty} 2b_j 3^{-j}$$

と定め，そうでないときには $f(x) := 0$ と定める。すると f は C に値をとることがわかる。さらに $[0, 1]$ の無限小数全体からなる集合 A と全単射であることもわかる。補題 1.3.9 を使えば，f が可測であることを示すのは難しくない。一方で，前節での構成を修正すれば，A の非可測な部分集合 F をとってくることができる。そこで $E := f(F)$ とおく。すると E は零集合 C の部分集合であるから，それ自身が零集合である。ところが $f^{-1}(E) = F$ は非可測である。だから，可測関数によるルベーグ可測集合の逆像はルベーグ可測とは限らない。

しかしながら，後でみるように，もし E がルベーグ可測性よりもほんの少しだけ強い可測性，すなわちボレル可測性を持っているならば，その逆像はルベーグ可測である。これについては演習 1.4.29(3) を見よ。

ここで，複素数値可測関数という概念を定義することができる。前に議論したように，それらの関数は到る所ではなくほとんど到る所で定義されているだけというのを許しておいた方が便利である。そうすることで，関数が特異になったり，あるいはそうでなくても零集合上で未定義である可能性を許すことができるからである。

定義 1.3.11.（複素可測性）　ほとんど到る所で定義されている複素数値関数 $f: \mathbb{R}^d \to \mathbb{C}$ がルベーグ可測である，あるいは単に可測であるとは，それが複素数値単関数のほとんど到る所での各点収束極限となっていることをいう。

以前と同じように，いくつかの同値な定義がある。

演習 1.3.7.　$f: \mathbb{R}^d \to \mathbb{C}$ をほとんど到る所で定義された複素数値関数とする。このと

き，次は同値である。
 (1) f は可測である。
 (2) f は複素数値単関数のほとんど到る所での各点収束極限である。
 (3) $\mathrm{Re}(f)$ と $\mathrm{Im}(f)$ の正部分および負部分（の大きさ）は符号なし可測関数である。
 (4) $U \subset \mathbb{C}$ を開集合とするとき，$f^{-1}(U)$ はルベーグ可測である。
 (5) $K \subset \mathbb{C}$ を閉集合とするとき，$f^{-1}(K)$ はルベーグ可測である。

上の演習から，複素数値可測性というのは，もし関数がすべての点で（またはほとんど到る所で）$[0, +\infty) = [0, +\infty] \cap \mathbb{C}$ に値をとる関数であれば，符号なし可測性と一致していることがわかる。

演習 1.3.8.
 (1) すべての連続関数 $f\colon \mathbb{R}^d \to \mathbb{C}$ は可測であることを示せ。
 (2) 関数 $f\colon \mathbb{R}^d \to \mathbb{C}$ が単関数である必要十分条件は，それが可測であり，かつたかだか有限個の値しかとらないことであることを示せ。
 (3) ある可測関数にほとんど到る所で等しい複素数値関数は，それ自身可測であることを示せ。
 (4) 複素数値可測関数の列 f_n がほとんど到る所である複素数値関数 f に各点収束していれば，f も可測であることを示せ。
 (5) もし $f\colon \mathbb{R}^d \to \mathbb{C}$ が可測で，$\phi\colon \mathbb{C} \to \mathbb{C}$ が連続であれば，$\phi \circ f\colon \mathbb{R}^d \to \mathbb{C}$ は可測であることを示せ。
 (6) もし f, g が可測関数であれば，$f + g$ や fg も可測であることを示せ。
 (7) $f\colon \mathbb{R}^d \to \mathbb{C}$ が可測で，$T\colon \mathbb{R}^{d'} \to \mathbb{R}^d$ が線型な全射とする。このとき，$f \circ T\colon \mathbb{R}^{d'} \to \mathbb{C}$ も可測であることを示せ。（ヒント：演習 1.2.21 と 1.2.22 を使え。）T が全射でなければどうなるか。

演習 1.3.9. $f\colon [a,b] \to \mathbb{R}$ をリーマン可積分な関数とする。もし f を $x \notin [a,b]$ で $f(x) = 0$ と定義して $\mathbb{R}$ 全体で定義された関数に拡張すると，f は可測であることを示せ。

1.3.3 符号なしルベーグ積分

符号なし可測関数を積分する準備は整った。そこで，まず符号なしルベーグ下積分を考えることから始めよう。これは任意の（可測とは限らない）符号なし関数に対して定義することができる。

定義 1.3.12. (符号なしルベーグ下積分) $f\colon \mathbb{R}^d \to [0,+\infty]$ を (可測とは限らない) 符号なし関数とする. 符号なしルベーグ下積分 $\underline{\int_{\mathbb{R}^d}} f(x)\,dx$ を, 各点で f 以下となる符号なし単関数 $g\colon \mathbb{R}^d \to [0,+\infty]$ に対する積分すべての上限として

$$\underline{\int_{\mathbb{R}^d}} f(x)\,dx := \sup_{0\le g\le f;\,g:\text{単関数}} \mathrm{Simp}\int_{\mathbb{R}^d} g(x)\,dx$$

で定義する.

さらに符号なしルベーグ上積分を

$$\overline{\int_{\mathbb{R}^d}} f(x)\,dx := \inf_{h\ge f;\,h:\text{単関数}} \mathrm{Simp}\int_{\mathbb{R}^d} h(x)\,dx$$

で定義するが, この積分はほとんど使うことがない. これら両方の積分は $[0,+\infty]$ の値をとることと, ルベーグ上積分はつねにルベーグ下積分以上の値であることに注意せよ.

ルベーグ下積分の定義において, g はすべての点において f 以下であることが要求されていたが, 単関数積分というのは測度 0 の集合上で修正しても値が変わらないのだから, g がただ単にほとんど到る所の各点で f 以下だけであるということを要求することにしても積分の値を変えないということは簡単にわかるであろう.

ルベーグ下積分の次の性質は簡単に示すことができる.

演習 1.3.10. (ルベーグ下積分の基本的性質) $f,g\colon \mathbb{R}^d \to [0,+\infty]$ を (可測とは限らない) 符号なし関数とする.

(1) (単関数積分との整合性) f が単関数であれば, $\underline{\int_{\mathbb{R}^d}} f(x)\,dx = \overline{\int_{\mathbb{R}^d}} f(x)\,dx = \mathrm{Simp}\int_{\mathbb{R}^d} f(x)\,dx$ である.

(2) (単調性) もしほとんど到る所で, 各点ごとに $f \le g$ であれば $\underline{\int_{\mathbb{R}^d}} f(x)\,dx \le \underline{\int_{\mathbb{R}^d}} g(x)\,dx$ かつ $\overline{\int_{\mathbb{R}^d}} f(x)\,dx \le \overline{\int_{\mathbb{R}^d}} g(x)\,dx$ である

(3) (均質性) $c \in [0,+\infty)$ であれば, $\underline{\int_{\mathbb{R}^d}} cf(x)\,dx = c\underline{\int_{\mathbb{R}^d}} f(x)\,dx$ である (実はこれは $c=+\infty$ では成り立たないが, それを示すには少々技がいる).

(4) (同値性) f,g がほとんど到る所で一致するならば, $\underline{\int_{\mathbb{R}^d}} f(x)\,dx = \underline{\int_{\mathbb{R}^d}} g(x)\,dx$ かつ $\overline{\int_{\mathbb{R}^d}} f(x)\,dx = \overline{\int_{\mathbb{R}^d}} g(x)\,dx$ である.

(5)（優加法性）$\underline{\int_{\mathbb{R}^d}} f(x) + g(x)\, dx \geq \underline{\int_{\mathbb{R}^d}} f(x)\, dx + \underline{\int_{\mathbb{R}^d}} g(x)\, dx$ である．

(6)（上積分の劣加法性）$\overline{\int_{\mathbb{R}^d}} f(x) + g(x)\, dx \leq \overline{\int_{\mathbb{R}^d}} f(x)\, dx + \overline{\int_{\mathbb{R}^d}} g(x)\, dx$ である．

(7)（分割可能性）E が可測集合であれば，$\underline{\int_{\mathbb{R}^d}} f(x)\, dx = \underline{\int_{\mathbb{R}^d}} f(x) 1_E(x)\, dx + \underline{\int_{\mathbb{R}^d}} f(x) 1_{\mathbb{R}^d \setminus E}(x)\, dx$ が成り立つ．

(8)（水平切り捨て）$\underline{\int_{\mathbb{R}^d}} \min(f(x), n)\, dx$ は $n \to \infty$ で $\underline{\int_{\mathbb{R}^d}} f(x)\, dx$ に収束する．

(9)（垂直切り捨て）$\underline{\int_{\mathbb{R}^d}} f(x) 1_{|x| \leq n}\, dx$ は $n \to \infty$ で $\underline{\int_{\mathbb{R}^d}} f(x)\, dx$ に収束する．ヒント：演習 1.2.11 によると，E が可測集合のとき，$m(E \cap \{x : |x| \leq n\}) \to m(E)$ である．

(10)（反射）もし $f + g$ が有界で，測度有限な台を持つ（つまり，絶対可積分）単関数であれば，$\mathrm{Simp} \int_{\mathbb{R}^d} f(x) + g(x)\, dx = \overline{\int_{\mathbb{R}^d}} f(x)\, dx + \overline{\int_{\mathbb{R}^d}} g(x)\, dx$ である．

水平および垂直切り捨ての性質は，ルベーグ下積分をルベーグ上積分にしたときでも成り立っているか．

さて，以後は可測関数にだけ注目していこう．

定義 1.3.13.（符号なしルベーグ積分） $f: \mathbb{R}^d \to [0, +\infty]$ が可測であるとき，f の符号なしルベーグ積分 $\int_{\mathbb{R}^d} f(x)\, dx$ をルベーグ下積分 $\underline{\int_{\mathbb{R}^d}} f(x)\, dx$ に等しいものとして定義する．（非可測な関数については符号なしルベーグ積分は定義しない．）

可測関数のよいところは，ある種の有界性を仮定すれば，ルベーグ下積分と上積分とが一致することである．

演習 1.3.11.* $f: \mathbb{R}^d \to [0, +\infty]$ を有界な可測関数で，測度有限な集合の外では値が 0 となるものとする．このとき，f のルベーグ下積分と上積分とは一致することを示せ．（ヒント：演習 1.3.4 を使え．）この主張は逆も成り立つが，それは後の節で述べることにする．もし f が非有界であったり，あるいは測度有限な集合の中に台を持たないとするとどうなるか．

これから重要な系が導かれる．

系 1.3.14.（ルベーグ積分の有限加法性） $f, g: \mathbb{R}^d \to [0, +\infty]$ を可測とすると，$\int_{\mathbb{R}^d} f(x) + g(x)\, dx = \int_{\mathbb{R}^d} f(x)\, dx + \int_{\mathbb{R}^d} g(x)\, dx$ である．

[証明] 水平切り捨ての性質と極限を用いた議論から，f, g は有界と仮定してよい．垂直切り捨ての性質に別の極限の議論を用いれば，f, g は有界集合上に台を持つと仮定してもかまわない．演習 1.3.11 から，f, g および $f + g$ のルベーグ下積分と上積分は一致する．だから主張は下積分に対する優加法性と上積分に対する劣加法性から従う． □

次節では符号なしルベーグ積分に関するこの有限加法性をさらに改良して，可算加法性を持つことを示す．この性質は**単調収束定理**としても知られている（定理 1.4.43）．

演習 1.3.12. (ルベーグ上積分とルベーグ外測度) 任意の集合 $E \subset \mathbb{R}^d$ に対して $\overline{\int}_{\mathbb{R}^d} 1_E(x)\, dx = m^*(E)$ であることを示せ．このことから，何の可測性も仮定されていないときにはルベーグ下積分や上積分は加法性を持たないことを結論せよ．

演習 1.3.13. (積分の面積解釈) $f: \mathbb{R}^d \to [0, +\infty]$ を可測とするとき，$\int_{\mathbb{R}^d} f(x)\, dx$ は領域 $\{(x, t) \in \mathbb{R}^d \times \mathbb{R} : 0 \leq t \leq f(x)\}$ の $d+1$-次元ルベーグ測度に等しいことを示せ．（この事実はもっと図形的に理解しやすいルベーグ積分の定義としても用いることができる．さらに基本的な収束定理を示すのにも便利である．しかし，加法性のような基本的性質を示そうと思うとそれほどよくはない．）（ヒント：演習 1.2.22 を使え．）

演習 1.3.14. (ルベーグ積分の一意性) ルベーグ積分 $f \mapsto \int_{\mathbb{R}^d} f(x)\, dx$ は，符号なし可測関数 $f: \mathbb{R}^d \to [0, +\infty]$ から $[0, +\infty]$ の写像として，可測な $f, g: \mathbb{R}^d \to [0, +\infty]$ に対して以下の性質を満たす唯一のものであることを示せ．

(1) (単関数積分との互換性) もし f が単関数であれば $\int_{\mathbb{R}^d} f(x)\, dx = \operatorname{Simp} \int_{\mathbb{R}^d} f(x)\, dx$ である．

(2) (有限加法性) $\int_{\mathbb{R}^d} f(x) + g(x)\, dx = \int_{\mathbb{R}^d} f(x)\, dx + \int_{\mathbb{R}^d} g(x)\, dx$ が成り立つ．

(3) (水平切り捨て) $\int_{\mathbb{R}^d} \min(f(x), n)\, dx$ は $n \to \infty$ で $\int_{\mathbb{R}^d} f(x)\, dx$ に収束する．

(4) (垂直切り捨て) $\int_{\mathbb{R}^d} f(x) 1_{|x| \leq n}\, dx$ は $n \to \infty$ で $\int_{\mathbb{R}^d} f(x)\, dx$ に収束する．

演習 1.3.15. (平行移動不変性)* $f: \mathbb{R}^d \to [0, +\infty]$ を可測とするとき，任意の $y \in \mathbb{R}^d$ に対して $\int_{\mathbb{R}^d} f(x + y)\, dx = \int_{\mathbb{R}^d} f(x)\, dx$ が成り立つことを示せ．

演習 1.3.16. (線型変数変換)* $f: \mathbb{R}^d \to [0, +\infty]$ を可測とし，$T: \mathbb{R}^d \to \mathbb{R}^d$ を可逆線型変換とする．このとき，$\int_{\mathbb{R}^d} f(T^{-1}(x))\, dx = |\det T| \int_{\mathbb{R}^d} f(x)\, dx$ であること，あ

1.3.3 符号なしルベーグ積分　　　　　　　63

るいは同値であるが $\int_{\mathbb{R}^d} f(Tx)\,dx = \dfrac{1}{|\det T|}\int_{\mathbb{R}^d} f(x)\,dx$ であることを示せ。

演習 1.3.17.（リーマン積分との互換性）* $f\colon [a,b] \to [0,+\infty]$ をリーマン可積分とする。f を $[a,b]$ の外側では 0 として $\mathbb{R}$ 上へ拡張しておくと，$\int_{\mathbb{R}} f(x)\,dx = \int_a^b f(x)\,dx$ であることを示せ。

ここでマルコフの不等式として知られる基本的な不等式を述べておこう。この不等式によると，その関数がどの程度大きくなるかということは符号なしルベーグ積分によって制御することができる。

補題 1.3.15.（マルコフの不等式）　$f\colon \mathbb{R}^d \to [0,+\infty]$ を可測とする。このとき，任意の $0 < \lambda < \infty$ に対して

$$m(\{x \in \mathbb{R}^d : f(x) \geq \lambda\}) \leq \dfrac{1}{\lambda}\int_{\mathbb{R}^d} f(x)\,dx$$

が成り立つ。

[証明] いうまでもなく，各点において不等式

$$\lambda 1_{\{x \in \mathbb{R}^d : f(x) \geq \lambda\}} \leq f(x)$$

が成り立つ。ルベーグ下積分の定義から，

$$\lambda m(\{x \in \mathbb{R}^d : f(x) \geq \lambda\}) \leq \int_{\mathbb{R}^d} f(x)\,dx$$

であるから，主張が従う。　　　　　　　　　　　　　　　　　　　　　□

λ を無限，あるいは 0 へと近づける極限をとることで次の重要な系を得る。

演習 1.3.18.* $f\colon \mathbb{R}^d \to [0,+\infty]$ を可測とする。
 (1) もし $\int_{\mathbb{R}^d} f(x)\,dx < \infty$ であれば，f はほとんど到る所で有限であることを示せ。この逆は成り立たないことを反例を挙げて示せ。
 (2) $\int_{\mathbb{R}^d} f(x)\,dx = 0$ である必要十分条件は f がほとんど到る所で 0 であることを示せ。

◆**注意 1.3.16.** 積分 $\int_{\mathbb{R}^d} f(x)\,dx$ を用いて f の分布を調べる方法には **1 次モーメント**（積率）**法**という名前がついている。この分布は p をいろいろ変化させて $\int_{\mathbb{R}^d}|f(x)|^p\,dx$ のような高次モーメントを使ったり，t をいろいろ変化させて $\int_{\mathbb{R}^d} e^{tf(x)}\,dx$ のような指数モーメントや $\int_{\mathbb{R}^d} e^{itf(x)}\,dx$ のようなフーリエモーメントを使ったりしても調べることができる。これらのモーメント法は確率論においては基本である。

1.3.4 絶対可積分性

符号なしルベーグ積分の理論を述べ終わったので，次に絶対収束するルベーグ積分を定義することができるようになった．

> **定義 1.3.17.** （絶対可積分性） ほとんど到る所で定義されている可測関数 $f: \mathbb{R}^d \to \mathbb{C}$ が絶対可積分であるとは，符号なし積分
> $$\|f\|_{L^1(\mathbb{R}^d)} := \int_{\mathbb{R}^d} |f(x)|\, dx$$
> が有限であることをいう．この量 $\|f\|_{L^1(\mathbb{R}^d)}$ を f の $\boldsymbol{L^1}(\mathbb{R}^d)$ **ノルム**と呼ぶ．さらに，絶対可積分関数全体からなる集合を $L^1(\mathbb{R}^d)$ や $L^1(\mathbb{R}^d \to \mathbb{C})$ で表す．もし f が実数値で絶対可積分であれば，そのルベーグ積分 $\int_{\mathbb{R}^d} f(x)\, dx$ を
> $$\int_{\mathbb{R}^d} f(x)\, dx := \int_{\mathbb{R}^d} f_+(x)\, dx - \int_{\mathbb{R}^d} f_-(x)\, dx \tag{1.12}$$
> で定義する．ただし，$f_+ := \max(f, 0)$ と $f_- := \max(-f, 0)$ は f の正部分と負部分の大きさである（右辺の 2 つの符号なし積分は，f_+, f_- が各点で $|f|$ 以下だから，有限であることに注意）．もし f が複素数値で絶対可積分であれば，そのルベーグ積分 $\int_{\mathbb{R}^d} f(x)\, dx$ を
> $$\int_{\mathbb{R}^d} f(x)\, dx := \int_{\mathbb{R}^d} \operatorname{Re} f(x)\, dx + i \int_{\mathbb{R}^d} \operatorname{Im} f(x)\, dx$$
> で定義する．この右辺の 2 つの積分は実数値絶対可積分ルベーグ積分である．今定義した符号なし，実数値，複素数値のルベーグ積分は，もし複数の積分に解釈できる関数があったとしても，それらの値がすべて同じになることは簡単にわかる．

この作り方からわかるように，絶対可積分なルベーグ積分というのは，絶対可積分な単関数積分を含んでいることに注意せよ．従って絶対可積分単関数積分はもはやいらないので，今後も出てこない．

◆**注意 1.3.18.** 1 次元の古典的なリーマン積分論でやったように，絶対可積分でない関数の積分を，広義積分 $\int_0^\infty f(x)\, dx := \lim_{R \to \infty} \int_0^R f(x)\, dx$ や主値積分 p.v. $\int_{-\infty}^\infty f(x)\, dx := \lim_{R \to \infty} \int_{-R}^R f(x)\, dx$ と似た方法で定義したいと思うかもしれない．確かに，ルベーグ積分の

1.3.4 絶対可積分性

概念をそのように拡張することはいくらでも可能である。ところが，そのような拡張というのは，変数変換や，極限と積分の順序を交換するというような重要な操作についてよい性質を持たない傾向がある。だから，絶対可積分の理論とどこでも同じくらい完全な非絶対可積分な積分というものを体系的理論として作り上げようというのは普通は価値がないことなのである。それよりも，そういう変な積分というのは，その場その場で適切に扱うことにする。

各点ごとに成り立つ三角不等式 $|f(x)+g(x)| \leq |f(x)|+|g(x)|$ から，ほとんど到る所で定義された可測な $f, g \colon \mathbb{R}^d \to \mathbb{C}$ に対して成り立つ L^1 三角不等式

$$\|f+g\|_{L^1(\mathbb{R}^d)} \leq \|f\|_{L^1(\mathbb{R}^d)} + \|g\|_{L^1(\mathbb{R}^d)} \tag{1.13}$$

を導くことができる。さらに任意の複素数 c に対して

$$\|cf\|_{L^1(\mathbb{R}^d)} = |c| \|f\|_{L^1(\mathbb{R}^d)}$$

が成り立つことも簡単にわかる。そうして，$L^1(\mathbb{R}^d \to \mathbb{C})$ が複素ベクトル空間であることがわかる。(L^1 ノルムは，この空間上の半ノルムである。詳しくは An epsilon of room, Vol. I の §1.3 を見よ。) 演習 1.3.18 によると，関数 $f \in L^1(\mathbb{R}^d \to \mathbb{C})$ の L^1 ノルムが 0 である，つまり $\|f\|_{L^1(\mathbb{R}^d)} = 0$ である必要十分条件は f がほとんど到る所 0 であることである。

2 つの関数 $f, g \in L^1(\mathbb{R}^d \to \mathbb{C})$ が与えられるとそれらの間の $\boldsymbol{L^1}$ 距離 $d_{L^1}(f,g)$ というものを

$$d_{L^1}(f,g) := \|f - g\|_{L^1(\mathbb{R}^d)}$$

で定めることができる。(1.13) から，この量は $L^1(\mathbb{R}^d)$ 上の距離の公理をほとんど満たしている。ただ 1 つの例外は，もし 2 つの異なる関数 $f, g \in L^1(\mathbb{R}^d \to \mathbb{C})$ がほとんど到る所で一致しているときに L^1 距離が 0 になってしまうということである。そのようなわけで，d_{L^1} は距離ではなく，単に半距離（擬距離ともいう）に過ぎない。しかしながら，もしほとんど到る所で一致する関数を同値なものだと考えるという約束をしておくなら（もっと厳密に言うなら，ほとんど到る所で一致するという同値関係による $L^1(\mathbb{R}^d)$ の商空間を考え，さらに記号を乱用して，それも $L^1(\mathbb{R}^d)$ と表すことにすれば），真正な距離になる。(後でこの距離によって（商空間）$L^1(\mathbb{R}^d)$ が完備距離空間になるという重要な事実を示す。これは $\boldsymbol{L^1}$ リース・フィッシャーの定理と呼ばれる。ルベーグ積分論を詳述するのにこれほどまで努力している主たる理由はまずはこの完備性のためなのである。)

符号なし積分に対する線型性から，絶対収束するルベーグ積分についても同様

の性質が導かれる。

演習 1.3.19.（積分は線型である） 積分 $f \mapsto \int_{\mathbb{R}^d} f(x)\,dx$ は $L^1(\mathbb{R}^d)$ から $\mathbb{C}$ への（複素）線型な操作であることを示せ。すなわち，すべての絶対可積分な $f, g\colon \mathbb{R}^d \to \mathbb{C}$ と複素数 c に対して

$$\int_{\mathbb{R}^d} f(x) + g(x)\,dx = \int_{\mathbb{R}^d} f(x)\,dx + \int_{\mathbb{R}^d} g(x)\,dx$$

かつ

$$\int_{\mathbb{R}^d} cf(x)\,dx = c\int_{\mathbb{R}^d} f(x)\,dx$$

が成り立つことを示せ。さらに

$$\int_{\mathbb{R}^d} \overline{f(x)}\,dx = \overline{\int_{\mathbb{R}^d} f(x)\,dx}$$

が成り立つことを示せ。すなわち，積分は単なる線型な操作ではなくて，*-**線型**な操作である。

演習 1.3.20. 演習 1.3.15・1.3.16・1.3.17 は符号なし可測関数に対してだけではなく複素数値の絶対可積分関数に対しても成り立つことを示せ。

演習 1.3.21.（級数の絶対収束性は絶対可積分性の特別な場合である） $(c_n)_{n \in \mathbb{Z}}$ を複素数の両側無限列とする。$f\colon \mathbb{R} \to \mathbb{C}$ を

$$f(x) := \sum_{n \in \mathbb{Z}} c_n 1_{[n, n+1)}(x) = c_{\lfloor x \rfloor}$$

で定められる関数とする。ただし $\lfloor x \rfloor$ は x より小さいか等しい最大の整数である。このとき，f が絶対可積分である必要十分条件は，級数 $\sum_{n \in \mathbb{Z}} c_n$ が絶対収束することであること，およびこのとき $\int_{\mathbb{R}} f(x)\,dx = \sum_{n \in \mathbb{Z}} c_n$ であることを示せ。

絶対収束積分は $\mathbb{R}^d$ の任意の可測部分集合 E の上に制限して考えることができる。実際，もし $f\colon E \to \mathbb{C}$ であるとき，f が可測（あるいは絶対可積分）であるとは，$\tilde{f}(x)$ を $x \in E$ のときには $f(x)$ に等しく，そうでないときには 0 であるような関数 $\tilde{f}\colon \mathbb{R}^d \to \mathbb{C}$ を考えて，これが可測（あるいは絶対可積分）であることをいう。このとき，$\int_E f(x)\,dx := \int_{\mathbb{R}^d} \tilde{f}(x)\,dx$ と定義する。従って，たとえば絶対可積分関数に対して演習 1.3.17 と同様に考えれば，どんなリーマン可積分関数 $f\colon [a,b] \to \mathbb{C}$ に対しても

$$\int_a^b f(x)\,dx = \int_{[a,b]} f(x)\,dx$$

であることがわかる。

演習 1.3.22. E, F を $\mathbb{R}^d$ の交わらない可測部分集合とし，$f: E \cup F \to \mathbb{C}$ を絶対可積分とするとき，

$$\int_E f(x)\,dx = \int_{E \cup F} f(x) 1_E(x)\,dx$$

かつ

$$\int_E f(x)\,dx + \int_F f(x)\,dx = \int_{E \cup F} f(x)\,dx$$

であることを示せ。

後の節で，絶対収束するルベーグ積分の性質をもっと詳しく調べるが，そこでは抽象測度空間におけるもっと一般のルベーグ積分論の特別な場合として取り扱う。今の時点では次の大変基本的な不等式を述べておくだけにする。

補題 1.3.19. (三角不等式) $f \in L^1(\mathbb{R}^d \to \mathbb{C})$ とする。このとき，

$$\left| \int_{\mathbb{R}^d} f(x)\,dx \right| \le \int_{\mathbb{R}^d} |f(x)|\,dx$$

が成立する。

[証明] もし f が実数値であれば $|f| = f_+ + f_-$ だから，主張は (1.12) からあきらかである。f が複素数値のときにはそれほど単純には証明できない。何も考えずに実数値の場合の議論を真似してしまうと 2 倍の因数分損をしてしまって，悪い評価

$$\left| \int_{\mathbb{R}^d} f(x)\,dx \right| \le 2 \int_{\mathbb{R}^d} |f(x)|\,dx$$

が出てしまう。もっとうまくやるために，絶対値をとるという操作や積分という操作が複素平面の回転という操作で不変だということを使う。まずどんな複素数 z の絶対値 $|z|$ も，ある実数 θ を使って $ze^{i\theta}$ と表すことができることに注意しよう。とくに

$$\left| \int_{\mathbb{R}^d} f(x)\,dx \right| = e^{i\theta} \int_{\mathbb{R}^d} f(x)\,dx = \int_{\mathbb{R}^d} e^{i\theta} f(x)\,dx$$

となる実数 θ がある。両辺の実部をとれば

$$\left| \int_{\mathbb{R}^d} f(x)\,dx \right| = \int_{\mathbb{R}^d} \mathrm{Re}(e^{i\theta} f(x))\,dx$$

である。$\mathrm{Re}(e^{i\theta} f(x)) \le |e^{i\theta} f(x)| = |f(x)|$ なのだから主張が得られる。 □

1.3.5 リトルウッドの三原理

リトルウッドの三原理というのはルベーグの測度論の背後にある基本的な直観

を形式張らずに経験則の形で伝えてくれるものである。簡単に言ってしまえば，この三原理は次で与えられる。

(1)（可測な）集合というのは，だいたい区間の有限和である。
(2)（絶対可積分な）関数というのは，だいたい連続である。
(3)（各点）収束関数列というのは，だいたい一様収束している。

第一原理のいろいろな言いかえは演習 1.2.7 や演習 1.2.16 で与えた。そこで第二原理を考えよう。そのために直方体 B の指示関数 1_B の有限の線形結合で書ける関数を階段関数と呼ぶことにする。

定理 1.3.20. (L^1 関数の近似) $f \in L^1(\mathbb{R}^d)$ とし，$\varepsilon > 0$ とする。このとき，
(1) $\|f - g\|_{L^1(\mathbb{R}^d)} \leq \varepsilon$ となる絶対可積分な単関数 g が存在する。
(2) $\|f - g\|_{L^1(\mathbb{R}^d)} \leq \varepsilon$ となる階段関数 g が存在する。
(3) $\|f - g\|_{L^1(\mathbb{R}^d)} \leq \varepsilon$ となる連続で台がコンパクト集合に含まれる関数 g が存在する。

関数の台がコンパクト集合に含まれるとき，その関数の台はコンパクトであるという。

別の言い方をすれば，絶対可積分単関数，階段関数，連続で台がコンパクトな関数というのは，すべて $L^1(\mathbb{R}^d)$ （半）距離に関して $L^1(\mathbb{R}^d)$ の稠密部分集合をなしている。An epsilon of room, Vol. I の §1.13 では連続で台がコンパクトな関数というのを，なめらかで台がコンパクトな関数で置き換えても同じような主張が成立することを示している。このような関数は**試験関数**とも呼ばれるが，これは**超関数**の理論における重要な事実である。

[証明] まず (1) から始めよう。f が符号なしであるとすると，ルベーグ下積分の定義から $g \leq f$ で（だからとくに g は絶対可積分である），
$$\int_{\mathbb{R}^d} g(x)\,dx \geq \int_{\mathbb{R}^d} f(x)\,dx - \varepsilon$$
となる符号なし単関数 g が存在する。これと線型性から $\|f - g\|_{L^1(\mathbb{R}^d)} \leq \varepsilon$ であることがわかる。従って f が符号なしであれば (1) が成立する。f が実数値であれば，f を正部分と負部分とに分けて（必要なら ε を調整して）成り立つことがわかる。そして f が複素数値であれば f を実部と虚部に分けて（必要ならまた ε を調整して）成り立つことがわかる。

(2) をいうには，(1) と L^1 における三角不等式とから，f が絶対可積分な単関数

であるときに示せば十分である。線型性によって（および三角不等式をまた使って）$f = 1_E$ が測度有限な可測集合 $E \subset \mathbb{R}^d$ の指示関数である場合を示せば十分である。ところが演習 1.2.16 によれば，そのような集合は（測度の誤差としてたかだか ε を除けば）基本集合で近似できる。だから主張が従う。

(3) を示すには，(2) と前段落の議論とから，$f = 1_E$ が直方体の指示関数である場合に示せば十分である。ところがこの場合には主張は直接関数を作って示すことができる。実際，E の閉包をその内部として含み，体積が E の体積よりもたかだか ε だけしか大きくないような少し大きな直方体 F を作ることができる。そうして E 上では 1 に等しいような F に台が含まれる区分的に線型な連続関数 g を直接作ることができる（たとえば，十分に大きな R に対して $g(x) = \max(1 - R\,\mathrm{dist}(x, E), 0)$ と定めればよい。または，ウリゾーンの補題を持ち出してもよい。これについては An epsilon of room, Vol. I の §1.10 を見よ)。すると，この構成から，求められている $\|f - g\|_{L^1(\mathbb{R}^d)} \leq \varepsilon$ はもはやあきらかである。 □

これがリトルウッドの第二原理を明快に述べる唯一のやり方というわけではない。この点にはすぐに戻ってくるが，今はリトルウッドの第三原理を考えよう。ここで，関数列 $f_n \colon \mathbb{R}^d \to \mathbb{C}$ が極限 $f \colon \mathbb{R}^d \to \mathbb{C}$ に収束するというときの基本的な考え方を 3 つ思い出しておこう。
(1) (各点収束) すべての $x \in \mathbb{R}^d$ で $f_n(x) \to f(x)$ となる。
(2) (ほとんど到る所で各点収束) ほとんどすべての $x \in \mathbb{R}^d$ で $f_n(x) \to f(x)$ となる。
(3) (一様収束) 任意の $\varepsilon > 0$ に対して，$n \geq N$ のときに $|f_n(x) - f(x)| \leq \varepsilon$ がすべての $x \in \mathbb{R}^d$ で成立するような N が存在する。

一様収束ならば各点収束である。従ってほとんど到る所での各点収束でもある。

ここで，4 つめの収束を加えておこう。これは一様収束よりも弱いが，各点収束よりも強い。

定義 1.3.21. （局所一様収束）　関数列 $f_n \colon \mathbb{R}^d \to \mathbb{C}$ が極限 $f \colon \mathbb{R}^d \to \mathbb{C}$ に局所一様に収束するとは，$\mathbb{R}^d$ の任意の有界な部分集合 E において，f_n が f に一様収束することをいう。言いかえれば，各有界集合 $E \subset \mathbb{R}^d$ と各 $\varepsilon > 0$ に対して，$n \geq N$ のときに $|f_n(x) - f(x)| \leq \varepsilon$ がすべての $x \in E$ に対して成り立つような $N > 0$ が存在することをいう。

◆**注意 1.3.22.** 少なくとも $\mathbb{R}^d$ を考えている限り，局所一様収束の同値な定義を次のように述べることができる．つまり，f_n が f に局所一様収束している，あるいは広義一様収束しているとは，各点 $x_0 \in \mathbb{R}^d$ において，f_n が f に U 上一様収束しているような x_0 の開近傍 U が存在することである．この 2 つの定義の同値性は**ハイネ・ボレルの定理**からただちにわかる．もっと一般にいって，数学において副詞「局所的に」というのは普通はこの意味で使う．すなわち，ある性質 P がある領域 X において**局所的**に成立するとは，その領域の各点 x_0 において，P が成り立つような X に含まれる x_0 の開近傍が存在することをいう．

しかしながら，ハイネ・ボレルの定理が成り立たない領域においては，局所一様収束における有界集合を使った定義は，開集合を使った定義とは同値でないということに注意する必要がある．(**局所コンパクト空間**においては「有界」を「コンパクト」に置き換えれば（コンパクト一様収束と呼ばれる）同値性を回復させることができるが．)

◆**例 1.3.23.** $n = 1, 2, \ldots$ として $\mathbb{R}$ 上の関数 $x \mapsto x/n$ は局所一様に（従って各点で）$\mathbb{R}$ 上 0 に収束するが，一様収束しない．

◆**例 1.3.24.** テイラー級数 $e^x = \sum_{n=0}^{\infty} \frac{x^n}{n!}$ の部分和 $\sum_{n=0}^{N} \frac{x^n}{n!}$ は e^x に局所一様に（従って各点で）収束するが，一様ではない．

◆**例 1.3.25.** $n = 1, 2, \ldots$ に対して関数 $f_n(x) := \frac{1}{nx} 1_{x>0}$ と定める（ただし $f_n(0) = 0$ と約束する）と 0 に各点収束するが，局所一様には収束しない．

今の例からわかるように，各点収束（すべての点あるいはほとんど到る所のどちらであれ）は局所一様収束よりも弱い概念である．ところが，驚くべきエゴロフの定理によると，もし測度の小さな集合を削ってよいというのであれば，局所一様収束が回復できるというのである．これがリトルウッドの第三原理が述べている内容である．

> **定理 1.3.26.**（エゴロフの定理）　$f_n: \mathbb{R}^d \to \mathbb{C}$ を $f: \mathbb{R}^d \to \mathbb{C}$ にほとんど到る所で各点収束する可測関数列とし，$\varepsilon > 0$ とする．このとき，測度がたかだか ε であるような可測集合 A があって，A の外側では f_n は f に局所一様に収束する．

例 1.3.25 からわかるように，少なくとも局所一様収束を定義 1.3.21 のように有界集合を使って定義している限り，エゴロフの定理における除外集合 A を測度 0 の集合でとることはできない．(もし「開近傍」を使った定義を採用するのであれば，例 1.3.25 の列は開近傍の意味で $\mathbb{R}\setminus\{0\}$ 上局所一様収束している．しかし，有界集合の意味ではそうならない．$\mathbb{R}^d \setminus A$ のような領域においては，有界集合を用

いた定義によって局所一様収束しているのであれば開近傍を用いた定義でも局所一様収束している。しかし逆は成り立たない。）

[証明] f_n と f を測度 0 の集合上で修正すると（この集合は最後で A に組み込んでしまうことができる）f_n は f に各点で収束していると仮定してよい。だから，すべての $x \in \mathbb{R}^d$ と $m > 0$ に対して $n \geq N$ のときに $|f_n(x) - f(x)| \leq 1/m$ となるような $N \geq 0$ が存在する。この事実を集合論的に書き直すと，各 m に対して

$$\bigcap_{N=0}^{\infty} E_{N,m} = \emptyset$$

となる。ただし

$$E_{N,m} := \{x \in \mathbb{R}^d : |f_n(x) - f(x)| > 1/m \text{ となる } n \geq N \text{ がある }\}$$

である。あきらかに $E_{N,m}$ はルベーグ可測であり，N に関して減少列である。だから下向き単調収束（演習 1.2.11(2)）を適用して，すべての半径 $R > 0$ に対して

$$\lim_{N \to \infty} m(E_{N,m} \cap B(0,R)) = 0$$

であることがわかる。（ここで球 $B(0,R)$ に制限する必要がある。なぜなら，下向き単調収束性は考えている集合の測度が有限でなければならないからである。）とくに，すべての $m \geq 1$ に対して $N \geq N_m$ のときに

$$m(E_{N,m} \cap B(0,m)) \leq \frac{\varepsilon}{2^m}$$

となる N_m を見つけてくることができる。

さて，ここで $A := \bigcup_{m=1}^{\infty} E_{N_m,m} \cap B(0,m)$ とおこう。すると A はルベーグ可測であり，可算劣加法性から $m(A) \leq \varepsilon$ である。そしてその作り方から，$m \geq 1$ としたときに $x \in \mathbb{R}^d \setminus A$ で $|x| \leq m$ かつ $n \geq N_m$ のときに

$$|f_n(x) - f(x)| \leq 1/m$$

が成り立つ。とくに半径が整数であるような球 $B(0,m_0)$ に対しては f_n は $B(0,m_0) \setminus A$ 上で f に一様収束する。どのような有界集合もそのような球に含まれているのだから，主張が従う。 □

◆注意 1.3.27. 残念ながら，エゴロフの定理における局所一様収束を一様収束にしてしまうことは一般的にはできない。その基本的な例というのは**移動する瘤**で，$\mathbb{R}$ 上で $f_n := 1_{[n,n+1]}$ と定めると，これは「水平方向の無限遠に逃げていく」。この列は関数 $f \equiv 0$ に各点で（さらに局所一様に）収束する。しかしながら，どんな $0 < \varepsilon < 1$ と n に対しても，測度 1 の集合上で，つまり区間 $[n,n+1]$ 上で $|f_n(x) - f(x)| > \varepsilon$ となる。だから，もし

A の外側で f_n が f に一様収束してほしいのであれば，A は測度 1 の集合を含んでいなければならない。実際それは n が十分大きいときには区間 $[n, n+1]$ を含んでいなければならないのだから，結局それの測度は無限大でなければならない。

しかしながら，もし f_n と f が測度が有限で固定された集合 E（たとえば $B(0, R)$）の上でのみ 0 にならないのであれば上で述べた「水平無限遠点への消失」という現象は起こらない。だから上の議論を見直すと，任意に小さな測度の集合の外側で（単に局所一様収束ではなく）一様収束することを簡単に示すことができる。

さて，定理 1.3.20 を使って，リトルウッドの第二原理を説明する別の定理を述べておこう。これはルジンの定理と呼ばれている。

定理 1.3.28.（ルジンの定理） $f: \mathbb{R}^d \to \mathbb{C}$ を絶対可積分とし，$\varepsilon > 0$ とする。このとき，f がその補集合 $\mathbb{R}^d \backslash E$ 上に制限すると連続になるような，測度がたかだか ε であるようなルベーグ可測集合 $E \subset \mathbb{R}^d$ が存在する。

【言葉遣いの注意】この定理は，制限していない関数 f が $\mathbb{R}^d \backslash E$ 上で連続になるといっているのではない。たとえば絶対可積分関数 $1_\mathbf{Q}: \mathbb{R} \to \mathbb{C}$ はすべての点で連続ではない。だからどんな測度有限な集合 E をとったとしても，$\mathbb{R} \backslash E$ 上で連続になることなどない。しかし一方で，実数から測度 0 の集合 $E := \mathbf{Q}$ を取り除いてしまえば，f を $\mathbb{R} \backslash E$ に制限したものは恒等的に 0 であり，従って連続である。

[証明] 定理 1.3.20 から，任意の $n \geq 1$ に対して連続かつ台がコンパクトな関数 f_n で（たとえば）$\|f - f_n\|_{L^1(\mathbb{R}^d)} \leq \varepsilon/4^n$ となるようなものがとれる。マルコフの不等式（補題 1.3.15）によると，測度がたかだか $\varepsilon/2^n$ であるようなルベーグ可測集合 E_n の外側にあるすべての x において $|f(x) - f_n(x)| \leq 1/2^n$ が成り立つ。$E := \bigcup_{n=1}^{\infty} E_n$ とおけば，E はルベーグ可測集合で，その測度はたかだか ε である。さらに f_n は E の外側で f に一様収束する。しかし，連続関数の一様収束極限は連続である。だから f の $\mathbb{R}^d \backslash E$ への制限は連続であり，これが示すことであった。 □

演習 1.3.23. ルジンの定理における f が絶対可積分だという仮定は局所絶対可積分（つまり各有界集合上で絶対可積分）に緩めることができるし，さらに可測関数（ただし到る所，またはほとんど到る所で有限な値をとる）へと緩めることもできることを示せ。（後の方を示すには f を水平方向の切り捨て $f 1_{|f| \leq n}$ へと局所的に置き換える。あるいは f を有界な $\dfrac{f}{(1 + |f|^2)^{1/2}}$ で置き換えてもよい。）

1.3.5 リトルウッドの三原理

演習 1.3.24. 関数 $f\colon \mathbb{R}^d \to \mathbb{C}$ が可測である必要十分条件は，それが連続関数列 $f_n\colon \mathbb{R}^d \to \mathbb{C}$ のほとんど到る所での各点収束極限であることを示せ．（ヒント：もし $f\colon \mathbb{R}^d \to \mathbb{C}$ が可測で $n \geq 1$ とすると，集合 $\{x \in B(0,n) : |f(x) - f_n(x)| \geq 1/n\}$ がたかだか $\frac{1}{2^n}$ の測度しか持たないような連続関数 $f_n\colon \mathbb{R}^d \to \mathbb{C}$ が存在することを示せ．下の演習 1.3.25 でこれが有用であることがわかる．）このこと（およびエゴロフの定理 1.3.26）を使って任意の可測関数に対するルジンの定理の別証明を与えよ．

◆**注意 1.3.29.** これは当たり前のことであるが，重要な注意である．もし符号なしの可測関数 $f\colon \mathbb{R}^d \to [0, +\infty]$ を考えているときには，f は正の測度を持つ集合上で無限大になり得るのだから，あきらかにルジンの定理の結論に矛盾することになり，ルジンの定理は直接には成り立たない（もし非負拡大実数 $[0, +\infty]$ に拡大された位相を与えて，連続関数が無限大の値をとるような状況を許せば別である）．しかしながら，もし最初から f がほとんど到る所で有限であるということがわかっているならば（たとえば，f が絶対可積分ならよい），ルジンの定理は成り立つ（関数が無限大の値をとっている零集合では f を単に 0 にしてしまい，この零集合をルジンの定理の除外集合に加えてしまえばよいからである）．

◆**注意 1.3.30.** ルジンの定理を内部正則性（演習 1.2.15）とティーツェの**拡張定理**（An epsilon of room, Vol. I の §1.10 を見よ）とあわせると，すべての可測関数 $f\colon \mathbb{R}^d \to \mathbb{C}$ は（任意に小さな測度を持つ集合の外側で）連続関数 $g\colon \mathbb{R}^d \to \mathbb{C}$ と一致することがわかる．

演習 1.3.25. （リトルウッド風の原理）* 次の事実は，厳密に言えば，リトルウッドの三原理から導かれることではないが，同様の精神に基づくものである．

(1)（絶対可積分関数はほとんど有界な台を持つ）$f\colon \mathbb{R}^d \to \mathbb{C}$ を絶対可積分関数とし，$\varepsilon > 0$ とする．このとき，その外側では f の L^1 ノルムがたかだか ε となるような球 $B(0, R)$ が存在する，すなわち $\int_{\mathbb{R}^d \setminus B(0,R)} |f(x)|\, dx \leq \varepsilon$ となる球 $B(0, R)$ が存在することを示せ．

(2)（可測関数はほとんど局所有界である）$f\colon \mathbb{R}^d \to \mathbb{C}$ を可測関数とし，$\varepsilon > 0$ とする．このとき，その外側では f が局所有界であるような，測度がたかだか ε の可測集合 $E \subset \mathbb{R}^d$ が存在することを示せ．ただし，f が E の外側で局所有界とは，任意の $R > 0$ に対して，すべての $x \in B(0,R) \setminus E$ において $|f(x)| \leq M$ となるような $M < \infty$ が存在することをいう．

注意 1.3.29 で述べたように，演習の (2) においては f が到る所（または少なくともほとんど到る所）有限であることがわかっているということが重要である．もし f が，たとえば，符号なしで，測度が正の集合上で $+\infty$ の値をとるようなものであれば，この結果はもちろん成り立たない．

1.4 抽象測度空間

ここまでのところは,ユークリッド空間 $\mathbb{R}^d$ のみに焦点を絞って測度と積分の理論を述べてきた。ここからは,ユークリッド空間 $\mathbb{R}^d$ をもっと一般的な空間 X に置き換え,抽象的で一般的な設定を考えることにしよう。

ところが,一般的な空間 X で測度と積分とをちゃんと定義しようと思うと,単に X だけが与えられていたのでは十分ではないのである。それに加えてさらに2つの情報を与えなければならない。それは,

(1) X の部分集合の中で,測量可能なものを集めたものである $\mathcal{B}$ と,

(2) 各可測集合 $E \in \mathcal{B}$ に対しての測量値である測度 $\mu(E) \in [0, +\infty]$ である。

たとえば,ルベーグ測度論は X が $\mathbb{R}^d$ で,$\mathcal{B}$ が $\mathbb{R}^d$ のルベーグ可測な部分集合すべてからなる集まり $\mathcal{B} = \mathcal{L}[\mathbb{R}^d]$ であり,$\mu(E)$ が E のルベーグ測度 $\mu(E) = m(E)$ である場合に対応している。

部分集合の集まり $\mathcal{B}$ はいくつかの公理(たとえば可算和集合に関して閉じているなど)を満たす必要があり,σ-集合代数になっている。これはよく知られているブール集合代数よりも強いものである。同様に,測度と積分の理論がユークリッド空間上のルベーグ理論と同じようなものになるためには,測度 μ もいくつかの公理(もっとも注意すべきは可算加法性の公理である)を満たす必要がある。これらの公理がすべて満たされているとき,3つを組にした $(X, \mathcal{B}, \mu)$ のことを測度空間という。これは,距離空間や位相空間といったものが抽象一般位相において,あるいはベクトル空間といったものが抽象線型代数において果たすのと同様の役割を抽象測度論において果たすことになる。

もちろん,抽象測度空間上では「基本集合」や「連続関数」のようなものは考えることができないのだから,このような一般的な設定では近似定理のほとんどは使うことができない。それにもかかわらず,どんな測度空間においても,前節でユークリッド空間上のルベーグ積分でやったのとほとんどまったく同じやり方で符号なしおよび絶対可積分な積分を考えることができる。さらに,ファトゥの補題,単調収束定理,優収束定理のような基本的な収束定理すら成り立つし,そ

れらの結果はここで述べる。

　この節であまり考えないことにする問題の一つは，では実際どのようにして測度の例で面白いものを作ることができるのかということである。この問題については 1.7 節で考えることにする（そのような構成をするにあたってもっとも強力な道具の一つであるリースの表現定理については，本書では扱わないのであるが，これについては An epsilon of room, Vol. I の §1.10 で述べる）。

1.4.1　ブール集合代数

まずブール集合代数について思い出しておこう。

> **定義 1.4.1.**（ブール集合代数）　X を集合とする。X 上の（具体的）ブール集合代数とは，X の部分集合の集まり $\mathcal{B}$ で次の性質を満たすもののことをいう。
> (1)（空集合）$\varnothing \in \mathcal{B}$ である。
> (2)（補集合）$E \in \mathcal{B}$ であれば，その補集合 $E^c := X \backslash E$ も $\mathcal{B}$ に入る。
> (3)（有限和集合）$E, F \in \mathcal{B}$ であれば，$E \cup F \in \mathcal{B}$ である。
> $E \in \mathcal{B}$ となっているとき，E は $\mathcal{B}$-可測である，あるいは $\mathcal{B}$ に関して可測であるなどということがある。
> 　X 上に 2 つのブール集合代数 $\mathcal{B}$ と $\mathcal{B}'$ が $\mathcal{B} \subset \mathcal{B}'$ となっているとき，$\mathcal{B}'$ は $\mathcal{B}$ よりも細かい，あるいは $\mathcal{B}$ の細密化であるといったり，または $\mathcal{B}$ は $\mathcal{B}'$ よりも粗い，$\mathcal{B}'$ の部分代数である，あるいは $\mathcal{B}'$ の粗大化であるなどという。

　ここではブール集合代数の「ミニマリスト」的な定義を採用した。つまり，2 つの基本的なブール演算，つまり補集合と有限和集合について閉じていることを仮定しているだけである。しかしながら（ド モルガンの法則のような）ブール集合代数の規則を用いれば，ブール集合代数は積集合 $E \cap F$，差集合 $E \backslash F$，対称差 $E \triangle F$ のような他のブール集合代数演算についても閉じていることが簡単にわかる。だから一般性を失うことなくブール集合代数の定義の中にこれらについて閉じているという性質を追加してもかまわない。しかしもし集合の集まり $\mathcal{B}$ が与えられて，それが本当にブール集合代数であることを確認しなければならないときには，公理はできる限り少なくしておいた方が楽である。

◆注意 1.4.2.　抽象ブール代数 $\mathcal{B}$ というのを考えることもできる。それは取り囲む領域と

しての X の中に入っているものである必要はない．積集合 $\cap$ と和集合 $\cup$ という具体的な演算の代わりに，交わり $\wedge$ と結び $\vee$ のような抽象ブール演算だけが定められているものである．ここではこのような抽象的な観点からは扱わないが，具体的ブール集合代数と抽象ブール代数との関係については An epsilon of room, Vol. I の §2.3 でストーンの定理として述べている．

◆例 1.4.3.（自明および離散集合代数）　ある集合 X が任意に与えられたとき，もっとも粗いブール集合代数は**自明集合代数** $\{\emptyset, X\}$ であり，これは可測集合が空集合と全体しかないものである．もっとも細かいブール集合代数は**離散集合代数** $2^X := \{E : E \subset X\}$ で，これはすべての部分集合が可測になるものである．これ以外のブール集合代数はすべてこの2つの極端なものの中間にある．つまり，自明集合代数よりも細かく，離散集合代数よりも粗い．

演習 1.4.1.（基本集合代数）　$\overline{\mathcal{E}[\mathbb{R}^d]}$ を基本集合か余基本集合（基本集合の補集合）のいずれかであるような $E \subset \mathbb{R}^d$ すべての集まりとする．このとき，$\overline{\mathcal{E}[\mathbb{R}^d]}$ はブール集合代数であることを示せ．この代数のことを**基本ブール集合代数**と呼ぶことにする．

◆例 1.4.4.（ジョルダン集合代数）　$\overline{\mathcal{J}[\mathbb{R}^d]}$ をジョルダン可測であるか，余ジョルダン可測（ジョルダン可測集合の補集合）な $\mathbb{R}^d$ の部分集合すべての集まりとする．このとき，$\overline{\mathcal{J}[\mathbb{R}^d]}$ は基本集合代数よりも細かいブール集合代数である．この代数のことを $\mathbb{R}^d$ 上の**ジョルダン集合代数**と呼ぶ（ただし，抽象代数学においてはジョルダン代数と呼ばれるまったく異なるものがあることに注意せよ）．

◆例 1.4.5.（ルベーグ集合代数）　$\mathcal{L}[\mathbb{R}^d]$ を $\mathbb{R}^d$ のルベーグ可測な部分集合すべての集まりとする．すると $\mathcal{L}[\mathbb{R}^d]$ はジョルダン集合代数よりも細かいブール集合代数である．これを $\mathbb{R}^d$ 上の**ルベーグ集合代数**と呼ぶ．

◆例 1.4.6.（零集合代数）　$\mathcal{N}(\mathbb{R}^d)$ をルベーグ零集合または余ルベーグ零集合（零集合の補集合）すべての集まりとする．すると $\mathcal{N}(\mathbb{R}^d)$ はルベーグ集合代数よりも粗いブール集合代数である．これを $\mathbb{R}^d$ 上の**零集合代数**と呼ぶ．

演習 1.4.2.（制限）*　$\mathcal{B}$ をある集合 X 上のブール集合代数とし，Y を X の（$\mathcal{B}$-可測とは限らない）部分集合とする．このとき，$\mathcal{B}$ の Y への制限 $\mathcal{B}|_Y := \{E \cap Y : E \in \mathcal{B}\}$ は Y 上のブール集合代数であることを示せ．また，もし Y が $\mathcal{B}$-可測であれば，

$$\mathcal{B}|_Y = \mathcal{B} \cap 2^Y = \{E \subset Y : E \in \mathcal{B}\}$$

であることを示せ．

◆例 1.4.7.（原子集合代数）　X は互いに交わらない集合 A_α によって $X = \bigcup_{\alpha \in I} A_\alpha$ と

1.4.1 ブール集合代数

分割されているとする。このとき, A_α を**原子**と呼ぶ。すると, この分割はある $J \subset I$ によって $E = \underset{\alpha \in J}{\cup} A_\alpha$ という形になる集合 E すべてからなる集まりによってブール集合代数 $\mathcal{A}((A_\alpha)_{\alpha \in I})$ を生成する。つまり, $\mathcal{A}((A_\alpha)_{\alpha \in I})$ は 1 つ以上の原子の和として表されるような集合すべての集まりである。これがブール集合代数であることは簡単に確かめられるので, それを $(A_\alpha)_{\alpha \in I}$ による**原子集合代数**と呼ぶ。自明集合代数はただ 1 つの原子からなる自明な分割 $X = X$ に対応しており, 離散集合代数はただ 1 つの元からなる原子による離散分割 $X = \underset{x \in X}{\cup} \{x\}$ に対応している。もっと一般的に言えば, より細かな (あるいは粗い) 分割から, より細かな (あるいは粗い) 原子集合代数が生成される。この定義においては分割に現れる原子の中に空集合が入っていてもよいが, あきらかに空の原子はできあがる原子集合代数に影響を及ぼさないので, 一般性を失うことなく空の原子を取り除いてしまってよく, 従ってもし望むのであればすべての原子は空でないと仮定してよい。

◆例 1.4.8. (2 進集合代数) n を整数とする。$\mathbb{R}^d$ における尺度 2^{-n} の **2 進集合代数** $\mathcal{D}_n(\mathbb{R}^d)$ とは,
$$\left[\frac{i_1}{2^n}, \frac{i_1+1}{2^n}\right) \times \cdots \times \left[\frac{i_d}{2^n}, \frac{i_d+1}{2^n}\right)$$
の形をした長さ 2^{-n} の **2 進半開立方体** (演習 1.1.14 を見よ) で生成される原子集合代数のことをいう。このブール集合代数は n が増えると増大する。つまり, $\mathcal{D}_{n+1} \supset \mathcal{D}_n$ である。これが, 基本・ジョルダン・ルベーグ・零・離散・自明の各代数たちとどのような関係にあるかという図式をかいてみよ。

◆注意 1.4.9. 2 進集合代数というのは, 最近のコンピュータの液晶画面での解像度に似ている。液晶画面は空間を正方形のピクセルに分割して表示している。解像度の低い画面 (つまり各ピクセルが大きい) というのは,「がたがたした」表示しかできず, それで表示できる図形の種類は少ない。逆に高解像度の画面ではもっと多くの画像をちゃんと表示できる。

演習 1.4.3.* 番号の付け直しを除くと, 原子集合代数からその空でない原子が決まることを示せ。もっと正確にいうと, A_α と $A'_{\alpha'}$ を空でない原子として, X を $X = \underset{\alpha \in I}{\cup} A_\alpha = \underset{\alpha' \in I'}{\cup} A'_{\alpha'}$ と 2 通りに分割しているとすると, $\mathcal{A}((A_\alpha)_{\alpha \in I}) = \mathcal{A}((A'_{\alpha'})_{\alpha' \in I'})$ である必要十分条件はすべての $\alpha \in I$ で $A'_{\phi(\alpha)} = A_\alpha$ となる全単射 $\phi: I \to I'$ が存在することである。

次の 2 つ演習問題からわかるように, 多くのブール集合代数は原子的であるがそうでないものも多い。

演習 1.4.4.* 有限ブール集合代数は原子集合代数であることを示せ。(ブール集合代数 $\mathcal{B}$ が**有限**であるとは, その濃度が有限であることをいう。つまり, 有限個の可測集合しか持たないことである。) このことから, 有限ブール集合代数の濃度は, ある自然数 n を使って 2^n の形になる。この演習と, 演習 1.4.3 から X 上の有限ブール集合代数と X の

空でない集合への有限分割との間には（番号付けのやり方を除けば）1 対 1 の対応があることがわかる。

演習 1.4.5. 基本・ジョルダン・ルベーグ・零の各代数は原子集合代数ではないことを示せ。（ヒント：矛盾によって示せ。もしそれらの代数が原子的であるなら，原子はどのようなものでなければならないか。）

さて，ブール集合代数を生成する方法について，さらにいくつか述べておこう。

演習 1.4.6. （集合代数の共通部分）* $(\mathcal{B}_\alpha)_{\alpha \in I}$ を（無限や非可算でもよい）添え字集合 I を持つ集合 X 上のブール集合代数の族とする。このとき，その共通部分 $\bigwedge_{\alpha \in I} \mathcal{B}_\alpha := \bigcap_{\alpha \in I} \mathcal{B}_\alpha$ はやはりブール集合代数であり，どの $\mathcal{B}_\alpha$ よりも粗いブール集合代数でもっとも細かいものであることを示せ。（もし I が空であれば $\bigwedge_{\alpha \in I} \mathcal{B}_\alpha$ は離散集合代数を表すとする。）

定義 1.4.10. （集合代数の生成） $\mathcal{F}$ を X の部分集合の任意の集まりとする。$\langle \mathcal{F} \rangle_{\text{bool}}$ を $\mathcal{F}$ を含むブール集合代数すべての共通部分とする。これは演習 1.4.6 から再びブール集合代数となる。同値であるが，$\langle \mathcal{F} \rangle_{\text{bool}}$ は $\mathcal{F}$ を含むもっとも粗いブール集合代数である。$\langle \mathcal{F} \rangle_{\text{bool}}$ を $\mathcal{F}$ が**生成する**ブール集合代数という。

◆**例 1.4.11.** $\mathcal{F}$ がブール集合代数である必要十分条件は $\langle \mathcal{F} \rangle_{\text{bool}} = \mathcal{F}$ となることである。従ってブール集合代数は自分自身によって生成されている。

演習 1.4.7. * 基本集合代数 $\mathcal{E}(\mathbb{R}^d)$ は $\mathbb{R}^d$ の直方体の全体によって生成されていることを示せ。

演習 1.4.8. * n を自然数とする。$\mathcal{F}$ が n 個の集合の集まりであるとすると，$\langle \mathcal{F} \rangle_{\text{bool}}$ は濃度がたかだか 2^{2^n} である有限ブール集合代数であることを示せ（とくに，有限個の集合は有限代数を生成する）。この上限がもっともよいものであることを例を挙げて示せ。（ヒント：後半については離散立方体 $X = \{0,1\}^n$ のような離散的な全体集合を使えば便利かもしれない。）

ブール集合代数 $\langle \mathcal{F} \rangle_{\text{bool}}$ は $\mathcal{F}$ を使って明示的に書き下すことができる。

演習 1.4.9. （生成されたブール集合代数の再帰的記述）* $\mathcal{F}$ を集合 X の部分集合の集まりとする。さらに，$\mathcal{F}_0, \mathcal{F}_1, \mathcal{F}_2, \ldots$ を再帰的に次のように定義する。

(1) $\mathcal{F}_0 := \mathcal{F}$ とおく。

(2) 各 $n \geq 1$ に対して,$\mathcal{F}_{n-1}$ に含まれている集合の有限和集合(空和集合である $\varnothing$ を含む)やそのような和集合の補集合であるもの全体からなる集まりを $\mathcal{F}_n$ とおく。このとき,$\langle \mathcal{F} \rangle_{\mathrm{bool}} = \bigcup_{n=0}^{\infty} \mathcal{F}_n$ であることを示せ。

1.4.2　σ-集合代数と可測空間

極限操作についてうまく取り扱えるような測度や積分の理論を作ろうとすると,ブール集合代数における有限和集合の公理では不十分で,可算和集合の公理を持つようにしておかなければならない。

> **定義 1.4.12.** (シグマ集合代数)　X を集合とする。X 上の **σ-集合代数**とは,次の性質を満たすような X 上の部分集合の集まり $\mathcal{B}$ のことである。
> (1) (空集合) $\varnothing \in \mathcal{B}$ である。
> (2) (補集合) $E \in \mathcal{B}$ であれば,その補集合 $E^c := X \setminus E$ も $\mathcal{B}$ に含まれる。
> (3) (可算和集合) $E_1, E_2, \ldots \in \mathcal{B}$ であれば $\bigcup_{n=1}^{\infty} E_n \in \mathcal{B}$ である。
> 集合 X と,その集合上の σ-集合代数との組 $(X, \mathcal{B})$ のことを**可測空間**という。

◆**注意 1.4.13.** σ という接頭語は,通常「可算和集合」を表す。この接頭語を持っている他の例としては **σ-コンパクト位相空間**(コンパクト集合の可算和集合),**σ-有限測度空間**(測度有限な集合の可算和集合),F_σ **集合**(閉集合の可算和集合)などがある。

ド モルガンの法則(これは有限のときと同様に,無限の和集合や積集合に対しても正しい)から,σ-集合代数は,可算和集合だけでなく可算の積集合に対しても閉じていることがわかる。

有限和集合というのは,空集合を使うと可算和集合にできるのだから,σ-集合代数というのは自動的にブール集合代数であることがわかる。だから,σ-集合代数に対する可測性や,ある σ-集合代数が他のものよりも粗いとか細かいというような概念は自動的に考えることができるようになる。

演習 1.4.10.　すべての原子集合代数は σ-集合代数であることを示せ。とくに,自明集合代数や離散集合代数は σ-集合代数であり,有限代数やユークリッド空間上の 2 進集合代数もそうである。

演習 1.4.11.　ルベーグ集合代数や零集合代数が σ-集合代数であり,基本集合代数やジョ

ルダン集合代数はそうではないことを示せ。

演習 1.4.12. σ-集合代数 $\mathcal{B}$ を X の部分空間 Y へ制限（演習 1.4.2 で定義）したもの $\mathcal{B}|_Y$ は再びその部分空間 Y 上の σ-集合代数であることを示せ。

演習 1.4.6 とまったく同じことが成り立つ。

演習 1.4.13.（σ-集合代数の共通部分）* 任意の（無限や非可算でもよい）個数の σ-集合代数 $\mathcal{B}_\alpha$ の共通部分 $\bigwedge_{\alpha \in I} \mathcal{B}_\alpha := \bigcap_{\alpha \in I} \mathcal{B}_\alpha$ は再び σ-集合代数であり、これはどの $\mathcal{B}_\alpha$ よりも粗いものの中でもっとも細かい σ-集合代数である。

同様に生成についても考えられる。

> **定義 1.4.14.（σ-集合代数の生成）** $\mathcal{F}$ を X の部分集合の任意の集まりとする。$\langle \mathcal{F} \rangle$ を $\mathcal{F}$ を含む σ-集合代数すべての共通部分と定義する。するとこれは演習 1.4.13 から再び σ-集合代数となる。同値であるが、$\langle \mathcal{F} \rangle$ は $\mathcal{F}$ を含むもっとも粗い σ-集合代数である。$\langle \mathcal{F} \rangle$ を $\mathcal{F}$ が生成する σ-集合代数という。

すべての σ-集合代数はブール集合代数なのだから、いうまでもなく

$$\langle \mathcal{F} \rangle_{\mathrm{bool}} \subset \langle \mathcal{F} \rangle$$

という包含関係が従う。しかし、両辺が等しくなる必要はない。これが等しくなる必要十分条件は $\langle \mathcal{F} \rangle_{\mathrm{bool}}$ が σ-集合代数であることである。たとえば、もし $\mathcal{F}$ が $\mathbb{R}^d$ の直方体すべてを集めたものとすると $\langle \mathcal{F} \rangle_{\mathrm{bool}}$ は基本集合代数である（演習 1.4.7）。ところが、これは σ-集合代数にはならないのだから、$\langle \mathcal{F} \rangle$ に等しくなることはできない。

◆**注意 1.4.15.** 定義によって、次のような、数学的帰納法に似ているといってもよい原理が成り立っていることはあきらかである。すなわち、もし $\mathcal{F}$ が X の集合からなる集まりとし、$P(E)$ を $E \subset X$ に関する何かの性質で、次のような公理に従うものとする。
(1) $P(\emptyset)$ は真である。
(2) $P(E)$ はすべての $E \in \mathcal{F}$ に対して真である。
(3) もし $P(E)$ がある $E \subset X$ に対して真であれば、$P(X \setminus E)$ もまた真である。
(4) もし $E_1, E_2, \cdots \subset X$ がすべての n で $P(E_n)$ が真であるようなものとすると、$P\left(\bigcup_{n=1}^{\infty} E_n\right)$ もまた真である。

すると、$P(E)$ はすべての $E \in \langle \mathcal{F} \rangle$ に対して真であることがいえる。実際 $P(E)$ が成り立つような E すべてからなる集合は $\mathcal{F}$ を含む σ-集合代数であるから、主張がわかる。この原理はボレル可測集合の性質を導くためにとくに有用である（下を見よ）。

ここで σ-集合代数の重要な例に戻ることにしよう。

> **定義 1.4.16.**（ボレル σ-集合代数）X を距離空間，またはもっと一般に位相空間とする。このとき，X の開集合すべてが生成する σ-集合代数 $\mathcal{B}[X]$ を X のボレル σ-集合代数という。$\mathcal{B}[X]$ の元はボレル可測と呼ばれる。

だから，たとえばボレル σ-集合代数は開集合，閉集合（これは開集合の補集合），閉集合の可算和集合（F_σ 集合という），開集合の可算積集合（G_δ 集合という），F_σ 集合の可算積集合，などなどといったものをすべて含んでいる。

$\mathbb{R}^d$ においては開集合はつねにルベーグ可測であるから，ボレル σ-集合代数はルベーグ σ-集合代数よりも粗いということがわかる。少し後でこれら 2 つの σ-集合代数は等しくないということもわかるであろう。

いまボレル σ-集合代数を開集合から生成されるものとして定義したが，実はこれはほかのものからも生成させることができる。

> **演習 1.4.14.** * ユークリッド空間のボレル σ-集合代数は次のいずれの集合の集まりからも生成されることを示せ。
> (1) $\mathbb{R}^d$ の開集合全体
> (2) $\mathbb{R}^d$ の閉集合全体
> (3) $\mathbb{R}^d$ のコンパクト集合全体
> (4) $\mathbb{R}^d$ の開球全体
> (5) $\mathbb{R}^d$ の直方体全体
> (6) $\mathbb{R}^d$ の基本集合全体
> （ヒント：2 つの集合の集まり $\mathcal{F}$ と $\mathcal{F}'$ が同じ σ-集合代数を生成することを示すには，$\mathcal{F}$ を含む σ-集合代数が $\mathcal{F}'$ を含むこと，およびその逆をいえば十分である。）

演習 1.4.9 と類似の結果が成り立つが，これによって生成された σ-集合代数が，同じように生成されたブール集合代数よりも「大きい」ことがわかる。

> **演習 1.4.15.**（生成された σ-集合代数の再帰的記述）* （この演習では，基数の理論について知っているとしている。それについては An epsilon of room, Vol. I の §2.4 で説明してある。この教科書全体を通して選択公理を仮定していることを思い出すように。）$\mathcal{F}$ をある集合 X の部分集合の集まりとし，ω_1 を第一非可算基数とする。任意の可算基数 $\alpha \in \omega_1$ に対して，集合 $\mathcal{F}_\alpha$ を次のように超限帰納法によって定義する。
> (1) $\mathcal{F}_\alpha := \mathcal{F}$ とする。
> (2) 可算の後続基数 $\alpha = \beta + 1$ に対して，$\mathcal{F}_\beta$ に含まれるたかだか可算個の集合の和集合かその補集合になるような集合すべてを集めたものを $\mathcal{F}_\alpha$ とおく。

(3)極限基数 $\alpha = \sup_{\beta < \alpha} \beta$ に対して，$\mathcal{F}_\alpha := \bigcup_{\beta < \alpha} \mathcal{F}_\beta$ と定める．
このとき，$\langle \mathcal{F} \rangle = \bigcup_{\alpha \in \omega_1} \mathcal{F}_\alpha$ であることを示せ．

◆注意 1.4.17. 第一非可算基数である ω_1 はここや An epsilon of room, Vol. I において何度か特別出演してもらうことになる．たとえば一般位相に関わる見た目にはもっともらしい命題に対して反例を作るような場合である．$\mathcal{F}$ が位相空間における開集合の集まりである場合，$\langle \mathcal{F} \rangle$ はボレル σ-集合代数になるが，$\mathcal{F}_\alpha$ であるような集合は，本質的にボレル**階層**（開集合と閉集合をあわせたものから始まり，次に F_σ 集合と G_δ 集合をあわせたものに続き，さらに進んでいく）である．そして，これは**記述集合論**において重要になる．

演習 1.4.16.* （この演習は**基数**の理論について知っているとしている．）$\mathcal{F}$ を濃度 κ の集合 X の部分集合を無限個集めたものとする（従って κ は無限基数である）．このとき，$\langle \mathcal{F} \rangle$ の濃度はたかだか $\kappa^{\aleph_0}$ であることを示せ．（ヒント：演習 1.4.15 を使え．）とくに，ボレル σ-集合代数 $\mathcal{B}[\mathbb{R}^d]$ の濃度はたかだか $c := 2^{\aleph_0}$ であることを示せ．

これから，$\mathbb{R}^d$ のジョルダン可測集合（従ってルベーグ可測集合）でボレル可測でないものが存在することを導け．（ヒント：それにカントール集合の部分集合がどれくらいたくさん入っているか．）このことを用いて，ボレル σ-集合代数を演習 1.4.8 でかいた図式の中に挿入せよ．

◆注意 1.4.18. ルベーグ可測な部分集合がかならずしもボレル集合ではないということをこのように証明したわけであるが，もし具体的に指定した集合がボレル可測ではないということを示そうと思ったら（不可能ではないにせよ）驚くほど難しい．実際，我々が実際に目にする具体的に構成できる集合の大部分はボレル可測であり，ボレル可測性が持っているこのような性質をある種の「構成可能」性と理解してもよい．（実際にきわめて荒い第一近似としては，ボレル可測集合というのは「可算で記述できる複雑性」を持つ集合のことであり，これが有限記述性を持つ集合がジョルダン可測になることと対照的なところである（もちろんそれらは有界だと仮定しての話である））．

演習 1.4.17. E と F をそれぞれ $\mathbb{R}^{d_1}$ と $\mathbb{R}^{d_2}$ のボレル可測な部分集合とする．このとき，$E \times F$ は $\mathbb{R}^{d_1+d_2}$ のボレル可測な部分集合であることを示せ．（ヒント：注意 1.4.15 を使って，最初に F が直方体であるときに示せ．その後で注意 1.4.15 を再び使え．）

今の演習は，部分的に逆も成り立つ．

演習 1.4.18. E を $\mathbb{R}^{d_1+d_2}$ のボレル可測な部分集合とする．
(1)各 $x_1 \in \mathbb{R}^{d_1}$ に対して，断面 $\{x_2 \in \mathbb{R}^{d_2} : (x_1, x_2) \in E\}$ は $\mathbb{R}^{d_2}$ のボレル可測な部分集合であることを示せ．同様に，各 $x_2 \in \mathbb{R}^{d_2}$ に対して，断面 $\{x_1 \in \mathbb{R}^{d_1} : (x_1, x_2) \in E\}$ は $\mathbb{R}^{d_1}$ のボレル可測な部分集合であることを示せ．

(2) この主張は,「ボレル」を「ルベーグ」に変えると正しくないことを反例を挙げて示せ。(ヒント:もしある集合が可測でなかったとしても,一点からなる集合と直積をとると零集合である。)

演習 1.4.19. $\mathbb{R}^d$ のルベーグ σ-集合代数は,ボレル σ-集合代数と零 σ-集合代数とをあわせたものによって生成されていることを示せ。

1.4.3　可算加法的測度と測度空間

ここまでで可測空間について説明したので,この構造に測度を追加しよう。

そのために,我々の目的のためには弱すぎるものではあるけれども,まずは有限加法的な理論から始めよう。その後ですぐに可算加法的な理論に置き換えることにする。

定義 1.4.19.(有限加法的測度)　$\mathcal{B}$ を集合 X 上のブール集合代数とする。μ が $\mathcal{B}$ 上の(符号なし)有限加法的測度であるとは,写像 $\mu \colon \mathcal{B} \to [0, +\infty]$ で次の公理を満たしていることをいう。

(1)(空集合)$\mu(\varnothing) = 0$ である。

(2)(有限加法性)$E, F \in \mathcal{B}$ が共通部分を持たなければ $\mu(E \cup F) = \mu(E) + \mu(F)$ が成り立つ。

◆**注意 1.4.20.**　空集合に対する公理は,すべての集合(空集合も含む)が無限の測度を持つという状況になるのを避けるために必要である。

◆**例 1.4.21.**　ルベーグ測度 m はルベーグ σ-集合代数上の有限加法的測度である。従って,(零集合代数,ジョルダン集合代数,または基本集合代数のような)すべての部分代数上の有限加法的測度である。とくにジョルダン測度や基本測度は有限加法的である(ジョルダン可測集合の補集合はジョルダン測度が無限大,基本集合の補集合は基本測度が無限大であると約束しておく)。

その一方で,前節で述べたように,ルベーグ外測度は離散集合代数上で有限加法的でなく,ジョルダン外測度はルベーグ集合代数上で有限加法的でない。

◆**例 1.4.22.**(ディラク測度)　$x \in X$ で $\mathcal{B}$ を X 上の任意のブール集合代数とする。このとき,x におけるディラク測度 δ_x を $\delta_x(E) := 1_E(x)$ で定義すると,有限加法的である。

◆**例 1.4.23.**(零測度)　零測度 $0 \colon E \mapsto 0$ はどんなブール集合代数上でも有限加法的で

ある。

◆例 1.4.24. (測度の線形結合) $\mathcal{B}$ を X 上のブール集合代数とし, $\mu, \nu\colon \mathcal{B} \to [0, +\infty]$ を $\mathcal{B}$ 上の有限加法的測度とする。このとき,$\mu+\nu\colon E \mapsto \mu(E)+\nu(E)$ や, $c\in[0,+\infty]$ として $c\mu\colon E \mapsto c\times\mu(E)$ も有限加法的測度である。従って,たとえばルベーグ測度とディラク測度を加えたものもルベーグ集合代数上の（あるいはそれのどんな部分代数上でも）有限加法的測度である。

◆例 1.4.25. (測度の制限) $\mathcal{B}$ を X 上のブール集合代数とし, $\mu\colon\mathcal{B}\to[0,+\infty]$ を有限加法的測度とする。Y が $\mathcal{B}$-可測な X の部分集合として, $\mathcal{B}|_Y$ を $E\in\mathcal{B}|_Y$ とは $E\in\mathcal{B}$ かつ $E\subset Y$ であることと定める。このとき, $\mathcal{B}|_Y$ 上に制限した測度 $\mu|_Y\colon\mathcal{B}|_Y\to[0,+\infty]$ を $E\in\mathcal{B}|_Y$ のときに $\mu|_Y(E):=\mu(E)$ と定義すると,これも有限加法的測度である。

◆例 1.4.26. (計数測度) $\mathcal{B}$ を X 上のブール集合代数とする。このとき,関数 $\#\colon\mathcal{B}\to[0,+\infty]$ を, E が有限集合のときには $\#(E)$ はその濃度であり, E が無限集合のときには無限大として定めると,これは有限加法的測度である。これは**計数測度**と呼ばれる。

ブール集合代数や σ-集合代数ときにやったように，ここでも「ミニマリスト」的定義を採用しているので，この公理は確認しやすい。しかしそれから役に立つ性質を導くことができる。

> 演習 1.4.20. $\mu\colon\mathcal{B}\to[0,+\infty]$ をブール集合代数 $\mathcal{B}$ 上の有限加法的測度とする。このとき，次が成り立つことを示せ。
> (1)(単調性) E, F が $\mathcal{B}$-可測で $E\subset F$ であれば, $\mu(E)\leq\mu(F)$ である。
> (2)(有限加法性) k を自然数とし, $E_1,\dots,E_k$ は $\mathcal{B}$-可測で共通部分を持たないとする。すると $\mu(E_1\cup\cdots\cup E_k)=\mu(E_1)+\cdots+\mu(E_k)$ となる。
> (3)(有限劣加法性) k を自然数とし, $E_1,\dots,E_k$ が $\mathcal{B}$-可測であるとする。すると $\mu(E_1\cup\cdots\cup E_k)\leq\mu(E_1)+\cdots+\mu(E_k)$ となる。
> (4)(2つの集合に対する包除) E, F が $\mathcal{B}$-可測であれば, $\mu(E\cup F)+\mu(E\cap F)=\mu(E)+\mu(F)$ となる。
> (注意：もし c が無限大なら，簡約法則 $a+c=b+c \implies a=b$ は $[0,+\infty]$ では成り立たないことを思い出すように。だから項を消去（したり引き算）したりすることは可能であれば避けるべきである。)

集合代数が有限であれば，測度というのは完全に特徴付けることができる。

> 演習 1.4.21. $\mathcal{B}$ は空でない有限個の原子の集まり $A_1,\dots,A_k$ で生成されている有限ブール集合代数とする。このとき, $\mathcal{B}$ 上の有限加法的測度 μ に対して,
> $$\mu(E)=\sum_{1\leq j\leq k:\,A_j\subset E} c_j$$

となる $c_1,\ldots,c_k \in [0,+\infty]$ が存在することを示せ。同値であるが，各 $1 \leq j \leq k$ に対して x_j が A_j に含まれる点とすると，
$$\mu = \sum_{j=1}^{k} c_j \delta_{x_j}$$
である。さらに，$c_1,\ldots,c_k$ は μ から一意的に決まることを示せ。

有限加法的測度というものについて，一般論として言えるようなことというのはだいたいこの程度である。そこで，次に σ-集合代数上の**可算加法的測度**について考えることにしよう。

定義 1.4.27.（可算加法的測度） $(X,\mathcal{B})$ を可測空間とする。μ が $\mathcal{B}$ 上の（符号なし）**可算加法的測度**，あるいは単に**測度**であるとは，写像 $\mu\colon \mathcal{B} \to [0,+\infty]$ で次の公理を満たすもののことである。
(1)（空集合）$\mu(\emptyset) = 0$ である。
(2)（可算加法性）$E_1, E_2, \cdots \in \mathcal{B}$ が可測集合の可算列で互いに交わらないものであれば，$\mu\left(\bigcup_{n=1}^{\infty} E_n\right) = \sum_{n=1}^{\infty} \mu(E_n)$ となる。
$(X,\mathcal{B})$ を可測空間とし，$\mu\colon \mathcal{B} \to [0,+\infty]$ が可算加法的な測度であるとき，3つの組 $(X,\mathcal{B},\mu)$ を**測度空間**と呼ぶ。

測度空間と可測空間の違いについて注意しておこう。可測空間というのは，測度を備えることができると言っており，測度空間というのは実際に測度を備えているということである。

◆**例 1.4.28.** ルベーグ測度はルベーグ σ-集合代数上の可算加法的測度であり，従って（ボレル σ-集合代数のような）任意の部分 σ-集合代数上でもそうである。

◆**例 1.4.29.** 例 1.4.22 のディラク測度は可算加法的であり，計数測度も同様である。

◆**例 1.4.30.** 可算加法的測度を可測部分空間に制限したものも可算加法的である。

演習 1.4.22.（測度の可算結合）* $(X,\mathcal{B})$ を可測空間とする。
(1) μ が $\mathcal{B}$ 上の可算加法的測度で，$c \in [0,+\infty]$ であれば，$c\mu$ も可算加法的である。
(2) $\mu_1, \mu_2, \ldots$ が $\mathcal{B}$ 上の可算加法的測度の列であれば，その和 $\sum_{n=1}^{\infty} \mu_n : E \mapsto \sum_{n=1}^{\infty} \mu_n(E)$ も可算加法的測度である。

可算加法的測度というのは，（有限の和集合に空集合を加えることで可算和集合に変更できるから）当然有限加法的でなければならない。だから可算加法的測度

というのは，有限加法的測度が持っている単調性や有限劣加法性といった性質をすべて引き継いでいる．しかし，さらに追加の性質も持っている．

演習 1.4.23. * $(X, \mathcal{B}, \mu)$ を測度空間とする．このとき次を示せ．

(1)(可算劣加法性) $E_1, E_2, \ldots$ が $\mathcal{B}$-可測であれば，$\mu\left(\bigcup_{n=1}^{\infty} E_n\right) \leq \sum_{n=1}^{\infty} \mu(E_n)$ である．

(2)(上向き単調収束) $E_1 \subset E_2 \subset \cdots$ が $\mathcal{B}$-可測であれば，
$$\mu\left(\bigcup_{n=1}^{\infty} E_n\right) = \lim_{n \to \infty} \mu(E_n) = \sup_n \mu(E_n)$$
が成り立つ．

(3)(下向き単調収束) $E_1 \supset E_2 \supset \cdots$ が $\mathcal{B}$-可測であり，少なくとも 1 つの n について $\mu(E_n) < \infty$ であれば，
$$\mu\left(\bigcap_{n=1}^{\infty} E_n\right) = \lim_{n \to \infty} \mu(E_n) = \inf_n \mu(E_n)$$
が成り立つ．

さらに，下向き単調収束において，少なくとも 1 つの n で $\mu(E_n) < \infty$ という仮定を外してしまうと主張が成り立たないことがあるということを示せ．(ヒント：演習 1.2.11 の解答を真似よ．)

演習 1.4.24. (集合に対する優収束)* $(X, \mathcal{B}, \mu)$ を測度空間とする．$E_1, E_2, \ldots$ は $\mathcal{B}$-可測な集合の列で，1_{E_n} が 1_E に各点収束するという意味で，ある集合 E に収束しているとする．

(1) E も $\mathcal{B}$-可測であることを示せ．

(2) もし有限の測度を持つ $\mathcal{B}$-可測集合 F (つまり $\mu(F) < \infty$) で，すべての E_n を含んでいるものが存在するならば，$\lim_{n \to \infty} \mu(E_n) = \mu(E)$ であることを示せ．(ヒント：$\bigcup_{n > N}(E_n \Delta E)$ に対して下向き単調性を使え．)

(3) 上の問で，もし E_n が測度有限の集合に含まれているという仮定を外してしまうと，成り立たないことがあるということを示せ．

演習 1.4.25. X を離散 σ-集合代数を持つたかだか可算な集合とする．このとき，この可測空間上の任意の測度 μ は，ある $c_x \in [0, +\infty]$ を用いて
$$\mu = \sum_{x \in X} c_x \delta_x$$
と表され，従ってすべての $E \subset X$ に対して
$$\mu(E) = \sum_{x \in E} c_x$$
となることを示せ．(この主張は非可算集合では成り立たないが，それを示すには少し技がいる．)

完備性という，いくつかの測度空間が満たしている性質は使い勝手がよいものである．

定義 1.4.31.（完備性） 測度空間 $(X, \mathcal{B}, \mu)$ の**零集合**とは，$\mathcal{B}$-可測集合で，測度が 0 のものとして定義される．零集合の部分集合は**部分零集合**という．測度空間が**完備**であるとは，任意の部分零集合が零集合であることをいう．

従って，たとえばルベーグ測度空間 $(\mathbb{R}^d, \mathcal{L}[\mathbb{R}^d], m)$ は完備であるが，ボレル測度空間 $(\mathbb{R}^d, \mathcal{B}[\mathbb{R}^d], m)$ は（演習 1.4.16 の解からわかるように）そうではない．

完備というのは，ほとんど到る所で成り立つ性質を扱おうというときを始めとして，いくつかの局面で便利な性質である．しかもよいことに，どんな測度空間も完備であるように簡単に修正してしまうことができる．

演習 1.4.26.（完備化）* $(X, \mathcal{B}, \mu)$ を測度空間とする．このとき，$(X, \mathcal{B}, \mu)$ の細密化で，それが完備であるようなもののうちもっとも粗いものである $(X, \overline{\mathcal{B}}, \overline{\mu})$ がただ 1 つ存在することを示せ．それを $(X, \mathcal{B}, \mu)$ の**完備化**という．さらに，$\overline{\mathcal{B}}$ は，$\mathcal{B}$-部分零集合の分だけ $\mathcal{B}$-可測集合とは異なっているような集合からできていることを示せ．

演習 1.4.27. ルベーグ測度空間 $(\mathbb{R}^d, \mathcal{L}[\mathbb{R}^d], m)$ はボレル測度空間 $(\mathbb{R}^d, \mathcal{B}[\mathbb{R}^d], m)$ の完備化であることを示せ．

演習 1.4.28.（ブール集合代数による近似）* $\mathcal{A}$ を X 上のブール集合代数とする．さらに μ を $\langle \mathcal{A} \rangle$ 上の測度とする．
 (1) もし $\mu(X) < \infty$ であれば，すべての $E \in \langle \mathcal{A} \rangle$ と $\varepsilon > 0$ に対して，$\mu(E \Delta F) < \varepsilon$ となるような $F \in \mathcal{A}$ が存在することを示せ．
 (2) もっと一般に，X は，どの n でも $\mu(A_n) < \infty$ となっている集合 $A_1, A_2, \ldots \in \mathcal{A}$ によって $X = \bigcup_{n=1}^{\infty} A_n$ と表されているものとする．このとき，測度が有限であるような $E \in \langle \mathcal{A} \rangle$ と $\varepsilon > 0$ に対して，$\mu(E \Delta F) < \varepsilon$ となる $F \in \mathcal{A}$ が存在することを示せ．

1.4.4 可測関数と測度空間上の積分

今や測度空間上の積分を定義する準備は整った．まず最初に**可測関数**という概念が必要になる．これは位相論における連続関数という概念に似たようなものである．ここで 2 つの位相空間 X, Y の間の関数 $f: X \to Y$ が連続であるというの

は，任意の開集合の逆像 $f^{-1}(U)$ が開であるということだったのを思い出しておこう。似た考え方で，

> **定義 1.4.32.** $(X, \mathcal{B})$ を可測空間とし，$f\colon X \to [0, +\infty]$ や $f\colon X \to \mathbb{C}$ を符号なしや複素数値の関数とする。f が**可測**であるとは，$[0, +\infty]$ や $\mathbb{C}$ の任意の開集合 U の逆像 $f^{-1}(U)$ が $\mathcal{B}$-可測であることをいう。

補題 1.3.9 によれば，この定義がルベーグ可測関数を一般化したものであることがわかる。

演習 1.4.29.* $(X, \mathcal{B})$ を可測空間とする。
(1) 関数 $f\colon X \to [0, +\infty]$ が可測である必要十分条件は，その等位集合 $\{x \in X : f(x) > \lambda\}$ が $\mathcal{B}$-可測であることを示せ。
(2) ある集合 $E \subset X$ の指示関数 1_E が可測である必要十分条件は，E 自身が $\mathcal{B}$-可測であることを示せ。
(3) 関数 $f\colon X \to [0, +\infty]$ や $f\colon X \to \mathbb{C}$ が可測である必要十分条件は，$[0, +\infty]$ や $\mathbb{C}$ の任意のボレル可測な部分集合 E の逆像 $f^{-1}(E)$ が $\mathcal{B}$-可測であることを示せ。
(4) 関数 $f\colon X \to \mathbb{C}$ が可測である必要十分条件は，その実部と虚部が可測であることを示せ。
(5) 関数 $f\colon X \to \mathbb{R}$ が可測である必要十分条件は，その正部分と負部分の大きさである $f_+ := \max(f, 0)$ と $f_- := \max(-f, 0)$ が可測であることを示せ。
(6) $f_n\colon X \to [0, +\infty]$ が可測関数の列で，極限 $f\colon X \to [0, +\infty]$ に各点収束しているならば，f も可測であることを示せ。さらに，$[0, +\infty]$ を $\mathbb{C}$ に置き換えて同じ主張を示せ。
(7) $f\colon X \to [0, +\infty]$ が可測で $\phi\colon [0, +\infty] \to [0, +\infty]$ が連続であれば，$\phi \circ f$ は可測であることを示せ。さらに，$[0, +\infty]$ を $\mathbb{C}$ に置き換えて同じ主張を示せ。
(8) $[0, +\infty]$ や $\mathbb{C}$ に値をとる 2 つの可測関数の和や積も可測であることを示せ。

◆**注意 1.4.33.** 可測関数というのをもっと**圏論的**なやり方でとらえることもできる。このとき，可測空間 $(X, \mathcal{B})$ から他の可測空間 $(Y, \mathcal{C})$ への**可測な射**あるいは**可測写像** f というのをすべての $\mathcal{C}$-可測集合 E に対して $f^{-1}(E)$ が $\mathcal{B}$-可測となる関数 $f\colon X \to Y$ のこととして定義する。すると可測関数 $f\colon X \to [0, +\infty]$ や $f\colon X \to \mathbb{C}$ は X から $[0, +\infty]$ や $\mathbb{C}$ への可測な射と同じものになる。ただし，$[0, +\infty]$ や $\mathbb{C}$ はボレル σ-集合代数で考える。同じように，集合 X 上のある σ-集合代数 $\mathcal{B}$ が $\mathcal{B}'$ よりも**粗い**というのは，恒等写像 $\mathrm{id}_X \colon X \to X$ が $(X, \mathcal{B}')$ から $(X, \mathcal{B})$ への可測な射となることをいう。このようにとらえることによる利点には，可測な射の合成が再び可測な射となることがあきらかだということが挙げられる。これは**エルゴード理論**（[文献 10] で解説している）のような数学の分野では重要で

1.4.4 可測関数と測度空間上の積分

ある。なぜなら，それらの分野ではいつも（とくに $T\colon (X,\mathcal{B}) \to (X,\mathcal{B})$ という可測写像自身を何度も何度も）合成したものを考えたいからである。しかしながら，この教科書ではそういうものは主役ではない。

可測関数というのは，原子的な空間ではとくにやさしいものになる。

演習 1.4.30.＊ $(X,\mathcal{B})$ を原子的な可測空間とする。すなわち，X を空でない交わらない原子に $X = \bigcup\limits_{\alpha \in I} A_\alpha$ と分割したとき，$\mathcal{B} = \mathcal{A}((A_\alpha)_{\alpha \in I})$ となっているとする。このとき，関数 $f\colon X \to [0,+\infty]$ や $f\colon X \to \mathbb{C}$ が可測である必要十分条件は，それが各原子上で定数であること，あるいは同値であるが，$[0,+\infty]$ や $\mathbb{C}$ からいくつかの定数 c_α を適当にとってきて
$$f = \sum_{\alpha \in I} c_\alpha 1_{A_\alpha}$$
と表されることを示せ。さらに c_α は f から一意的に決まることを示せ。

演習 1.4.31.（エゴロフの定理）＊ $(X,\mathcal{B},\mu)$ を有限な測度空間（つまり $\mu(X) < \infty$）とする。$f_n\colon X \to \mathbb{C}$ を可測関数の列で，ほとんど到る所で極限 $f\colon X \to \mathbb{C}$ に各点収束するものとし，$\varepsilon > 0$ とする。このとき，f_n が E の外側では f に一様収束するような測度がたかだか ε である可測集合 E が存在することを示せ。さらに，もし測度 μ が有限でないならば，この主張は成り立たないことがあることを例を挙げて示せ。

1.3 節では，まず単関数積分を定義して，それから符号なし積分を定義し，最後に絶対収束積分を定義した。ここでも同じ 3 段階を経て積分を定義する。まずは単関数積分である。

定義 1.4.34.（単関数の積分） 可測空間 $(X,\mathcal{B})$ 上の（符号なし）単関数 $f\colon X \to [0,+\infty]$ とは，有限個の値 $a_1,\dots,a_k$ しかとらない可測関数のことをいう。それに対して単関数積分 $\mathrm{Simp}\int_X f\,d\mu$ を
$$\mathrm{Simp}\int_X f\,d\mu := \sum_{j=1}^{k} a_j \mu(f^{-1}(\{a_j\}))$$
で定義する。

単関数積分の基本的な性質を調べるには，次の素朴な結果を用いる。

演習 1.4.32. $f\colon X \to [0,+\infty]$ を可測空間 $(X,\mathcal{B})$ 上の単関数とする。さらに，交わらない可測集合 $E_1,\dots,E_m$ があって，f は各 E_i 上で $c_i \in [0,+\infty]$ に等しく，$E_1 \cup \cdots \cup E_m$ の外では 0 であるとする。このとき，
$$\mathrm{Simp}\int_X f\,d\mu = \sum_{j=1}^{m} c_j \mu(E_j)$$

であることを示せ。

すると，単関数積分に関する次の性質がわかるであろう．ルベーグ理論のときのように，測度空間 $(X, \mathcal{B}, \mu)$ の元 $x \in X$ に関する性質 $P(x)$ が部分零集合を除いて成り立つとき，μ-ほとんど到る所で成り立つという．

演習 1.4.33.（単関数積分の基本的性質）$(X, \mathcal{B}, \mu)$ を測度空間とし，$f, g \colon X \to [0, +\infty]$ を単関数とする．
 (1)（単調性）各点で $f \leq g$ であるならば，$\mathrm{Simp}\int_X f\, d\mu \leq \mathrm{Simp}\int_X g\, d\mu$ である．
 (2)（測度との整合性）E を $\mathcal{B}$-可測な集合とすると，$\mathrm{Simp}\int_X 1_E\, d\mu = \mu(E)$ である．
 (3)（均質性）$c \in [0, +\infty]$ であれば，$\mathrm{Simp}\int_X cf\, d\mu = c \times \mathrm{Simp}\int_X f\, d\mu$ である．
 (4)（有限加法性）$\mathrm{Simp}\int_X (f+g)\, d\mu = \mathrm{Simp}\int_X f\, d\mu + \mathrm{Simp}\int_X g\, d\mu$ が成り立つ．（演習 1.1.2 を参照）
 (5)（細密化への非感受性）$(X, \mathcal{B}', \mu')$ が $(X, \mathcal{B}, \mu)$ の**細密化**である（すなわち，$\mathcal{B}'$ が $\mathcal{B}$ を含む σ-集合代数であり，$\mu \colon \mathcal{B} \to [0, +\infty]$ は $\mu' \colon \mathcal{B}' \to [0, +\infty]$ の $\mathcal{B}$ への制限である）とする．すると $\mathrm{Simp}\int_X f\, d\mu = \mathrm{Simp}\int_X f\, d\mu'$ が成り立つ．
 (6)（ほとんど到る所での同値性）μ-ほとんどすべての $x \in X$ で $f(x) = g(x)$ であれば，$\mathrm{Simp}\int_X f\, d\mu = \mathrm{Simp}\int_X g\, d\mu$ である．
 (7)（有限性）$\mathrm{Simp}\int_X f\, d\mu < \infty$ である必要十分条件は f がほとんど到る所で有限で，測度有限な集合に台を持つことである．
 (8)（消滅）$\mathrm{Simp}\int_X f\, d\mu = 0$ である必要十分条件は，f がほとんど到る所で 0 であることである．

演習 1.4.34.（包除原理）$(X, \mathcal{B}, \mu)$ を測度空間で，$A_1, \ldots, A_n$ を測度有限な $\mathcal{B}$-可測集合とする．このとき，
$$\mu\left(\bigcup_{i=1}^n A_i\right) = \sum_{J \subset \{1, \ldots, n\} \colon J \neq \varnothing} (-1)^{|J|-1} \mu\left(\bigcap_{i \in J} A_i\right)$$
であることを示せ．（ヒント：$\mathrm{Simp}\int_X \left(1 - \prod_{i=1}^n (1 - 1_{A_i})\right) d\mu$ を 2 つの違うやり方で計算せよ．）

◆**注意 1.4.35.** 単関数積分は，別に可算加法的でなくても，有限加法的な測度空間上でも定義しようと思えば可能である．そのときにも上で挙げた性質はすべて成り立ったままである．しかし，有限加法的な測度空間においては，これからやろうとしている単関数以外のものへの積分の拡張が困難になるであろう．

1.3.3 項で符号なしルベーグ積分を作ったのと同様にして，ここでも単関数積分から出発して符号なし積分を定義しよう．

定義 1.4.36. $(X, \mathcal{B}, \mu)$ を測度空間とし，$f\colon X \to [0, +\infty]$ は可測であるとする．このとき，f の符号なし積分を
$$\int_X f\, d\mu := \sup_{0 \le g \le f;\, g:\text{単関数}} \operatorname{Simp}\int_X g\, d\mu \tag{1.14}$$
で定義する．

この定義はあきらかに定義 1.3.13 を一般化したものである．実際，もし $f\colon \mathbb{R}^d \to [0, +\infty]$ がルベーグ可測であれば，$\int_{\mathbb{R}^d} f(x)\, dx = \int_{\mathbb{R}^d} f\, dm$ である．

この積分について簡単にわかる性質をいくつか挙げておこう．

演習 1.4.35. (符号なし積分の簡単な性質)* $(X, \mathcal{B}, \mu)$ を測度空間とし，$f, g\colon X \to [0, +\infty]$ は可測とする．
  (1) (ほとんど到る所での同値性) μ-ほとんど到る所で $f = g$ であれば $\int_X f\, d\mu = \int_X g\, d\mu$ である．
  (2) (単調性) μ-ほとんど到る所で $f \le g$ であれば，$\int_X f\, d\mu \le \int_X g\, d\mu$ である．
  (3) (均質性) $c \in [0, +\infty]$ のとき $\int_X cf\, d\mu = c\int_X f\, d\mu$ が成り立つ．
  (4) (優加法性) $\int_X (f+g)\, d\mu \ge \int_X f\, d\mu + \int_X g\, d\mu$ が成り立つ．
  (5) (単関数積分との互換性) f が単関数であれば $\int_X f\, d\mu = \operatorname{Simp}\int_X f\, d\mu$ となる．
  (6) (マルコフの不等式) 任意の $0 < \lambda < \infty$ に対して，
$$\mu(\{x \in X : f(x) \ge \lambda\}) \le \frac{1}{\lambda} \int_X f\, d\mu$$
が成り立つ．とくに，$\int_X f\, d\mu < \infty$ であるならば，各 $\lambda > 0$ に対して集合 $\{x \in X : f(x) \ge \lambda\}$ の測度は有限である．
  (7) (有限性) $\int_X f\, d\mu < \infty$ であれば，$f(x)$ は μ-ほとんど到る所の x で有限である．
  (8) (消滅) $\int_X f\, d\mu = 0$ であれば $f(x)$ は μ-ほとんど到る所の x で 0 である．
  (9) (水平切り捨て) $\lim_{n \to \infty} \int_X \min(f, n)\, d\mu = \int_X f\, d\mu$ が成り立つ．
  (10) (垂直切り捨て) $E_1 \subset E_2 \subset \cdots$ を $\mathcal{B}$-可測集合の増大列とすると
$$\lim_{n \to \infty} \int_X f 1_{E_n}\, d\mu = \int_X f 1_{\bigcup_{n=1}^{\infty} E_n}\, d\mu$$
が成り立つ．
  (11) (制限) Y が X の可測な部分集合とすると，$\int_X f 1_Y\, d\mu = \int_Y f|_Y\, d\mu|_Y$ である．

ただし，$f|_Y : Y \to [0, +\infty]$ は $f : X \to [0, +\infty]$ の Y への制限で，制限 $\mu|_Y$ は例 1.4.25 で定義されている。$\int_Y f|_Y \, d\mu|_Y$ を（少し記号の乱用ではあるが）よく $\int_Y f \, d\mu$ と略記する。

以前と同様に，この積分が持っている重要な性質はその加法性である。

定理 1.4.37. $(X, \mathcal{B}, \mu)$ を測度空間とし，$f, g : X \to [0, +\infty]$ を可測とする。このとき，
$$\int_X (f+g) \, d\mu = \int_X f \, d\mu + \int_X g \, d\mu$$
が成り立つ。

[証明] 優加法性はわかっているから，劣加法性
$$\int_X (f+g) \, d\mu \leq \int_X f \, d\mu + \int_X g \, d\mu$$
を示せば十分である。そこでそれを示そう。まず μ が有限測度（つまり，$\mu(X) < \infty$）で f, g が有界の場合について示す。$\varepsilon > 0$ をとり，f の値を ε の整数倍となる実数でもっとも近い値へと切り捨てを行なった関数を f_ε とおく。さらに，同じように f の値を ε の整数倍となる実数でもっとも近い値へと切り上げを行なったものを f^ε とおく。従って
$$f_\varepsilon(x) \leq f(x) \leq f^\varepsilon(x)$$
であって，
$$f^\varepsilon(x) - f_\varepsilon(x) \leq \varepsilon$$
が成り立つ。さらに f は有界なのだから，f_ε や f^ε は単関数である。同様に g_ε と g^ε も定義する。すると各点ごとに
$$f + g \leq f^\varepsilon + g^\varepsilon \leq f_\varepsilon + g_\varepsilon + 2\varepsilon$$
が成り立つ。従って演習 1.4.35 と単関数積分の性質から
$$\int_X f + g \, d\mu \leq \int_X f_\varepsilon + g_\varepsilon + 2\varepsilon \, d\mu$$
$$= \mathrm{Simp} \int_X f_\varepsilon + g_\varepsilon + 2\varepsilon \, d\mu$$
$$= \mathrm{Simp} \int_X f_\varepsilon \, d\mu + \mathrm{Simp} \int_X g_\varepsilon \, d\mu + 2\varepsilon \mu(X)$$
が成り立つことがわかる。だから，(1.14) から
$$\int_X f + g \, d\mu \leq \int_X f \, d\mu + \int_X g \, d\mu + 2\varepsilon \mu(X)$$

1.4.4 可測関数と測度空間上の積分

となる。ここで $\mu(X)$ が有限であることに注意して $\varepsilon \to 0$ とすれば結論を得る。

次に, μ が有限測度であるという仮定は維持したまま, f, g が有界であるとは仮定しないことにしよう。すると, 前段落の結論から, 任意の自然数 n について

$$\int_X \min(f, n) + \min(g, n)\, d\mu \leq \int_X \min(f, n)\, d\mu + \int_X \min(g, n)\, d\mu$$

が従うことがわかる。ところが $\min(f+g, n) \leq \min(f, n) + \min(g, n)$ なのだから, これから

$$\int_X \min(f+g, n) \leq \int_X \min(f, n)\, d\mu + \int_X \min(g, n)\, d\mu$$

であることがわかり, 水平切り捨ての性質から $n \to \infty$ とすれば結論を得る。

最後に, もはや μ が有限測度であると仮定せず, もちろん f, g が有界とも仮定しない。もし $\int_X f\, d\mu$ か $\int_X g\, d\mu$ が無限大になってしまうのであれば, 単調性から $\int_X f+g\, d\mu$ も無限大であり, 従って主張は正しい。従って $\int_X f\, d\mu$ と $\int_X g\, d\mu$ の両方とも有限であると仮定できる。マルコフの不等式 (演習 1.4.35(6)) によって, 自然数 n に対して集合 $E_n := \{x \in X : f(x) > \frac{1}{n}\} \cup \{x \in X : g(x) > \frac{1}{n}\}$ の測度は有限である。そしてこの集合は n と共に増大し, $f, g, f+g$ は $\bigcup_{n=1}^{\infty} E_n$ の中に台を持つ。だから, 垂直切り捨ての性質を使うと

$$\int_X (f+g)\, d\mu = \lim_{n \to \infty} \int_X (f+g) 1_{E_n}\, d\mu$$

であることがわかる。前段落で示したことから

$$\int_X (f+g) 1_{E_n}\, d\mu \leq \int_X f 1_{E_n}\, d\mu + \int_X g 1_{E_n}\, d\mu$$

であるから, $n \to \infty$ として垂直切り捨ての性質から結論を得る。 □

演習 1.4.36. (μ に関する線型性) $(X, \mathcal{B}, \mu)$ を測度空間, $f \colon X \to [0, +\infty]$ を可測とする。

(1) $c \in [0, +\infty]$ のとき, $\int_X f\, d(c\mu) = c \times \int_X f\, d\mu$ であることを示せ。

(2) $\mu_1, \mu_2, \ldots$ を $\mathcal{B}$ 上の測度の列とするとき,

$$\int_X f\, d \sum_{n=1}^{\infty} \mu_n = \sum_{n=1}^{\infty} \int_X f\, d\mu_n$$

であることを示せ。

演習 1.4.37. (変数変換公式)* $(X, \mathcal{B}, \mu)$ を測度空間とし, $\phi \colon X \to Y$ を $(X, \mathcal{B})$ から他の可測空間 $(Y, \mathcal{C})$ への可測な射 (定義は注意 1.4.33 を参照) とする。そして, μ の ϕ による押し出し $\phi_*\mu \colon \mathcal{C} \to [0, +\infty]$ を $\phi_*\mu(E) := \mu(\phi^{-1}(E))$ で定義する。

(1) $\phi_*\mu$ は $\mathcal{C}$ 上の測度であり，従って $(Y, \mathcal{C}, \phi_*\mu)$ は測度空間であることを示せ．
(2) $f\colon Y \to [0, +\infty]$ が可測であれば，$\int_Y f\, d\phi_*\mu = \int_X (f \circ \phi)\, d\mu$ であることを示せ．
(ヒント：これのもっとも手早い証明は下にある単調収束定理（定理 1.4.43）を使うことである．しかしそれを使わずにこの演習を証明することも可能である．)

演習 1.4.38. $T\colon \mathbb{R}^d \to \mathbb{R}^d$ を可逆な線型変換とし，m を $\mathbb{R}^d$ 上のルベーグ測度とする．このとき，m の押し出し T_*m を演習 1.4.37 で定義したものとして，$T_*m = \dfrac{1}{|\det T|} m$ であることを示せ．

演習 1.4.39.（積分としての和）X を任意の集合（で離散 σ-集合代数を持つ）とする．さらに $\#$ を計数測度（例 1.4.26 を見よ）で，$f\colon X \to [0, +\infty]$ を任意の符号なし関数とする．このとき，f は可測で
$$\int_X f\, d\# = \sum_{x \in X} f(x)$$
であることを示せ．

さて，符号なし積分を手に入れたら，ルベーグの場合とまったく同じようにして絶対収束積分を定義することができる．

定義 1.4.38.（絶対収束積分）$(X, \mathcal{B}, \mu)$ を測度空間とする．可測関数 $f\colon X \to \mathbb{C}$ が絶対可積分であるとは，符号なし積分
$$\|f\|_{L^1(X, \mathcal{B}, \mu)} := \int_X |f|\, d\mu$$
が有限であることをいい，絶対可積分関数全体からなる集合を $L^1(X, \mathcal{B}, \mu)$ あるいは $L^1(X)$ や $L^1(\mu)$ といった記号で表す．f が実数値で絶対可積分であれば，積分 $\int_X f\, d\mu$ を
$$\int_X f\, d\mu := \int_X f_+\, d\mu - \int_X f_-\, d\mu$$
で定義する．ただし，$f_+ := \max(f, 0)$ と $f_- := \max(-f, 0)$ は f の正部分と負部分の大きさである．f が複素数値で絶対可積分であれば，積分 $\int_X f\, d\mu$ を
$$\int_X f\, d\mu := \int_X \operatorname{Re} f\, d\mu + i \int_X \operatorname{Im} f\, d\mu$$
で定義する．ただし右辺の 2 つの積分は実数値積分として解釈する．符号なし，実数値，複素数値の各積分は，もし関数が複数の積分で解釈できるときには，その値が一致することは簡単にわかる．

この定義はあきらかに定義 1.3.17 を一般化したものになっている。また，定義 1.3.17 のように，すべての点で定義されておらず，μ-ほとんど到る所で定義されているだけの関数にもこの積分を拡張できる。

ここで絶対収束積分の重要な事実を挙げておこう。

> **演習 1.4.40.** $(X, \mathcal{B}, \mu)$ を測度空間とする。
> (1) $L^1(X, \mathcal{B}, \mu)$ は複素ベクトル空間であることを示せ。
> (2) 積分で定まる写像 $f \mapsto \int_X f \, d\mu$ は $L^1(X, \mathcal{B}, \mu)$ から $\mathbb{C}$ への複素線型写像であることを示せ。
> (3) $f, g \in L^1(X, \mathcal{B}, \mu)$ で $c \in \mathbb{C}$ とするとき，三角不等式 $\|f+g\|_{L^1(\mu)} \leq \|f\|_{L^1(\mu)} + \|g\|_{L^1(\mu)}$ と均質性 $\|cf\|_{L^1(\mu)} = |c|\|f\|_{L^1(\mu)}$ を示せ。
> (4) $f, g \in L^1(X, \mathcal{B}, \mu)$ が μ-ほとんど到る所の $x \in X$ で $f(x) = g(x)$ となっているならば $\int_X f \, d\mu = \int_X g \, d\mu$ であることを示せ。
> (5) $f \in L^1(X, \mathcal{B}, \mu)$ で $(X, \mathcal{B}', \mu')$ が $(X, \mathcal{B}, \mu)$ の細密化であれば，$f \in L^1(X, \mathcal{B}', \mu')$ であり $\int_X f \, d\mu' = \int_X f \, d\mu$ となることを示せ。（ヒント：片側の不等式を示すのは簡単である。逆側の不等式を示すには，まず f が有界で測度有限な台を持つ場合（つまり，垂直・水平の両方向に切り捨てられている場合）について示せ。）
> (6) $f \in L^1(X, \mathcal{B}, \mu)$ であれば，$\|f\|_{L^1(\mu)} = 0$ となる必要十分条件は f が μ-ほとんど到る所で 0 となることを示せ。
> (7) $Y \subset X$ が $\mathcal{B}$-可測で $f \in L^1(X, \mathcal{B}, \mu)$ とすると，$f|_Y \in L^1(Y, \mathcal{B}|_Y, \mu|_Y)$ であり，$\int_Y f|_Y \, d\mu|_Y = \int_X f 1_Y \, d\mu$ となることを示せ。前と同様に，記号を乱用して $\int_Y f|_Y \, d\mu|_Y$ を $\int_Y f \, d\mu$ と書く。

1.4.5　収 束 定 理

$(X, \mathcal{B}, \mu)$ を測度空間で，$f_1, f_2, \ldots : X \to [0, +\infty]$ を可測関数の列とする。さらに，$f_n(x)$ は到る所で，あるいは μ-ほとんど到る所において，$n \to \infty$ のときに可測な極限 f に各点収束しているものとする。この状況での基礎的な疑問は，一体どのような条件があれば積分が収束するのかということ，すなわち

$$\int_X f_n \, d\mu \stackrel{?}{\to} \int_X f \, d\mu$$

なのかということである。別の言い方をすれば，いつ積分と極限とは順序交換ができるのか，つまり

$$\lim_{n \to \infty} \int_X f_n \, d\mu \stackrel{?}{=} \int_X \lim_{n \to \infty} f_n \, d\mu$$

なのかということである。

これをしてしまっても安全だという状況は確かにある。

演習 1.4.41. (有限測度空間上の一様収束)* $(X, \mathcal{B}, \mu)$ は有限の測度空間 (つまり $\mu(X) < \infty$) とし，$f_n \colon X \to [0, +\infty]$ (あるいは $f_n \colon X \to \mathbb{C}$) は符号なし可測関数 (あるいは絶対可積分関数) の列で，極限関数 f に一様に収束しているとする．このとき $\int_X f_n \, d\mu$ は $\int_X f \, d\mu$ に収束していることを示せ．

しかし，f_n が符号なしの場合であってさえ極限と積分の順序交換が不可能だという場合もある．ここで 3 つの古典的な例を挙げておこう．いずれの例も「移動瘤」型のものであるが，それぞれの例ごとに瘤の動き方は異なる．

◆**例 1.4.39.** (水平無限遠点への消失) X を実直線としてその上でルベーグ測度を考える．$f_n := 1_{[n,n+1]}$ とすると，f_n は $f := 0$ に各点収束する．しかし，$\int_{\mathbb{R}} f_n(x) \, dx = 1$ は $\int_{\mathbb{R}} f(x) \, dx = 0$ には収束しない．何というか，f_n が持っていたすべての質量は水平方向の無限遠点に消え去ってしまい，その各点収束極限 f には何も残されていなかったのである．

◆**例 1.4.40.** (幅無限大への消失) X を実直線としてその上でルベーグ測度を考える．$f_n := \dfrac{1}{n} 1_{[0,n]}$ とすると，f_n は $f := 0$ に今度は一様収束する．しかし $\int_{\mathbb{R}} f_n(x) \, dx = 1$ はやはり $\int_{\mathbb{R}} f(x) \, dx = 0$ には収束しない．演習 1.4.41 によると，もしすべての f_n が測度有限の集合 1 つの中に台を持っているならば，このようなことはおこらない．しかし，f_n の台がどんどん大きくなってしまっているので，演習 1.4.41 は適用できないのである．

◆**例 1.4.41.** (垂直無限遠点への消失) X を単位区間 $[0,1]$ とし，その上でルベーグ測度 ($\mathbb{R}$ から制限したもの) を考える．これは測度有限である．$f_n := n 1_{[\frac{1}{n}, \frac{2}{n}]}$ とおくと，f_n は $f = 0$ に各点収束するが，一様収束しない．そして，やはり $\int_{[0,1]} f_n(x) \, dx = 1$ は $\int_{[0,1]} f(x) \, dx = 0$ には収束しない．今度は質量は f_n の値が大きくなるのにあわせて垂直方向に逃げ出してしまう．

◆**注意 1.4.42.** 時間-周波数解析 (空間-周波数解析というべきか) の観点からいえばこの 3 つの消失というのは (完全に同じというわけではないが) 空間無限遠への消失，ゼロ周波数への消失，無限周波数への消失の 3 つに似たものと見ることもできる．つまり，相空間が (ゼロ周波数というのを特異なものとして削ってしまえば) コンパクトにならないということを 3 つの違ったやり方で述べていることになる．

しかしながら，ここに挙げたような無限へ消失していく道を塞いでしまうことができたなら，積分が収束するようにできてしまう．これには主に 2 つのやり方があ

る。1つめは単調性を守らせることである。こうすると f_n が以前の $f_1,\ldots,f_{n-1}$ たちの質量が集まっていた場所を放棄するというようなことができなくなる。従って上に挙げた3つの消失シナリオというのは防がれてしまう。もっと正確に言おう。次の単調収束定理が成り立つ。

定理 1.4.43.(単調収束定理) $(X, \mathcal{B}, \mu)$ を測度空間とし、$0 \leq f_1 \leq f_2 \leq \cdots$ を X 上の符号なし可測関数の単調非減少列とする。すると
$$\lim_{n \to \infty} \int_X f_n \, d\mu = \int_X \lim_{n \to \infty} f_n \, d\mu$$
が成り立つ。

f_n が指示関数 $f_n = 1_{E_n}$ という特別な場合には、この定理は上向き単調収束性(演習 1.4.23(2))にほかならないことに注意せよ。逆に、上向き単調収束性はこの定理の証明の鍵となる。

[証明] $f := \lim_{n \to \infty} f_n = \sup_n f_n$ と書くことにすると、$f \colon X \to [0, +\infty]$ は可測である。f_n は非減少で f に収束するから、単調性によって $\int_X f_n \, d\mu$ は非減少であり、しかも $\int_X f \, d\mu$ によって上から押さえられる。従って
$$\lim_{n \to \infty} \int_X f_n \, d\mu \leq \int_X f \, d\mu$$
であることがわかる。従って、逆向きの不等式
$$\int_X f \, d\mu \leq \lim_{n \to \infty} \int_X f_n \, d\mu$$
を示せばよい。ところが、積分の定義によって、各点で f によって押さえられている単関数 g に対して
$$\int_X g \, d\mu \leq \lim_{n \to \infty} \int_X f_n \, d\mu$$
が成り立つことをいえば十分である。さらに水平切り捨ての性質によって、一般性を失うことなく g もまたすべての点で有限であると仮定してよい。だから、$0 \leq c_i < \infty$ なる数列と交わらない $\mathcal{B}$-可測集合 $A_1, \ldots, A_k$ とを使って、
$$g = \sum_{i=1}^{k} c_i 1_{A_i}$$
と書くことができる。すなわち
$$\int_X g \, d\mu = \sum_{i=1}^{k} c_i \mu(A_i)$$
である。

さて，$0 < \varepsilon < 1$ を任意にとる．するとすべての $x \in A_i$ で
$$f(x) = \sup_n f_n(x) > (1-\varepsilon)c_i$$
が成り立つ．だから，
$$A_{i,n} := \{x \in A_i : f_n(x) > (1-\varepsilon)c_i\}$$
と定めると $A_{i,n}$ は可測な増大列で A_i に収束する．ここで測度の上向き単調性を用いると
$$\lim_{n \to \infty} \mu(A_{i,n}) = \mu(A_i)$$
であることがわかる．ところで，各点で
$$f_n \geq \sum_{i=1}^{k}(1-\varepsilon)c_i 1_{A_{i,n}}$$
がすべての n に対して成り立っていることに注意しよう．両辺を積分すれば，
$$\int_X f_n \, d\mu \geq (1-\varepsilon)\sum_{i=1}^{k} c_i \mu(A_{i,n})$$
である．そこで $n \to \infty$ なる極限をとれば
$$\lim_{n \to \infty}\int_X f_n \, d\mu \geq (1-\varepsilon)\sum_{i=1}^{k} c_i \mu(A_i)$$
となり，ここで $\varepsilon \to 0$ とすれば主張を得る． □

◆注意 1.4.44. 単調性 $f_n \leq f_{n+1}$ がすべての点ではなく，ほとんど到る所で成り立っているだけの場合でも今の定理がそのまま成り立つことは簡単にわかる．

この定理には多くの重要な系がある．1つめとして和の順序交換（定理 0.0.2 を見よ）に対するトネリの定理（の一部）を一般化することができる．

系 1.4.45. （和と積分に対するトネリの定理）$(X, \mathcal{B}, \mu)$ を測度空間とし，$f_1, f_2, \ldots : X \to [0, +\infty]$ を符号なし可測関数の列とする．このとき，
$$\int_X \sum_{n=1}^{\infty} f_n \, d\mu = \sum_{n=1}^{\infty} \int_X f_n \, d\mu$$
が成り立つ．

[証明] 部分和 $F_N := \sum_{n=1}^{N} f_n$ に対して単調収束定理（定理 1.4.43）を使え． □

演習 1.4.42. もし f_n が符号なし可測関数ではなく，絶対可積分であると仮定していたなら，級数の和 $\sum_{n=1}^{\infty} f_n(x)$ がすべての x で絶対収束している場合ですら，今の系は成り立たないことを例を挙げて示せ．（ヒント：3つの無限への消失について考えよ．）

演習 1.4.43.（ボレル・カンテリの補題）* $(X, \mathcal{B}, \mu)$ を測度空間とし，$E_1, E_2, E_3, \ldots$ は
$$\sum_{n=1}^{\infty} \mu(E_n) < \infty$$
となる $\mathcal{B}$-可測集合の列とする。このとき，ほとんどすべての $x \in X$ について，それが含まれる E_n の個数はたかだか有限個である（つまり，$\{n \in \mathbf{N} : x \in E_n\}$ はほとんどすべての $x \in X$ に対して有限集合である）ことを示せ。（ヒント：トネリの定理を指示関数 1_{E_n} に対して使え。）

演習 1.4.44.
(1) ボレル・カンテリの補題（演習 1.4.43）に対して，収束定理をまったく援用しないで，演習 1.4.23 にある測度のもっと基本的な性質だけを使って証明を与えよ。
(2) もし条件 $\sum_{n=1}^{\infty} \mu(E_n) < \infty$ を $\lim_{n \to \infty} \mu(E_n) = 0$ に変えてしまったら，ボレル・カンテリの補題は成り立たなくなることを反例を挙げて示せ。

2 つめとして，もし単調性が成り立たないときであっても，ファトウの補題と呼ばれる重要な不等式が成立することである。

系 1.4.46.（ファトウの補題） $(X, \mathcal{B}, \mu)$ を測度空間とし，$f_1, f_2, \ldots : X \to [0, +\infty]$ を符号なし可測関数の列とする。すると，
$$\int_X \liminf_{n \to \infty} f_n \, d\mu \leq \liminf_{n \to \infty} \int_X f_n \, d\mu$$
が成り立つ。

[証明] 各 N に対して $F_N := \inf_{n \geq N} f_n$ と書くことにする。すると F_N は可測で非減少である。従って単調収束定理（定理 1.4.43）から
$$\int_X \sup_{N > 0} F_N \, d\mu = \sup_{N > 0} \int_X F_N \, d\mu$$
がわかる。$\liminf$ の定義によって $\sup_{N > 0} F_N = \liminf_{n \to \infty} f_n$ である。単調性から，$\int_X F_N \, d\mu \leq \int_X f_n \, d\mu$ がすべての $n \geq N$ で成り立つから，
$$\int_X F_N \, d\mu \leq \inf_{n \geq N} \int_X f_n \, d\mu$$
となる。従って
$$\int_X \liminf_{n \to \infty} f_n \, d\mu \leq \sup_{N > 0} \inf_{n \geq N} \int_X f_n \, d\mu$$
が成り立つ。下極限の定義から主張が従うことがわかる。 □

◆注意 1.4.47. 感じとしては，ファトゥの補題からわかることは，符号なしの関数 f_n の各点収束極限をとるとき，その質量 $\int_X f_n \, d\mu$ は（3つの移動瘤の例の場合のように）極限で破壊されることはあっても，極限で生成されるということはないということである。いうまでもなく，符号なしの関数であるということは必要である（たとえば移動瘤の例で -1 倍して考えてみよ）。この補題は各点収束について述べたが，この一般原理（極限をとるという操作においては，質量は破壊されうるが生成はされない）というのは収束の意味をほかの「弱い」ものに変えても成り立つ。これの例は An epsilon of room, Vol. I の §1.9 を見よ。

最後に，無限遠点への消失によって質量を失ってしまうことを防止するもう1つの主要な方法を述べておこう。これは考えている関数すべてを絶対収束する関数で押さえてしまうというものである。この結果は**優収束定理**と呼ばれている。

定理 1.4.48.（優収束定理） $(X, \mathcal{B}, \mu)$ を測度空間とし，$f_1, f_2, \ldots : X \to \mathbb{C}$ は μ-ほとんど到る所で可測な極限 $f: X \to \mathbb{C}$ に各点収束する可測関数の列とする。さらに，すべての $|f_n|$ が μ-ほとんど到る所で各点ごとにそれ以下となるような符号なし絶対可積分関数 $G: X \to [0, +\infty]$ が存在すると仮定する。すると，

$$\lim_{n \to \infty} \int_X f_n \, d\mu = \int_X f \, d\mu$$

が成り立つ。

移動瘤の例を見れば，押さえ込んでいる絶対可積分関数 G がなければ，この主張は成り立たないことがわかる。読者はなぜ移動瘤の例においてはそのような押さえ込んでいる関数が存在できないのか，この定理の結論を利用することなくその理由を考えてみることを推奨する。また，もし f_n が指示関数 $f_n = 1_{E_n}$ のときには，優収束定理は演習 1.4.24 に帰着されることに注意。

[証明] f_n や f を零集合上で修正して，μ-ほとんど到る所ではなく，到る所で f_n は f に各点収束していると仮定しても一般性を失わない。同様に，μ-ほとんど到る所ではなく，到る所で $|f_n|$ は G で押さえられていると仮定してよい。

実部と虚部とを分けて考えれば，f_n や f は実数値だと仮定しても一般性を失わない。すなわち，すべての点で $-G \leq f_n \leq G$ が成立している。いうまでもなく，$-G \leq f \leq G$ であることもわかる。

さて，ここで符号なし関数 $f_n + G$ に対してファトゥの補題（系 1.4.46）を適用すれば，

$$\int_X f + G \, d\mu \leq \liminf_{n \to \infty} \int_X f_n + G \, d\mu$$

であることがわかり，両辺から**有限**の量である $\int_X G\,d\mu$ を引いてしまえば

$$\int_X f\,d\mu \leq \liminf_{n\to\infty} \int_X f_n\,d\mu$$

であることがわかる．同様にして，ファトゥの補題を符号なし関数 $G - f_n$ に適用して

$$\int_X G - f\,d\mu \leq \liminf_{n\to\infty} \int_X G - f_n\,d\mu$$

がわかり，この不等式の符号を変えてから再び $\int_X G\,d\mu$ を消去すると

$$\limsup_{n\to\infty} \int_X f_n\,d\mu \leq \int_X f\,d\mu$$

であることがわかる．この 2 つの不等式を組み合わせれば主張が従う． □

◆**注意 1.4.49.** ここでは優収束定理をファトゥの補題から導き，ファトゥの補題は単調収束定理から導いた．しかしながら，これらの定理を導く順序は好みによって変えてしまってもよい．というのは，これらはすべて密接に関係しているからである．たとえば［文献 7］ではここの論理は少し違っていて，まず最初に少しだけ簡単にした**有界収束定理**を示す．これは優収束定理において，関数列が一様に有界かつある特定の測度が有限な集合に台を持つと仮定したものである．それを使ってファトゥの補題を示し，さらにそれから単調収束定理を示す．最後に水平および垂直切り捨ての性質を使って有界収束定理を優収束定理へと拡張するのである．これらの鍵となる定理を導く方法をいくつか見ておくと，これらがどのようにして効いているのかをもっと直観的に理解することができるようになるだろう．

演習 1.4.45. 優収束定理（定理 1.4.48）の仮定の下で，$n \to \infty$ のとき $\|f_n - f\|_{L^1} \to 0$ であることを示せ．

演習 1.4.46. （ほとんど優収束）$(X, \mathcal{B}, \mu)$ を測度空間とし，$f_1, f_2, \ldots : X \to \mathbb{C}$ は μ-ほとんど到る所で可測な極限 $f : X \to \mathbb{C}$ に各点収束する可測関数の列とする．さらに，$n \to \infty$ のときに $\int_X g_n\,d\mu \to 0$ であるような符号なし絶対可積分関数の列 g_n と符号なし絶対可積分関数 G があって，$|f_n|$ は μ-ほとんど到る所の各点で $G + g_n$ によって押さえられているとする．このとき

$$\lim_{n\to\infty} \int_X f_n\,d\mu = \int_X f\,d\mu$$

であることを示せ．

演習 1.4.47. （ファトゥの補題の等式版）$(X, \mathcal{B}, \mu)$ を測度空間とし，$f_1, f_2, \ldots : X \to [0, +\infty]$ は符号なし絶対可積分関数の列で絶対可積分な極限 f に各点収束するものとする．このとき $n \to \infty$ で

$$\int_X f_n \, d\mu - \int_X f \, d\mu - \|f - f_n\|_{L^1(\mu)} \to 0$$

であることを示せ．（ヒント：$\min(f_n, f)$ に対して優収束定理（定理 1.4.48）を使え．）おおざっぱに言えば，この結果（最初に［文献 1］で示された）によると，ファトゥの補題における両辺の差というのは，$\|f - f_n\|_{L^1(\mu)}$ で調べることができる．

演習 1.4.48. * $(X, \mathcal{B}, \mu)$ を測度空間とし，$g: X \to [0, +\infty]$ を可測とする．このとき，

$$\mu_g(E) := \int_X 1_E g \, d\mu = \int_E g \, d\mu$$

で定義される関数 $\mu_g: \mathcal{B} \to [0, +\infty]$ は測度であることを示せ．（このような測度については An epsilon of room, Vol. I の §1.2 でかなり詳細に述べている．）

単調収束定理というのは，ある意味では符号なし積分を定義している性質そのものにほかならない．次の演習でそれを見ておこう．

演習 1.4.49.（符号なし積分の特徴付け）$(X, \mathcal{B})$ を可測空間とし，$I: f \mapsto I(f)$ は符号なし可測関数 $f: X \to [0, +\infty]$ 全体からなる集合 $\mathcal{U}(X, \mathcal{B})$ から $[0, +\infty]$ への写像で，次の公理を満たすものとする．

(1)（均質性）$f \in \mathcal{U}(X, \mathcal{B})$ で $c \in [0, +\infty]$ であれば $I(cf) = cI(f)$ が成り立つ．
(2)（有限加法性）$f, g \in \mathcal{U}(X, \mathcal{B})$ であれば $I(f + g) = I(f) + I(g)$ が成り立つ．
(3)（単調収束）$0 \leq f_1 \leq f_2 \leq \cdots$ が符号なし可測関数の非減少列であれば，
$I(\lim_{n \to \infty} f_n) = \lim_{n \to \infty} I(f_n)$ が成り立つ．

すると，すべての $f \in \mathcal{U}(X, \mathcal{B})$ に対して $I(f) = \int_X f \, d\mu$ が成り立つような $(X, \mathcal{B})$ 上の測度 μ がただ 1 つ存在する．さらに μ はすべての $\mathcal{B}$-可測集合 E に対して $\mu(E) := I(1_E)$ で与えられる．

演習 1.4.50. $(X, \mathcal{B}, \mu)$ を有限測度空間（つまり $\mu(X) < \infty$ である）とし，$f: X \to \mathbb{R}$ を有界関数とする．さらに，μ は**完備**（定義 1.4.31 を見よ）として，上積分

$$\overline{\int_X} f \, d\mu := \inf_{g \geq f; \, g: 単関数} \int_X g \, d\mu$$

と下積分

$$\underline{\int_X} f \, d\mu := \sup_{h \leq f; \, h: 単関数} \int_X h \, d\mu$$

が一致するとする．このとき f は可測であることを示せ．（これは演習 1.3.11 の逆である．）

単調収束定理，ファトゥの補題，優収束定理はこの本の残りの部分（と An epsilon of room, Vol. I）を通してずっと現れ続けることになる．

1.5 いろいろな収束

実数 x_n からなるような数列 $x_1, x_2, x_3, \ldots \in \mathbb{R}$ を考えているとき，この数列が $x \in \mathbb{R}$ に収束するといわれれば，その意味は明白である．それは，任意の $\varepsilon > 0$ に対して，$n > N$ のときに $|x_n - x| \leq \varepsilon$ が満たされるような N が存在するということである．複素数 z_n の数列 $z_1, z_2, z_3, \ldots \in \mathbb{C}$ が極限 $z \in \mathbb{C}$ に収束するというときも同じである．

もっと一般に，実ベクトル空間 $\mathbb{R}^d$ や複素ベクトル空間 $\mathbb{C}^d$ において d-次元ベクトル v_n からなる点列 $v_1, v_2, v_3, \ldots$ を考えているときにも，それが極限 $v \in \mathbb{R}^d$ や $v \in \mathbb{C}^d$ に収束するといわれたらその意味は明白である．それは，任意の $\varepsilon > 0$ に対して，$n \geq N$ のときに $\|v_n - v\| \leq \varepsilon$ となるような N が存在するということである．ここで，ベクトル $v = (v^{(1)}, \ldots, v^{(d)})$ のノルム $\|v\|$ はユークリッドノルム $\|v\|_2 := (\sum_{j=1}^{d} (v^{(j)})^2)^{1/2}$ にとっておいてもよいし，上限ノルム $\|v\|_\infty := \sup_{1 \leq j \leq d} |v^{(j)}|$ をとっておいてもよい．もっとほかのノルムでもよい．それは，収束を考えるという目的においては，それらのノルムはすべて同値だからである．つまりベクトルの列がユークリッドノルムに関して収束する必要十分条件は上限ノルムに関して収束することであるし，有限次元空間 $\mathbb{R}^d$ や $\mathbb{C}^d$ を考える限り，どのようなノルムを 2 つとってきても同じことがいえる．

しかしながら，ある定義域 X を持つ関数 $f_n \colon X \to \mathbb{R}$ や $f_n \colon X \to \mathbb{C}$ からなる関数列 $f_1, f_2, f_3, \ldots$ とそれから推定される極限 $f \colon X \to \mathbb{R}$ や $f \colon X \to \mathbb{C}$ とについて考えるとなると，やり方次第で f_n は極限 f に収束するかもしれないし，収束しないかもしれないという風になってしまう．（実は定義域 X_n が異なる関数 $f_n \colon X_n \to \mathbb{C}$ の列についても収束ということを考えることができるが，この問題についてはここではまったく考えないことにする．）この問題は，x_n や z_n がスカラー（これは X がただ 1 つの点からなる場合に対応する）であるときやベクトル v_n（これは X が $\{1, \ldots, d\}$ のような有限集合の場合に対応する）であるときの状況とはまったく異なっている．X が無限になったとたんに関数 f_n たちは無

限の自由度を手に入れてしまい，そのために f に近づく方法として同値でないものがいくらでも許されるようになってしまうのである．

ではその収束というのに何通りの違うものがあるのか．微積分で習ったように，次の2つの基本的な収束の仕方がある．

(1) f_n が f に**各点収束**しているとは，すべての $x \in X$ で $f_n(x)$ が $f(x)$ に収束していることをいう．つまり，任意の $\varepsilon > 0$ と $x \in X$ に対して，$n \geq N$ のときに $|f_n(x) - f(x)| \leq \varepsilon$ となる（ε と x の両方に依存した）N が存在することをいう．

(2) f_n が f に**一様収束**しているとは，任意の $\varepsilon > 0$ に対して，$n \geq N$ のときにすべての $x \in X$ で $|f_n(x) - f(x)| \leq \varepsilon$ となるような N が存在することをいう．一様収束と各点収束の違いは，一様収束では $f_n(x)$ がその後ずっと $f(x)$ から ε の近さでいられるような時刻 N が x に依存せず，x について一様に選べなければならないということである．

一様収束ならば各点収束であるが，逆は成り立たない．その典型的な例は $f_n(x) := x/n$ で定義される関数列 $f_n \colon \mathbb{R} \to \mathbb{R}$ であり，これはゼロ関数 $f(x) := 0$ に各点収束しているが，一様ではない．

しかし，解析学に限っても重要な収束の仕方というのは何十もあり，各点収束や一様収束というのはその中のただの2つに過ぎない．そのような収束についてここですべて挙げきろうとは思わないが（An epsilon of room, Vol. I の §1.9 を見よ），測度論，つまり定義域 X が測度空間の構造 $(X, \mathcal{B}, \mu)$ を持っていて関数列 f_n（やその極限 f）がこれについて可測であるという場合に登場してくる収束の仕方をいくつか見ておこう．このとき，次のような収束が考えられる．

(1) f_n が f に**ほとんど到る所で各点収束**しているとは，(μ-) ほとんど到る所の $x \in X$ で $f_n(x)$ が $f(x)$ に収束することをいう．

(2) f_n が f に**ほとんど到る所一様収束**している，または**本質的一様収束**している，さらには $\boldsymbol{L^\infty}$ **ノルムで収束**しているとは，任意の $\varepsilon > 0$ に対して，$n \geq N$ のときに μ-ほとんどすべての $x \in X$ に対して $n \geq N$, $|f_n(x) - f(x)| \leq \varepsilon$ となるような N が存在することをいう．

(3) f_n が f に**ほとんど一様に収束**しているとは，任意の $\varepsilon > 0$ に対して，測度が $\mu(E) \leq \varepsilon$ となる除外集合 $E \in \mathcal{B}$ がとれて，f_n が f に E の補集合上で一様収束していることをいう．

(4) f_n が f に L^1 ノルムで収束しているとは，$n \to \infty$ のときに $\|f_n - f\|_{L^1(\mu)} = \int_X |f_n(x) - f(x)| \, d\mu$ が 0 に収束することをいう。

(5) f_n が f に測度収束しているとは，任意の $\varepsilon > 0$ に対して，$n \to \infty$ のときに測度 $\mu(\{x \in X : |f_n(x) - f(x)| \geq \varepsilon\})$ が 0 に収束することをいう。

これら 5 つの収束概念は，もし f_n や f を測度 0 の集合の上で修正してしまったとしても何ら影響を受けないことに注意しよう。それとは対照的に，各点収束や一様収束は，f_n や f をたとえ 1 点だけで修正したとしても変わってしまう。L^1 や L^∞ での収束というのは，L^p 収束と呼ばれるものの特別な場合であるが，これについては An epsilon of room, Vol. I の §1.3 で述べる。

◆注意 1.5.1. 確率論（2.3 節を見よ）においては，f_n や f は確率変数と呼ばれている。そして，L^1 ノルムによる収束は**平均収束**と呼ばれるし，ほとんど到る所での各点収束は**概収束**や**ほとんど確実に収束**と呼ばれ，さらに測度収束は**確率収束**と呼ばれる。

演習 1.5.1.（収束の線型性）* $(X, \mathcal{B}, \mu)$ を測度空間とし，$f_n, g_n \colon X \to \mathbb{C}$ を可測関数の列とする。さらに $f, g \colon X \to \mathbb{C}$ も可測関数とする。
(1) 上の 7 つの収束のいずれの意味においても，f_n が f に収束している必要十分条件は，$|f_n - f|$ が 0 に同じ意味で収束していることであることを示せ。
(2) 上の 7 つの収束のいずれにおいても，f_n と g_n が f と g にそれぞれ収束しているなら，$f_n + g_n$ も $f + g$ に同じ意味で収束するし，cf_n も cf に同じ意味で収束することを示せ。
(3)（絞り込みテスト）上の 7 つの収束のいずれにおいても，f_n が 0 に収束しており，かつすべての n で $|g_n| \leq f_n$ が各点で成り立っているなら，g_n は同じ意味で 0 に収束することを示せ。

さて，これらの収束についていくつかの包含関係は簡単にわかる。

演習 1.5.2.（簡単な包含関係）* $(X, \mathcal{B}, \mu)$ を測度空間とし，$f_n \colon X \to \mathbb{C}$ と $f \colon X \to \mathbb{C}$ を可測関数とする。
(1) f_n が f に一様に収束するなら，f_n は f に各点で収束する。
(2) f_n が f に一様に収束するなら，f_n は f に L^∞ ノルムで収束する。逆に，f_n が f に L^∞ ノルムで収束するなら，f_n は零集合の外側で f に一様に収束する（つまり，ある零集合 E があって，f_n の E の補集合への制限 $f_n|_{X \setminus E}$ は f の制限 $f|_{X \setminus E}$ に収束する）。
(3) f_n が f に L^∞ ノルムで収束するなら，f_n は f にほとんど一様に収束する。
(4) f_n が f にほとんど一様に収束するなら，f_n は f にほとんど到る所で各点収束する。
(5) f_n が f に各点収束するなら，f_n は f にほとんど到る所で各点収束する。

(6) f_n が f に L^1 ノルムで収束するなら，f_n は f に測度収束する．
(7) f_n が f にほとんど一様に収束するなら，f_n は f に測度収束する．

読者にはこの7つの収束について，この演習からわかる論理的包含関係をまとめた図をかいてみることを勧める．

さて，これらの収束の違いをあきらかにするような鍵となる例を4つ挙げておこう．X は実直線 $\mathbb{R}$ で，ルベーグ測度が与えられているものとする．これらの例のうちの最初の3つは 1.4 節で挙げたものであるが，4つめは新しく，また重要でもある．

◆例 1.5.2.（水平無限遠点への消失） $f_n := 1_{[n,n+1]}$ とおく．すると f_n は 0 に各点収束する（従ってほとんど到る所で各点収束する）．しかし L^∞ で一様には収束しないし，L^1 ノルムでほとんど一様でもないし，測度収束でもない．

◆例 1.5.3.（幅無限大への消失） $f_n := \frac{1}{n} 1_{[0,n]}$ とおく．すると f_n は 0 に一様収束する（従って各点，ほとんど到る所で各点，L^∞ ノルム，ほとんど一様，測度の意味でも収束する）．しかし L^1 ノルムでは収束しない．

◆例 1.5.4.（垂直無限遠点への消失） $f_n := n 1_{[\frac{1}{n}, \frac{2}{n}]}$ とおく．すると f_n は 0 に各点収束する（従って，ほとんど到る所で各点収束する）し，ほとんど一様（従って測度）収束もする．しかし一様，L^∞ ノルム，L^1 ノルムの意味では収束しない．

◆例 1.5.5.（タイプライタ列） f_n を，$k \geq 0$ として $2^k \leq n < 2^{k+1}$ のときに
$$f_n := 1_{\left[\frac{n-2^k}{2^k}, \frac{n-2^k+1}{2^k}\right]}$$
で定義する．これは長さが減少していく区間の指示関数の列で，タイプライタのローラーが同じところを繰り返して移動するように，単位区間 $[0,1]$ を何度も何度も繰り返し行進していく．このとき，f_n は 0 に測度収束や L^1 ノルムで収束するが，ほとんど到る所で各点収束（従って各点収束も，ほとんど一様にも，L^∞ ノルムでも，もちろん一様にも）しない．

◆注意 1.5.6. 可測関数 $f: X \to \mathbb{C}$ に対して L^∞ ノルム $\|f\|_{L^\infty(\mu)}$ は f に対する**本質的上界** $M \in [0, +\infty]$ の下限として定義される．ただし，M が本質的上界とは $|f(x)| \leq M$ がほとんどすべての x に対して成り立つという意味である．このとき，f_n が f に L^∞ ノルムで収束する必要十分条件は $n \to \infty$ で $\|f_n - f\|_{L^\infty(\mu)} \to 0$ となることである．

L^1 収束がとくに優れている点は，f_n が絶対可積分であれば，それによって積分が収束する，つまり
$$\int_X f_n \, d\mu \to \int_X f \, d\mu$$
となることが三角不等式から従うことである．残念ながら上の例からわかるよう

に，ほかの意味の収束では，このような積分の収束は自動的には出てこない。

　この節の目標は，これらの収束がお互いにどのような関係になっているのかを調べることにある．残念ながら，その関係はあまり単純なものではない．各点収束と一様収束のように，単純に強い方から弱い方へ順番をつけて並べるというようなことはできない．これは究極的には収束の仕方が異なると，上に挙げたような 3 つの「無限への脱出」シナリオのそれぞれや，またある集合が何度も何度も「上書きされる」というような「タイプライタ」的振る舞いにも違ったやり方で反応してしまうことからくる．そうはいっても，測度が有限 $\mu(X) < \infty$ とか，一様可積分であるとかいったような，これらの無限遠への脱出シナリオの1つ以上を閉ざしてしまうような仮定を追加しておけば，これらの収束の仕方の中に包含関係が生まれてくることもある．

1.5.1　一　意　性

　この節を通して $(X, \mathcal{B}, \mu)$ は測度空間を表すとする．また「μ-ほとんど到る所」を単に「ほとんど到る所」とだけいうことにする．

　収束の仕方というのはすべて異なっているけれども，しかし，f_n が測度 0 の集合を除いてどの関数 f に収束するかという意味においては，それらの収束はすべて同じである．もっと正確にいうと

> **命題 1.5.7.** $f_n \colon X \to \mathbb{C}$ を可測関数の列で，$f, g \colon X \to \mathbb{C}$ を 2 つの可測関数とする．上の 7 つの収束のいずれかの意味において f_n が f に収束しており，さらに f_n はそれとは異なる意味（f への収束と同じ意味でも別にかまわないが）で g に収束しているとする．すると f と g はほとんど到る所で一致する．

　前に注意したように，7 つのうちの最後の 5 つは f と g を測度 0 の集合の上で修正したとしてもその収束概念は変わらないのだから，ここで挙げた結論は最良で，これ以上のことを期待することはできない．

　[証明] 演習 1.5.2 によると，f_n は f にほとんど到る所で各点収束しているか，測度収束していると仮定してよく，同様に g へもほとんど到る所で各点収束しているか，測度収束していると仮定してよい．

　そこで最初に f_n が f と g にほとんど到る所で各点収束しているとする．する

と演習 1.5.1 によって，0 は $f - g$ にほとんど到る所で各点収束していることがわかる。従ってあきらかに $f - g$ はほとんど到る所で 0 であり，主張が従う。同様の議論は f_n が f と g に共に測度収束している場合にも可能である。

対称性から，考えなければならないのは f_n が f にほとんど到る所で各点収束し f_n が g に測度収束している場合が残っているだけである。このときに $f = g$ がほとんど到る所で成り立つことを示さなければならない。このためには，任意の $\varepsilon > 0$ に対して，$|f(x) - g(x)| \leq \varepsilon$ がほとんどすべての x で成り立つことを言えば十分である。なぜなら，$m = 1, 2, 3, \ldots$ に対して $\varepsilon = 1/m$ とおき，零集合の可算和集合が再び零集合になることを使えば主張が従うからである。

$\varepsilon > 0$ を固定し，$A := \{x \in X : |f(x) - g(x)| > \varepsilon\}$ とおく。これは可測集合である。だから，これの測度が 0 であることを示しにいこう。そこで，矛盾を目指して，$\mu(A) > 0$ とおく。そして集合

$$A_N := \{x \in A : \text{すべての } n \geq N \text{ で } |f_n(x) - f(x)| \leq \varepsilon/2\}$$

を考えよう。これは可測集合であって，N に関して増大する。f_n は f にほとんど到る所で収束するから，ほとんどすべての $x \in A$ は少なくとも 1 つの A_N に属しており，従って $\bigcup_{N=1}^{\infty} A_N$ は零集合を除いては A に等しい。とくに

$$\mu\left(\bigcup_{N=1}^{\infty} A_N\right) > 0$$

である。集合に対する単調収束を用いると，これから，ある有限な N に対して

$$\mu(A_N) > 0$$

となることがわかる。ところが，三角不等式からすべての $x \in A_N$ と $n \geq N$ に対して $|f_n(x) - g(x)| > \varepsilon/2$ である。すなわち，f_n は g に測度収束しない。これからほしかった矛盾が出る。 □

1.5.2 階段関数の場合

上のような収束の仕方の違いを理解する一つの方法は $f = 0$ の場合で，各 f_n が階段関数である場合，つまり，可測集合 E_n の指示関数の定数倍 $f_n = A_n 1_{E_n}$ となっている場合に焦点を絞ることである。話を簡単にするために各 $A_n > 0$ は正の実数で，E_n は正の測度 $\mu(E_n) > 0$ を持つと仮定しておこう。さらに A_n は，

A_n が 0 に収束しているか,または 0 から離れている (つまり,すべての n で $A_n \geq c$ となる $c > 0$ がある) かのどちらかの振る舞いしかしないと仮定しておく。もし A_n が 0 に収束しないのであれば 0 から離れているような部分列が存在することがわかるから,このように仮定しても一般性をそれほど失っているわけではない。

このような階段関数の列 $f_n = A_n 1_{E_n}$ が与えられたという下で,7 つの収束のそれぞれにおける 0 への収束がどのような意味であるのかということを考えよう。結論から言えば,その答えは次の 3 つの量によってだいたいは完全に制御されるということがわかる。

(1) n 番目の関数 f_n の高さ A_n
(2) n 番目の関数 f_n の幅 $\mu(E_n)$
(3) 関数列 $f_1, f_2, f_3, \ldots$ の N 番目の末尾台 $E_N^* := \bigcup_{n \geq N} E_n$

実際,次のことが成り立つ。

演習 1.5.3. (階段関数の収束)* 記号と仮定は上の通りとする。このとき,次の主張を示せ。

(1) f_n が 0 に一様収束する必要十分条件は $n \to \infty$ で $A_n \to 0$ となることである。
(2) f_n が 0 に L^∞ ノルムで収束する必要十分条件は $n \to \infty$ で $A_n \to 0$ となることである。
(3) f_n が 0 にほとんど一様に収束する必要十分条件は $n \to \infty$ で $\min(A_n, \mu(E_n^*)) \to 0$ となることである。
(4) f_n が 0 に各点収束する必要十分条件は $n \to \infty$ で $A_n \to 0$ であるか $\bigcap_{N=1}^{\infty} E_N^* = \emptyset$ となることである。
(5) f_n がほとんど到る所の各点で 0 に収束する必要十分条件は $n \to \infty$ で $A_n \to 0$ であるか $\bigcap_{N=1}^{\infty} E_N^*$ が零集合となることである。
(6) f_n が 0 に測度収束する必要十分条件は $n \to \infty$ で $\min(A_n, \mu(E_n)) \to 0$ となることである。
(7) f_n が L^1 ノルムで収束する必要十分条件は $n \to \infty$ で $A_n \mu(E_n) \to 0$ となることである。

このことをもっとおおざっぱに捉えておこう。もし高さが 0 になるのであれば,L^1 収束はだめかもしれないが,ほかのすべてで 0 に収束する。L^1 では高さと幅をかけたものが 0 に行かなければならない。そうではなく,高さが 0 から離れていて幅が正であれば,一様収束や L^∞ 収束は成り立たない。しかしもし幅が 0 へ

行くなら測度収束するし，末尾台（これは幅よりも大きな測度を持つ）の測度が 0 に行くならほとんど一様収束する．さらに末尾台が零集合に縮んでいくならほとんど到る所で各点収束するし，末尾台が空集合へと縮んでいくなら各点収束する．

この演習問題を演習 1.5.2 やこの節の最初に挙げた 4 つの例と比べればためになるだろう．とくに

(1) 水平無限遠へ消失するシナリオでは，高さと幅は 0 に縮まないが，末尾集合は（無限の測度をずっと持ち続けるのに）空集合へと縮む．
(2) 幅無限大で消失するシナリオにおいては，高さは 0 に行くが，幅（と末尾台）とは無限大になり，それによって L^1 ノルムは 0 から離れたままである．
(3) 垂直無限遠へ消失するときには，高さは無限大に行くが，幅（と末尾台）は 0（や空集合）へ行く．これによって L^1 ノルムは 0 から離れたままである．
(4) タイプライタの例においては，幅は 0 に行くが，高さと末尾台は固定されたまま（従って 0 から離れている）である．

◆注意 1.5.8. 階段関数の場合に単調収束定理（定理 1.4.43）を特化させることもできる．この場合，$f_n = A_n 1_{E_n}$ が単調増大である必要十分条件はすべての n で $A_n \leq A_{n+1}$ かつ $E_n \subset E_{n+1}$ となることである．この場合には，$A := \lim_{n \to \infty} A_n$ で $E := \bigcup_{n=1}^{\infty} E_n$ とおくと，f_n は各点で $f := A 1_E$ に収束する．従って単調収束定理は $n \to \infty$ のときに $A_n \mu(E_n) \to A \mu(E)$ と主張している．これは集合に対する単調収束定理 $\mu(E_n) \to \mu(E)$ の帰結である．

1.5.3 有限測度空間

もし空間 X の測度が有限である場合（そして，とくに $(X, \mathcal{B}, \mu)$ が確率空間であるような場合．これについては 2.3 節を見よ）には，状況が単純になる．このような場合には 4 つの例のうちの 2 つ（つまり，水平無限遠や幅無限大への消失）は防止される．実際，エゴロフの定理（演習 1.4.31）から，

定理 1.5.9. (エゴロフの定理 再掲) X が有限測度を持ち，$f_n : X \to \mathbb{C}$ と $f: X \to \mathbb{C}$ は可測関数とする．このとき，f_n が f にほとんど到る所で各点収束する必要十分条件は f_n が f にほとんど一様収束することである．

演習 1.5.3 を使って階段関数の場合を考えると，エゴロフの定理は集合の下向き単調収束性（演習 1.4.23(3)）に帰着されることに注意．

測度有限な場合のすばらしいことをもう 1 つ挙げると，L^∞ 収束するというこ

とから L^1 収束することがわかるということである。

演習 1.5.4. X は有限測度を持つとし，$f_n\colon X\to\mathbb{C}$ と $f\colon X\to\mathbb{C}$ を可測関数とする。このとき，f_n が f に L^∞ ノルムで収束しているならば，f_n は L^1 ノルムにおいても f に収束していることを示せ。

1.5.4 高速収束

タイプライタの例によると L^1 収束にはほとんど一様に収束したりほとんど到る所で各点収束させたりする力はないことがわかる。しかし，もし L^1 収束が十分に速ければ，この状況は改善することができる。

演習 1.5.5.（高速 L^1 収束）$f_n, f\colon X\to\mathbb{C}$ は可測関数で，$\sum\limits_{n=1}^{\infty}\|f_n-f\|_{L^1(\mu)}<\infty$ を満たすとする。つまり，$\|f_n-f\|_{L^1(\mu)}$ が 0 に行く（これは L^1 収束を意味する）だけではなくて，級数が絶対収束するように 0 に収束しているとする。
 (1) f_n はほとんど到る所で f に各点収束していることを示せ。
 (2) f_n はほとんど一様に f に収束していることを示せ。
（ヒント：もしどこから手を付けてよいかわからないなら，$f_n=A_n 1_{E_n}$ が階段関数で $f=0$ という特別な場合から考え始め，演習 1.5.3 を使って直観を養え。この演習の 2 番目は最初のものを含むが，最初の方が少しやさしく証明できるから，準備運動になるだろう。2 番目の問題には $\varepsilon/2^n$ の技が役に立つかもしれない。）

この系として，L^1 収束している関数列から部分列を取り出すことができるのであれば，ほとんど一様収束やほとんど到る所での各点収束させることができることがわかる。

系 1.5.10. $f_n\colon X\to\mathbb{C}$ を可測関数の列で，極限 f に L^1 ノルムで収束しているとする。すると，f にほとんど一様（従ってほとんど到る所で各点）収束している部分列 f_{n_j} が存在する（いうまでもなく L^1 ノルムでも収束する）。

[証明] $n\to\infty$ のときに $\|f_n-f\|_{L^1(\mu)}\to 0$ だから，$n_1<n_2<n_3<\cdots$ を（たとえば）$\|f_{n_j}-f\|_{L^1(\mu)}\leq 2^{-j}$ であるようにとる。そうすると，前の演習が使えるようになる。 □

実は，この系においては L^1 収束を測度収束に緩めてしまうことができる。

演習 1.5.6.* $f_n\colon X\to\mathbb{C}$ は可測関数の列で，極限 f に測度収束しているとする。す

ると，この部分列 f_{n_j} で，f にほとんど一様に（従ってほとんど到る所各点で）収束するものが存在する。（ヒント：集合 $\{x \in X : |f_{n_j}(x) - f(x)| > 1/j\}$ が適切な小さな測度を持つように n_j を選べ。）

タイプライタ列の場合に，どのようにしてこのような部分列を取り出せばよいのかを見ておくことはためになるだろう。もっと一般に，末尾台が幅よりもかなり大きくなってしまうような「タイプライタ」的状況は，部分列を取り出すという操作によってよって取り除くことができるということがわかる。

演習 1.5.7. $(X, \mathcal{B}, \mu)$ を測度空間とし，$f_n \colon X \to \mathbb{C}$ を可測関数の列で，$n \to \infty$ のときにほとんど到る所で可測な極限 $f \colon X \to \mathbb{C}$ に各点収束するものとする。各 n に対して $f_{n,m} \colon X \to \mathbb{C}$ を（n を固定して）$m \to \infty$ としたときに f_n にほとんど到る所で各点収束するような可測関数の列とする。
(1) $\mu(X)$ が有限であれば，f_{n,m_n} がほとんど到る所で f に各点収束するような $m_1, m_2, \ldots$ が存在することを示せ。
(2) $\mu(X)$ が有限と仮定するのではなく，単に X が σ-有限，すなわち，測度が有限な集合の可算和集合と仮定した場合でも同じ主張が成り立つことを示せ。
（この主張は，X が σ-有限でなければ成り立たない。その反例は $X = \mathbb{N}^{\mathbb{N}}$ として，計数測度を考え，すべての $n \in \mathbb{N}$ に対して f_n と f を恒等的に 0 とおく。さらに $f_{n,m}$ を $(a_i)_{i \in \mathbb{N}} \in \mathbb{N}^{\mathbb{N}}$ で $a_n \geq m$ となる数列全体からなる集合の指示関数とおく。）

演習 1.5.8. $f_n \colon X \to \mathbb{C}$ を可測関数の列とし，$f \colon X \to \mathbb{C}$ を他の可測関数とする。このとき次が同値であることを示せ。
(1) f_n は f に測度収束する。
(2) f_n のどんな部分列 f_{n_j} も f にほとんど一様に収束するようなさらなる部分列 $f_{n_{j_i}}$ を持つ。

1.5.5　押さえ込みと一様可積分性

さてここで逆の問題を考えよう。つまり，ほとんど一様収束，ほとんど到る所での各点収束，あるいは測度収束といったものから，L^1 収束は導かれるのであろうか。垂直無限遠への消失や幅無限大の消失という例によれば追加の仮定がなければこの問題の答えはダメである。しかしもし f_n に対して何らかの押さえ込みの仮定をおけば，この消失の道筋というのを閉ざしてしまうことができる。

1.5.5 押さえ込みと一様可積分性

関数の列 $f_n\colon X \to \mathbb{C}$ が押さえ込まれているというのは,ある絶対可積分関数 $g\colon X \to [0,+\infty]$ によって,すべての n とほとんどすべての x で $|f_n(x)| \leq g(x)$ となっていることをいう。たとえば,もし X の測度が有限で f_n が一様有界であれば,この関数列は押さえ込まれている。垂直無限遠や幅無限大への消失の例に現れた関数列は押さえ込まれてはいない(なぜか)ことに注意。

そうして,優収束定理(定理 1.4.48)は,その上でもし f_n がほとんど到る所で各点で f に収束しているならば,f に L^1 ノルムで収束している(従って測度収束もしている)ことを主張している。その言いかえとして,

> **演習 1.5.9.** * $f_n\colon X \to \mathbb{C}$ は可測関数の押さえ込まれている列とする。さらに $f\colon X \to \mathbb{C}$ を他の可測関数とする。このとき f_n が f に L^1 ノルムで収束する必要十分条件は f_n が f に測度収束していることである。(ヒント:「十分性」を示す 1 つの方法は,演習 1.5.6 と優収束定理(定理 1.4.48)とを使って,まず最初に f_n のどんな部分列も f に L^1 で収束するさらなる部分列を持っていることを示すことである。あるいは,単調収束性を使って,$\int_{X\setminus E} g\,d\mu$ と,従って $\int_{X\setminus E} f_n\,d\mu$ と $\int_{X\setminus E} f\,d\mu$ とが小さくなるような測度が有限の集合 E を見つけることである。)

この押さえ込みというのよりももっと一般的な概念があり,それは**一様可積分性**と呼ばれている。これによって,(すべてではないが)多くのところで押さえ込むというのを言いかえることができる。

> **定義 1.5.11.**(一様可積分性) 絶対可積分関数の列 $f_n\colon X \to \mathbb{C}$ が**一様可積分**であるとは次の 3 つが成り立つことをいう。
> (1) (L^1 ノルムの一様有界性)
> $$\sup_n \|f_n\|_{L^1(\mu)} = \sup_n \int_X |f_n|\,d\mu < +\infty$$
> (2) (垂直無限遠へ消失しない)
> $$M \to +\infty \text{ のとき } \sup_n \int_{|f_n| \geq M} |f_n|\,d\mu \to 0$$
> (3) (幅無限大へ消失しない)
> $$\delta \to 0 \text{ のとき } \sup_n \int_{|f_n| \leq \delta} |f_n|\,d\mu \to 0$$

◆**注意 1.5.12.** 階段関数 $f_n = A_n 1_{E_n}$ の場合に一様可積分性を理解しておくことはためになるであろう。このとき,L^1 ノルムの一様有界性というのは,$A_n \mu(E_n)$ が有界に留ま

るという主張である.垂直無限遠へ消失しないというのは $A_n \to \infty$ となるどんな部分列に沿っても $A_n\mu(E_n)$ が 0 に行かねばならないということである.同様に,幅無限大への消失がないというのは $A_n \to 0$ となるどんな部分列に沿っても $A_n\mu(E_n)$ が 0 に行かねばならないということである.

演習 1.5.10. *
(1) f が絶対可積分関数であれば,定関数列 $f_n = f$ は一様可積分であることを示せ.
  (ヒント:単調収束定理を使え.)
(2) 押さえ込まれている可測関数の列は一様可積分であることを示せ.
(3) 一様可積分であるが押さえ込まれてはいない関数列の例を挙げよ.

測度が有限の空間の場合には,幅無限大への消失の可能性はないから,一様可積分性の条件は単に垂直無限への消失の可能性を除外するだけのものに単純化できる.

演習 1.5.11. X は測度が有限で,$f_n : X \to \mathbb{C}$ を可測関数の列とする.このとき,f_n が一様可積分である必要十分条件は $M \to +\infty$ のときに $\sup_n \int_{|f_n| \geq M} |f_n| d\mu \to 0$ となることである.

演習 1.5.12. (測度が有限な集合では L^p が一様に有界だと一様可積分) X は測度が有限とする.$1 < p < \infty$ として,可測関数の列 $f_n : X \to \mathbb{C}$ は $\sup_n \int_X |f_n|^p d\mu < \infty$ を満たすとする.このとき,f_n は一様可積分であることを示せ.

演習 1.5.13. * $f_n : X \to \mathbb{C}$ を一様可積分な関数の列とする.このとき,任意の $\varepsilon > 0$ に対して,$\mu(E) \leq \delta$ を満たす可測集合 E 上ではつねに
$$\int_E |f_n| d\mu \leq \varepsilon$$
がすべての $n \geq 1$ で成り立つような $\delta > 0$ が存在することを示せ.

演習 1.5.14. この演習は演習 1.5.13 の部分的な逆である.X を確率空間とし,$f_n : X \to \mathbb{C}$ を絶対可積分関数の列で,$\sup_n \|f_n\|_{L^1} < \infty$ を満たすものとする.さらに任意の $\varepsilon > 0$ に対して,$\mu(E) \leq \delta$ である可測集合 E 上ではつねに
$$\int_E |f_n| d\mu \leq \varepsilon$$
が任意の $n \geq 1$ で成り立つような $\delta > 0$ が存在すると仮定する.すると,f_n は一様可積分であることを示せ.

優収束定理(定理 1.4.48)は一様可積分性を使って言いかえることができない.

演習 1.5.15. 一様可積分関数の列で，ほとんど到る所で 0 に各点収束しているが，ほとんど一様収束・測度収束・L^1 ノルムの意味では収束しない例を挙げよ．

しかし，演習 1.5.9 と似た主張は成立する．

定理 1.5.13.（一様可積分な測度収束） $f_n\colon X \to \mathbb{C}$ を一様可積分な関数列とし，$f\colon X \to \mathbb{C}$ を他の関数とする．すると f_n が f に L^1 ノルムで収束する必要十分条件は f_n は f に測度収束することである．

[証明]「必要性」の部分は演習 1.5.2 から従うから，「十分性」の部分だけ示そう．
一様可積分性から，ある有限な $A > 0$ が存在して，
$$\int_X |f_n|\,d\mu \leq A$$
がすべての n で成り立つ．演習 1.5.6 によって，f_n には，f にほとんど到る所で各点収束する部分列が存在する．ファトゥの補題（系 1.4.46）を用いると，
$$\int_X |f|\,d\mu \leq A$$
であることがわかるから，f は絶対可積分である．

次に $\varepsilon > 0$ を任意としよう．一様可積分性からある $\delta > 0$ で
$$\int_{|f_n| \leq \delta} |f_n|\,d\mu \leq \varepsilon \tag{1.15}$$
がすべての n で成り立つものが存在する．単調収束性と，必要なら δ の減少性から，f についても同じことがいえ，従って
$$\int_{|f| \leq \delta} |f|\,d\mu \leq \varepsilon. \tag{1.16}$$
となる．

そして $0 < \kappa < \delta/2$ を別の小さな量（これは A, ε, δ に依存してよい）とするが，具体的には少し後で指定する．(1.15) および (1.16) と仮定 $\kappa < \delta/2$ から
$$\int_{|f_n - f| < \kappa;\, |f| \leq \delta/2} |f_n|\,d\mu \leq \varepsilon$$
かつ
$$\int_{|f_n - f| < \kappa;\, |f| \leq \delta/2} |f|\,d\mu \leq \varepsilon$$
が成り立ち，従って三角不等式から
$$\int_{|f_n - f| < \kappa;\, |f| \leq \delta/2} |f - f_n|\,d\mu \leq 2\varepsilon \tag{1.17}$$
がわかる．最後にマルコフの不等式（演習 1.4.35(6)）から

$$\mu(\{x : |f(x)| > \delta/2\}) \leq \frac{A}{\delta/2}$$

となるから，結局

$$\int_{|f_n-f|<\kappa; |f|>\delta/2} |f - f_n| \, d\mu \leq \frac{A}{\delta/2} \kappa$$

となる。とくに，必要なら κ をもっと小さくしてして

$$\int_{|f_n-f|<\kappa; |f|>\delta/2} |f - f_n| \, d\mu \leq \varepsilon$$

となり，従って (1.17) から

$$\int_{|f_n-f|<\kappa} |f - f_n| \, d\mu \leq 3\varepsilon \tag{1.18}$$

がすべての n で成り立つ。

一方で f_n は f に測度収束しているから，ある N（κ に依存する）が存在して

$$\mu(|f_n(x) - f(x)| \geq \kappa) \leq \kappa$$

がすべての $n \geq N$ で成り立つことがわかる。演習 1.5.13 を使うと（必要なら κ をもっと小さくして）

$$\int_{|f_n-f|\geq \kappa} |f_n| \, d\mu \leq \varepsilon$$

かつ

$$\int_{|f_n-f|\geq \kappa} |f| \, d\mu \leq \varepsilon$$

であり，従って三角不等式から

$$\int_{|f_n-f|\geq \kappa} |f - f_n| \, d\mu \leq 2\varepsilon$$

がすべての $n \geq N$ で成り立つことがわかる。これと (1.18) をあわせると

$$\|f_n - f\|_{L^1(\mu)} = \int_X |f - f_n| \, d\mu \leq 5\varepsilon$$

がすべての $n \geq N$ で成り立つことがわかり，従って f_n は f に L^1 ノルムで収束する。 □

最後に，前節から符号なし関数に関する 2 つの結果を思い出しておこう。

演習 1.5.16.（単調収束定理）$f_n \colon X \to [0, +\infty)$ は可測で，n に関して単調非減少で，$\sup_n \int_X f_n \, d\mu < \infty$ を満たすとする。このとき，f_n は $\sup_n f_n$ に L^1 ノルムで収束することを示せ。（$\sup_n f_n$ は零集合上で無限大になり得るが，L^1 収束の定義をこの場合も含むように修正することはやさしい。）

1.5.5 押さえ込みと一様可積分性　117

演習 1.5.17.（ファトゥの補題の等式版） $f_n\colon X \to [0, +\infty)$ は可測で $\sup_n \int_X f_n \, d\mu < \infty$ であり，ある可測な極限 $f\colon X \to [0, +\infty)$ にほとんど到る所で各点収束しているとする。このとき，f_n が f に L^1 ノルムで収束する必要十分条件は $\int_X f_n \, d\mu$ が $\int_X f \, d\mu$ に収束することを示せ。おおざっぱに言えば，符号なしで質量が有限な場合には各点収束から L^1 ノルム収束がいえる必要十分条件は質量欠損がないことである。

演習 1.5.18. * $f_n\colon X \to \mathbb{C}$ は可測関数の列で押さえ込まれているものとする。さらに $f\colon X \to \mathbb{C}$ を別の可測関数とする。このとき，f_n がほとんど到る所で f に各点収束する必要十分条件は f_n が f にほとんど一様に収束することを示せ。

演習 1.5.19. X を確率空間（2.3 節を見よ）とする。実数値可測関数 $f\colon X \to \mathbb{R}$ に対して，f の**累積分布関数** $F\colon \mathbb{R} \to [0, 1]$ を $F(\lambda) := \mu(\{x \in X : f(x) \leq \lambda\})$ なる関数として定義する。他の実数値可測関数列 $f_n\colon X \to \mathbb{R}$ に対して f_n が f に**分布収束**（convergence in distribution）するとは，f_n の累積分布関数 $F_n(\lambda)$ が f の累積分布関数 $F(\lambda)$ に F が連続となるようなすべての $\lambda \in \mathbb{R}$ で各点収束することをいう。

(1) もし f_n が f に上の 7 つ（一様・本質的一様・ほとんど一様・各点・ほとんど到る所で各点・L^1・測度）のいずれかの意味で収束しているなら，f に分布収束していることを示せ。

(2) f_n が f に分布収束しているが，上の 7 つのいずれの意味においても収束しないような例を挙げよ。

(3) 分布収束は線型ではない，すなわち，f_n と g_n が f と g にそれぞれ分布収束していても $f_n + g_n$ は $f + g$ に分布収束するとは限らないことを示せ。

(4) 関数列 f_n は，ほとんど到る所で一致してはいないような 2 つの異なる極限 f, g に分布収束しうることを示せ。

分布収束（An epsilon of room, Vol. I の §1.13 で述べる**超関数**（distribution）の意味での収束（convergence in the sense of distributions）と混同しないようにせよ）は確率論においてよく用いられるものであるが，この演習問題からわかるように収束概念としてはきわめて弱く，ここで論じている収束が持っているような性質の多くが成り立たない。

1.6 微分定理

この節を通して，可測性や「ほとんど到る所」というのはルベーグ σ-集合代数とルベーグ測度に関して考えることにする．さて，$[a,b]$ を正の長さを持つコンパクトな区間（従って $-\infty < a < b < +\infty$）としよう．このとき，$F\colon [a,b] \to \mathbb{R}$ がある点 $x \in [a,b]$ で微分可能であるとは，極限

$$F'(x) := \lim_{y \to x;\, y \in [a,b]\setminus\{x\}} \frac{F(y) - F(x)}{y - x} \tag{1.19}$$

が存在することであったことを思い出しておこう．このとき，$F'(x)$ を x における F の強導関数，古典的導関数あるいは単に導関数と呼ぶ．F が到る所で微分可能である，あるいは単に微分可能であるとはすべての点 $x \in [a,b]$ で微分可能であることをいい，ほとんど到る所で微分可能とはほとんどすべての点 $x \in [a,b]$ で微分可能であることをいう．もし F が到る所で微分可能であり，その導関数 F' が連続であれば，F は連続微分可能であるという．

◆注意 1.6.1. An epsilon of room, Vol. I の §1.13 では**弱微分**あるいは**超関数的微分**の概念が導入される．このような微分概念はかなり粗い関数に対しても適用可能であり，「ルベーグ」型の解析（つまり，ルベーグ積分を中心とした解析，とくに無限になったり，あるいは測度 0 の集合の上では未定義でさえあり得るような関数を許すもの）に対しては古典的な微分よりも扱いやすいことが多い．しかし今は微分に対して古典的な取り扱いのみを行なうことにしよう．

演習 1.6.1. * $F\colon [a,b] \to \mathbb{R}$ が到る所で微分可能であれば，F は連続で F' は可測であることを示せ．また，F がほとんど到る所で微分可能であれば（ほとんど到る所で定義された）F' は可測である（すなわち，$[a,b]$ 上到る所で定義された可測関数と零集合を除いて一致する）ことを示し，その上で F が連続にはならない例を挙げよ．

演習 1.6.2. 到る所で微分可能であるが，連続微分可能ではない関数 $F\colon [a,b] \to \mathbb{R}$ の例を挙げよ．（ヒント：F としてある点，たとえば原点 0 で素早く 0 に近づき，しかしその点の近くでは素早く振動するような関数をとれ．）

1 変数の微分積分においては，積分と微分との間には多くの基本的な関係がある．ここではロルの定理から始めよう．

1.6. 微 分 定 理

定理 1.6.2.（ロルの定理） $[a,b]$ を正の長さを持つコンパクトな区間とし，$F:[a,b]\to\mathbb{R}$ を $F(a)=F(b)$ を満たす微分可能な関数とする．すると，$F'(x)=0$ となる点 $x\in(a,b)$ がある．

[証明] F から定数を引いてしまえば（それによって微分可能性や導関数には何の影響もない），$F(a)=F(b)=0$ と仮定してよい．さらに，もし F が恒等的に 0 であるならば主張は当たり前だから，F はどこかで 0 でない値をとると仮定してよい．必要なら F を $-F$ に置き換えて考えれば，F はどこかで正の値をとると仮定してもよいから，$\sup_{x\in[a,b]} F(x) > 0$ であるとする．ところが F は連続で $[a,b]$ はコンパクトなのだから，F はそのどこかで最大値をとる．つまり，すべての $y\in[a,b]$ が $F(x)\geq F(y)$ となる点 $x\in[a,b]$ が存在する．しかも $F(x)$ は正なのだから x は a や b ではなく，区間の内部にある．そこで (1.19) の右極限を考えれば $F'(x)\leq 0$ であることがわかり，左極限を考えれば $F'(x)\geq 0$ であることがわかる．従って $F'(x)=0$ であることがわかった． □

◆**注意 1.6.3.** この証明は，F が $[a,b]$ の境界点で連続であるということさえ仮定しておけば，(a,b) で微分可能と仮定しているだけで成立する．

演習 1.6.3. もし f がほとんど到る所で微分可能であるとだけ仮定しているときには，f が連続な場合であってもロルの定理は成り立たないことがある例を挙げて示せ．この例から，到る所で微分可能であるという性質は，ほとんど到る所で微分可能というよりもかなり強いものであることがわかる．以降の説明で，多くの場所でこのことを感じると思う．というのは，結論として関数がほとんど到る所で微分可能になるという定理はたくさんあるのだが，**到る所**で微分可能になるという結論を導くものはほとんどないのである．

◆**注意 1.6.4.** ロルの定理というのは，F が実数値であるという実スカラーの場合にしか成り立たないことをとくに注意しておくように．なぜなら，それは領域 $\mathbb{R}$ に対する最小上界性に強く依存しているからである．たとえば，もし複素数値スカラー関数 $F:[a,b]\to\mathbb{C}$ を考えるならば，定理は成り立たない．その例として関数 $F:[0,1]\to\mathbb{C}$ を $F(x):=e^{2\pi ix}-1$ で定義しよう．これは両端では 0 となる微分可能な関数であるが，その微分 $F'(x)=2\pi ie^{2\pi ix}$ が 0 になることはない．（ロルの定理を実部と虚部に分けて適用すれば，微分 F' の実部と虚部はどこかで 0 になるのは確かである．しかしそれが**同じ場所**ではないということが問題なのである．）同様に，$\mathbb{R}^d$ のような有限次元ベクトル空間についても成り立たない．

ロルの定理を平均値の定理に広げるのはやさしい.

系 1.6.5.(**平均値の定理**) $[a,b]$ を正の長さを持つコンパクト区間とし，$F\colon [a,b] \to \mathbb{R}$ は微分可能とする．このとき，$F'(x) = \dfrac{F(b) - F(a)}{b - a}$ となる $x \in (a,b)$ がある．

[証明] 関数
$$x \mapsto F(x) - \frac{F(b) - F(a)}{b - a}(x - a)$$
に対してロルの定理を使え． □

◆**注意 1.6.6.** ロルの定理は実スカラー値関数に対してのみ適用可能であったから，その一般化である平均値の定理もそのような関数にのみ適用可能である．

演習 1.6.4.(**逆微分の定数を除いての一意性**)* $[a,b]$ を正の長さを持つコンパクト区間とする．また，$F\colon [a,b] \to \mathbb{R}$ と $G\colon [a,b] \to \mathbb{R}$ は微分可能な関数とする．このとき，すべての $x \in [a,b]$ で $F'(x) = G'(x)$ となる必要十分条件は，すべての $x \in [a,b]$ で $F(x) = G(x) + C$ となる定数 $C \in \mathbb{R}$ が存在することである．

平均値の定理から微積分の基本定理の一方を導くことができる．

定理 1.6.7.(**微積分の第二基本定理**) $F\colon [a,b] \to \mathbb{R}$ は F' がリーマン可積分であるような微分可能関数とする．すると，F' のリーマン積分 $\displaystyle\int_a^b F'(x)\,dx$ は $F(b) - F(a)$ に等しい．とくに，F が連続微分可能のときには，つねに $\displaystyle\int_a^b F'(x)\,dx = F(b) - F(a)$ が成り立つ．

[証明] $\varepsilon > 0$ とする．リーマン可積分性の定義によると，有限分割 $a = t_0 < t_1 < \cdots < t_k = b$ で，各分割からどう $t_j^* \in [t_{j-1}, t_j]$ を選んでも
$$\left| \sum_{j=1}^{k} F'(t_j^*)(t_j - t_{j-1}) - \int_a^b F'(x) \right| \leq \varepsilon$$
が成り立つものがある．

この分割を固定しておこう．平均値の定理から，各 $1 \leq j \leq k$ に対して $t_j^* \in [t_{j-1}, t_j]$ を見つけて
$$F'(t_j^*)(t_j - t_{j-1}) = F(t_j) - F(t_{j-1})$$
とできる．だから両辺の和をとると打ち消し合いがおこって
$$\left| (F(b) - F(a)) - \int_a^b F'(x) \right| \leq \varepsilon$$
となることがわかる．$\varepsilon > 0$ は任意だから，主張が従う． □

◆注意 1.6.8.　平均値の定理は実スカラー関数に対してしか成り立たないのであるが，微積分の基本定理は複素数値やベクトル値の関数に対しても成り立つ。それは，それらの関数の各成分ごとに平均値の定理を適用することができるからである。

　もちろん，微積分の基本定理のもう片方も挙げておこう。

定理 1.6.9. (微積分の第一基本定理)　$[a,b]$ を正の長さを持つコンパクト区間とする。$f: [a,b] \to \mathbb{C}$ を連続関数とし，$F: [a,b] \to \mathbb{C}$ をその不定積分 $F(x) := \int_a^x f(t)\,dt$ とする。このとき F は $[a,b]$ 上微分可能であって，その導関数はすべての $x \in [a,b]$ で $F'(x) = f(x)$ を満たす。とくに F は連続微分可能である。

[証明]　すべての $x \in [a,b)$ で
$$\lim_{h \to 0^+} \frac{F(x+h) - F(x)}{h} = f(x)$$
となることと，すべての $x \in (a,b]$ で
$$\lim_{h \to 0^-} \frac{F(x+h) - F(x)}{h} = f(x)$$
となることを示せば十分である。変数変換によって，すべての $x \in [a,b)$ と十分に小さな任意の $h > 0$ か，あるいはすべての $x \in (a,b]$ と十分に小さな任意の $h < 0$ に対して
$$\frac{F(x+h) - F(x)}{h} = \int_0^1 f(x+ht)\,dt$$
と書くことができる。f は連続なのだから，関数 $t \mapsto f(x+ht)$ は $[0,1]$ 上で (x を固定したままで) $h \to 0$ のときに $f(x)$ に一様収束する。従って，区間 $[0,1]$ が有界であることとあわせて，$\int_0^1 f(x+ht)\,dt$ は $\int_0^1 f(x)\,dt = f(x)$ に収束する。従って主張が従う。　□

系 1.6.10. (連続関数に対する微分定理)　$f: [a,b] \to \mathbb{C}$ をコンパクト区間上の連続関数とする。このとき，すべての $x \in [a,b)$ に対して
$$\lim_{h \to 0^+} \frac{1}{h} \int_{[x, x+h]} f(t)\,dt = f(x)$$
が成り立ち，すべての $x \in (a,b]$ に対して
$$\lim_{h \to 0^+} \frac{1}{h} \int_{[x-h, x]} f(t)\,dt = f(x)$$
が成り立つ。従ってすべての $x \in (a,b)$ に対して
$$\lim_{h \to 0^+} \frac{1}{2h} \int_{[x-h, x+h]} f(t)\,dt = f(x)$$

が成り立つ。

F, F', f に対する微分可能性や積分可能性の条件を緩めたときに，これらの定理がどのように拡張されていくのかを調べていくのがこの節の目的である。この節で証明する結果としては，次のようなものがある。

(1) ルベーグの微分定理。おおざっぱに言えば，f が連続でなくて絶対可積分なだけであっても，系 1.6.10 がほとんど到る所の x で成り立つ。
(2) 多くの微分定理。これによれば，たとえば 1 次元の単調，リプシッツ連続，有界変動な関数はほとんど到る所で微分可能である。
(3) 絶対連続関数に対して微積分の第二基本定理が成り立つ。

1.6.1　1 次元でのルベーグの微分定理

この項の目標は次の定理を示すことである。

定理 1.6.11. (ルベーグの微分定理, 1 次元の場合)　$f\colon \mathbb{R} \to \mathbb{C}$ を絶対可積分関数とし，$F\colon \mathbb{R} \to \mathbb{C}$ をその不定積分 $F(x) := \int_{[-\infty, x]} f(t)\,dt$ とする。このとき，F は連続かつほとんど到る所で微分可能であり，ほとんどすべての $x \in \mathbb{R}$ で $F'(x) = f(x)$ が成り立つ。

この定理は系 1.6.10 が少し変化したものと理解することができる。つまり，f は連続ではなく，絶対可積分と仮定されているだけ（さらにコンパクト区間だけでなく実数全体で定義されていてよい）であるが，結論も F はすべての点で微分可能なのではなくただほとんど到る所で微分可能であるというように弱められている。(しかしこのような一般化では結論が弱くなってしまうのは当たり前である。たとえば $f = 1_{[0,1]}$ という例を考えてみよ。)
連続性は簡単な演習である。

演習 1.6.5.*　$f\colon \mathbb{R} \to \mathbb{C}$ を絶対可積分関数とし，$F\colon \mathbb{R} \to \mathbb{C}$ をその不定積分 $F(x) := \int_{[-\infty, x]} f(t)\,dt$ とする。このとき，F が連続であることを示せ。

難しいのは，ほとんどすべての $x \in \mathbb{R}$ で $F'(x) = f(x)$ を示すことである。これは次から従う。

1.6.1 1次元でのルベーグの微分定理

定理 1.6.12. (ルベーグの微分定理，2 つめの定式化) $f\colon \mathbb{R} \to \mathbb{C}$ を絶対可積分関数とする．このとき，ほとんどすべての $x \in \mathbb{R}$ において
$$\lim_{h \to 0^+} \frac{1}{h} \int_{[x, x+h]} f(t)\, dt = f(x) \tag{1.20}$$
であり，ほとんどすべての $x \in \mathbb{R}$ で
$$\lim_{h \to 0^+} \frac{1}{h} \int_{[x-h, x]} f(t)\, dt = f(x) \tag{1.21}$$
が成り立つ．

演習 1.6.6. 定理 1.6.11 が定理 1.6.12 から導かれることを示せ．

ここでは最初の関係式 (1.20) のみ示すことにする．すると (1.21) は同様だからである（あるいは (1.20) において f をその鏡映関数 $x \mapsto f(-x)$ で置き換えればよい．）

定理では f は複素数値としているが，実部と虚部をとって考えれば，f が実数値の場合について示せば十分であることはあきらかである．従ってこれの証明が終わるまではそのように仮定しておく．

示したい (1.20) は収束定理の一種である．つまり，これはある与えられた条件（今の場合であれば絶対可積分関数 $f\colon \mathbb{R} \to \mathbb{R}$）を満たすすべての関数 f について，ある線型関係で表される $T_h f$ なる列（今の場合であれば右側平均 $T_h f(x) = \frac{1}{h}\int_{[x, x+h]} f(t)\, dt$）がある意味（今の場合であればほとんど到る所で各点収束）において特定の極限（今の場合であれば f）に収束するという主張なのである．このような収束定理を証明するために，一般的でしかも大変使いやすい方法がある．それは稠密性論法と呼ばれている．この論法では 2 つのことを示さなければならないが，それはおおざっぱに言えば次のことである．

(1) そのような収束を「よい」関数 f でできている「稠密な部分集合」に対して確認する．「よい」とは，連続関数，なめらかな関数，単関数のようなものであり，「稠密な」とはもとの考えている一般の f が，そのようなよい関数を使って適切な意味で任意の精度で近似できるということである．

(2) 線型関係で表される量 $T_h f$ の最大変動量を関数 f の「大きさ」を用いて上から評価する．ただしこの「大きさ」は上の近似の方法に依存して定める．

この2つを用意することができさえすれば，その後は普通それほど難しくなく，それらをあわせて（稠密な部分集合だけではなく）一般の関数 f について求める収束定理を得ることができる．

> **命題 1.6.13.**（平行移動は L^1 で連続である） $f\colon \mathbb{R}^d \to \mathbb{C}$ を絶対可積分関数とし，各 $h \in \mathbb{R}^d$ に対して $f_h\colon \mathbb{R}^d \to \mathbb{C}$ を f を h だけ平行移動した
> $$f_h(x) := f(x-h)$$
> と定める．すると $h \to 0$ のときに f_h は f に L^1 ノルムで収束する．すなわち，
> $$\lim_{h\to 0}\int_{\mathbb{R}^d} |f_h(x)-f(x)|\,dx = 0$$
> である．

[証明] まずはじめに，この主張が稠密な部分集合に対して成り立つことを確認しよう．そこで，関数 f は連続で，コンパクトな台を持つ（つまり，あるコンパクトな集合の外では0となる）としよう．そのような関数は連続だから，$h \to 0$ のときに f_h は f に一様収束する．さらに f はコンパクトな台を持つから，$f_h - f$ の台は h に関して一様に有界に留まる．これから f_h が L^1 ノルムで f に収束することがわかる．

次に，どんな $h \in \mathbb{R}^d$ についても評価式
$$\int_{\mathbb{R}^d} |f_h(x)-f(x)|\,dx \leq 2\int_{\mathbb{R}^d} |f(x)|\,dx \tag{1.22}$$
が成り立つ．これは三角不等式
$$\int_{\mathbb{R}^d} |f_h(x)-f(x)|\,dx \leq \int_{\mathbb{R}^d} |f_h(x)|\,dx + \int_{\mathbb{R}^d} |f(x)|\,dx$$
とルベーグ積分の平行移動不変性
$$\int_{\mathbb{R}^d} |f_h(x)|\,dx = \int_{\mathbb{R}^d} |f(x)|\,dx$$
とから簡単にわかる．

それでは，この2つを一緒にしよう．$f\colon \mathbb{R}^d \to \mathbb{C}$ を絶対可積分とし，$\varepsilon > 0$ を任意とする．リトルウッドの第二原理（定理 1.3.20(3)）を絶対可積分な関数 f に適用すると，
$$\int_{\mathbb{R}^d} |f(x)-g(x)|\,dx \leq \varepsilon$$
となる連続で台がコンパクトな関数 $g\colon \mathbb{R}^d \to \mathbb{C}$ が存在する．(1.22) を用いれば
$$\int_{\mathbb{R}^d} |(f-g)_h(x) - (f-g)(x)|\,dx \leq 2\varepsilon$$

であることがわかるが，これを組み替えてしまえば

$$\int_{\mathbb{R}^d} |(f_h - f)(x) - (g_h - g)(x)|\, dx \leq 2\varepsilon$$

となることがわかる。稠密な部分集合に対する結果から，h が十分に 0 に近ければ

$$\int_{\mathbb{R}^d} |g_h(x) - g(x)|\, dx \leq \varepsilon$$

であることはわかっている。三角不等式から，h が十分 0 に近ければ

$$\int_{\mathbb{R}^d} |f_h(x) - f(x)|\, dx \leq 3\varepsilon$$

であることがわかるが，これは主張を意味する。 □

◆**注意 1.6.14.** 今の稠密性論法においては，必要となる評価式を元々考えている関数 f すべてに対して直接示した。しかし，最初に必要となる評価をよい関数（たとえばコンパクトな台を持つ連続関数）に対して示してから，稠密性論法をもう一度使うということも可能である。多くの場合には，ファトゥの補題（系 1.4.46）のような道具を使えば一般の場合に成り立つ評価に拡張することができる。ファトゥの補題は上からの評価が極限によって保たれることを示すのにとくに適している。

演習 1.6.7. $f: \mathbb{R}^d \to \mathbb{C}$ は絶対可積分で，$g: \mathbb{R}^d \to \mathbb{C}$ は本質的有界（つまり零集合の外側で有界）であるようなルベーグ可測関数とする。このとき，

$$f * g(x) = \int_{\mathbb{R}^d} f(y)g(x-y)\, dy$$

で定義されるたたみ込み $f * g: \mathbb{R}^d \to \mathbb{C}$ は（右辺の被積分関数が絶対可積分という意味で）問題なく定義されており，$f * g$ は有界で連続な関数であることを示せ。

この演習問題を見ると，たたみ込みというのはなめらかにする性質を持っているということが感覚的にわかるであろう。つまり，通常は，2 つの関数のたたみ込み $f * g$ は f, g のよい方と少なくとも同じ程度なめらかであるし，多くの場合にはよりなめらかなものになる。

このような平滑化作用から導かれる重要な帰結としてシュタインハウスの定理がある。

演習 1.6.8.（シュタインハウスの定理）* $E \subset \mathbb{R}^d$ を正の測度を持つルベーグ可測集合とする。このとき，集合 $E - E := \{x - y : x, y \in E\}$ と定めると，この集合は原点の開近傍を含むことを示せ。（ヒント：E が有界な場合に帰着させ，さらに前の演習問題をたたみ込み $1_E * 1_{-E}$ に対して使え。ただし $-E := \{-y : y \in E\}$ である。）

演習 1.6.9. $f: \mathbb{R}^d \to \mathbb{C}$ が準同型であるというのは，$x, y \in \mathbb{R}^d$ に対して $f(x + y) =$

$f(x) + f(y)$ が成り立つことをいう。

(1) 可測な準同型は連続であることを示せ。(ヒント：複素平面で原点中心の円板 D を任意に考えると，$f^{-1}(z+D)$ が正の測度を持っているような $z \in \mathbb{C}$ が少なくとも1つはある。それから前の演習のシュタインハウスの定理を使え。)

(2) f が可測な準同型である必要十分条件は，ある複素数 $z_1, \ldots, z_d$ があって，すべての $x_1, \ldots, x_d \in \mathbb{R}$ で $f(x_1, \ldots, x_d) = x_1 z_1 + \cdots + x_d z_d$ という形になることを示せ。(ヒント：まず有理数の $x_1, \ldots, x_d$ に対して示し，この演習の前段落を使え。)

(3) (ツォルンの補題を知っている読者向け。An epsilon of room, Vol. I の §2.4 を参照。) 前の問題のような形をしていない準同型 $f: \mathbb{R}^d \to \mathbb{C}$ が存在することを示せ。(ヒント：まず $\mathbb{R}^d$ (あるいは $\mathbb{C}$) を有理数 $\mathbf{Q}$ 上のベクトル空間であるとみなす。その上で (ツォルンの補題から) すべてのベクトル空間は——仮に無限次元空間であろうと——少なくとも1つは基底を持つことを使え。) これは 1.2.3 項で与えた非可測集合の別の構成法である。

◆注意 1.6.15. 稠密性論法の欠点は，それから出てくる収束の結果が，定量的なものではなく**定性的**なものだということである。つまり，収束の速さについての具体的な評価がわからない。たとえば命題 1.6.13 においては，どんな $\varepsilon > 0$ に対しても，$|h| \leq \delta$ である限り $\int_{\mathbb{R}^d} |f_h(x) - f(x)|\, dx \leq \varepsilon$ となるような $\delta > 0$ が存在する。しかし δ をどのように ε と f の式として具体的に表示できるのかということはわからない。もちろん証明の最後の部分でそのような評価を与えたのであるが，それは関数 f が「どの程度可測か」ということ，もっと正確に言えば f を「よい」関数で近似することがどの程度「簡単か」ということに依存していたのである。この問題をはっきりさせておこう。そのために，1次元で関数 $f(x) := \sin(Nx)\mathbf{1}_{[0,2\pi]}(x)$ を考える。ただし $N \geq 1$ は大きな整数としておく。すると，まず f の L^1 ノルムは N にかかわらず有界であり，$\int_{\mathbb{R}} |f(x)|\, dx \leq 2\pi$ が成り立つ (実際，左辺は 4 に等しい)。ところが，少し考えれば $\int_{\mathbb{R}} |f_{\pi/N}(x) - f(x)|\, dx \geq c$ となる定数 $c > 0$ がとれることもわかる。だから，もし $\int_{\mathbb{R}} |f_h(x) - f(x)|\, dx$ の値を c 以下にしようと思えば，h をたかだか π/N の大きさにしておかなければならない。ここで N を大きくすることによって，f の L^1 ノルムは有界なのに $\int_{\mathbb{R}} |f_h(x) - f(x)|\, dx$ が 0 に収束する速さを好きなだけ遅くすることができる。この問題は，N が大きくなるに従って f の振動が激しくなり，そのため f を適切な**連続度**を持つ一様連続な「よい」関数でうまく近似することが難しくなっていくということにある。この種の問題や，このような定性的な結果に対してどのような定量的評価が可能なのかという問題については ［文献 9 (§1.4)］で述べている。

それではルベーグの微分定理に戻ることにしよう。稠密性論法を使うのだが，必要な稠密な部分集合は系 1.6.10 の結論ですでにわかっている。つまり，(1.20) はすべての連続関数 f で成り立つ。そして，必要となる定量的評価は次のハーディ・

リトルウッドの最大不等式の特別な場合である。

補題 1.6.16. (ハーディ・リトルウッドの片側最大不等式) $f\colon\mathbb{R}\to\mathbb{C}$ を絶対可積分な関数とし，$\lambda>0$ とする。このとき，
$$m\left(\left\{x\in\mathbb{R}:\sup_{h>0}\frac{1}{h}\int_{[x,x+h]}|f(t)|\,dt\geq\lambda\right\}\right)\leq\frac{1}{\lambda}\int_{\mathbb{R}}|f(t)|\,dt$$
が成り立つ。

この補題の証明はすぐに与えることにするが，その前にこれと稠密性の結果とあわせればルベーグの微分定理が出ることを示しておこう。$f\colon\mathbb{R}\to\mathbb{C}$ を絶対可積分とし，$\varepsilon,\lambda>0$ を任意とする。すると，リトルウッドの第二原理から連続かつコンパクトな台を持つ関数 $g\colon\mathbb{R}\to\mathbb{C}$ で
$$\int_{\mathbb{R}}|f(x)-g(x)|\,dx\leq\varepsilon$$
となるものが存在する。そこでハーディ・リトルウッドの片側最大不等式を用いると
$$m\left(\left\{x\in\mathbb{R}:\sup_{h>0}\frac{1}{h}\int_{[x,x+h]}|f(t)-g(t)|\,dt\geq\lambda\right\}\right)\leq\frac{\varepsilon}{\lambda}$$
であることがわかる。同じような評価として，マルコフの不等式（補題 1.3.15）を用いると
$$m(\{x\in\mathbb{R}:|f(x)-g(x)|\geq\lambda\})\leq\frac{\varepsilon}{\lambda}$$
を得る。劣加法性から測度がたかだか $2\varepsilon/\lambda$ であるような集合 E の外側にあるすべての $x\in\mathbb{R}$ において，すべての $h>0$ に対して
$$\frac{1}{h}\int_{[x,x+h]}|f(t)-g(t)|\,dt<\lambda \tag{1.23}$$
であり，かつ
$$|f(x)-g(x)|<\lambda \tag{1.24}$$
が成立することがわかる。

さて，ここで $x\in\mathbb{R}\setminus E$ としよう。稠密な部分集合に対する結果（系 1.6.10）を連続関数 g に対して用いれば，h が 0 に十分に近ければ
$$\left|\frac{1}{h}\int_{[x,x+h]}g(t)\,dt-g(x)\right|<\lambda$$
が成り立つ。これと，(1.23) と (1.24) とをあわせて，三角不等式を使えば，h が 0 に十分近ければ
$$\left|\frac{1}{h}\int_{[x,x+h]}f(t)\,dt-f(x)\right|<3\lambda$$

となることがわかる。とくに測度が $2\varepsilon/\lambda$ の集合の外側にあるすべての x で

$$\limsup_{h\to 0}\left|\frac{1}{h}\int_{[x,x+h]}f(t)\,dt - f(x)\right| < 3\lambda$$

となる。λ を固定したまま ε を 0 に近づけると，ほとんどすべての $x\in\mathbb{R}$ に対して

$$\limsup_{h\to 0}\left|\frac{1}{h}\int_{[x,x+h]}f(t)\,dt - f(x)\right| < 3\lambda$$

となることがわかる。そして，λ を可算列（たとえば $\lambda := 1/n,\ n=1,2,\dots$）に沿って 0 に近づければ，ほとんどすべての $x\in\mathbb{R}$ で

$$\limsup_{h\to 0}\left|\frac{1}{h}\int_{[x,x+h]}f(t)\,dt - f(x)\right| = 0$$

となることがわかり，これは主張を意味している。

従って残っているのは，ハーディ・リトルウッドの片側最大不等式を示すことだけである。それを示すのであるが，そのために日の出の補題を使おう。

補題 1.6.17.（日の出の補題） $[a,b]$ をコンパクトな区間とし，$F\colon [a,b]\to\mathbb{R}$ を連続関数とする。このとき，$[a,b]$ の中に，次の性質を持つような交わらない空でない開区間 $I_n = (a_n,b_n)$ のたかだか可算個の列がある。

(1) 各 n について，$F(a_n) = F(b_n)$ であるか，そうでなければ $a_n = a$ で $F(b_n) \geq F(a_n)$ である。

(2) $x\in (a,b]$ がどの区間 I_n にも属していないのであれば，$x \leq y \leq b$ を満たすすべての y が $F(y) \leq F(x)$ である。

◆**注意 1.6.18.**「日の出の補題」という名前の由来であるが，まず F のグラフ $\{(x,F(x)) : x\in [a,b]\}$ が，起伏のある丘がつながっているような丘陵地帯の風景を表しているものと想像してみよう。ここで太陽が右方向の無限遠点 $(+\infty,0)$（あるいは東の地平線と思ってもよい）からこの丘を照らしているとする。すると，$F(y) \leq F(x)$ となる x は太陽に照らされる斜面を表している。区間 I_n というのは，影になってしまう部分のことである。読者はこの様子を絵に描いてみることを勧める [*14)]。

この補題は次の基本的な事実を使って証明される。

演習 1.6.10.* $\mathbb{R}$ の任意の開部分集合 U は，端点が U に含まれていない空でない開区間のたかだか可算個の交わらない和集合であることを示せ。（ヒント：最初に U 内のすべての点 x は U の部分開区間で最大のもの (a,b) に含まれていることを示せ。それから

---

*14) この教科書には図がないが，意図的にそうしている。それは読者個々がこのような数学的な事実に対して図的理解を直接作り出すことの方がはるかにためになるし，役にも立つと感じているからである。

このような最大の開区間というのは交わっておらず，さらにそのような開区間は少なくとも1つの有理数を含んでいることを示せ。)

[日の出の補題の証明] まず $F(y) > F(x)$ なる y が (x,b) 内に存在するような $x \in (a,b)$ 全体からなる集合を U とおく．すると，F は連続だから，U は開集合であり，従って U は a_n, b_n が U の外にあるような空でない交わらない開区間 $I_n = (a_n, b_n)$ のたかだか可算の列の和集合である．

日の出の補題の2番目の結論はその作り方からあきらかだから，最初の性質を示せば十分である．そこでまず $I_n = (a_n, b_n)$ は $a_n \neq a$ であるとしよう．端点 a_n は U 内にはないのだから，すべての $a_n \leq y \leq b$ で $F(y) \leq F(a_n)$ でなければならない．同様にして，すべての $b_n \leq y \leq b$ も $F(y) \leq F(b_n)$ である．とくに $F(b_n) \leq F(a_n)$ である．ところが F は連続だから，$a_n < t < b_n$ であれば $F(b_n) \geq F(t)$ であることを示せば十分である．

そこで矛盾を目指して $F(b_n) < F(t)$ となる $a_n < t < b_n$ が存在すると仮定しよう．そこで $A := \{s \in [t, b_n] : F(s) \geq F(t)\}$ とおく．すると A は閉集合であり，t を含むが b_n は含まない．$t_* := \sup(A)$ とおく．すると $t_* \in [t, b_n) \subset I_n \subset U$ であり，従って $F(y) > F(t_*)$ となる $t_* < y \leq b_n$ がある．ところが $F(t_*) \geq F(t) > F(b_n)$ であり，かつ $b_n \leq z \leq b$ なら $F(b_n) \geq F(z)$ なのだから y は b_n よりも大きくなれない．すなわち A に含まれる．ところがこれは t_* が A の上限であるという事実と矛盾する．

$a_n = a$ の場合の証明も同様であり，読者に任せる．ただし，この場合には $a_n \leq y \leq b$ なら $F(y) \leq F(a_n)$ とはいえず，従って上からの評価 $F(b_n) \leq F(a_n)$ はわからない． □

これでハーディ・リトルウッドの片側最大不等式を証明することができる．上向き単調性から，任意のコンパクト区間 $[a, b]$ 上で

$$m\left(\left\{x \in [a,b] : \sup_{h>0; [x,x+h] \subset [a,b]} \frac{1}{h} \int_{[x,x+h]} |f(t)|\, dt \geq \lambda\right\}\right) \leq \frac{1}{\lambda} \int_{\mathbb{R}} |f(t)|\, dt$$

が成り立つことを示せば十分である．λ をイプシロンだけ変えれば，この等号付きの不等号を真の不等号に変えて

$$m\left(\left\{x \in [a,b] : \sup_{h>0; [x,x+h] \subset [a,b]} \frac{1}{h} \int_{[x,x+h]} |f(t)|\, dt > \lambda\right\}\right) \leq \frac{1}{\lambda} \int_{\mathbb{R}} |f(t)|\, dt \tag{1.25}$$

を示せばよい。

$[a,b]$ を固定しよう。$F\colon [a,b] \to \mathbb{R}$ を

$$F(x) := \int_{[a,x]} |f(t)|\,dt - (x-a)\lambda$$

とおいて，これに日の出の補題を用いる。系 1.6.5 から F は連続である。だから，日の出の補題の性質を持つようなたかだか可算個の区間 $I_n = (a_n, b_n)$ の列をとることができる。$\dfrac{1}{h}\int_{[x,x+h]} |f(t)|\,dt > \lambda$ という性質が $F(x+h) > F(x)$ に置き換えられることに注意すれば，補題の 2 つめの性質から

$$\left\{ x \in (a,b) : \sup_{h>0;\,[x,x+h] \subset [a,b]} \frac{1}{h} \int_{[x,x+h]} |f(t)|\,dt > \lambda \right\} \subset \bigcup_n I_n$$

である。従って，可算加法性から，(1.25) の左辺は $\sum_n (b_n - a_n)$ によって上から押さえられることがわかる。ところが $F(b_n) - F(a_n) \geq 0$ なのだから

$$\int_{I_n} |f(t)|\,dt \geq \lambda(b_n - a_n)$$

であり，従って

$$\sum_n (b_n - a_n) \leq \frac{1}{\lambda} \sum_n \int_{I_n} |f(t)|\,dt$$

であることがわかる。I_n は交わらない区間で I に含まれているから，単調収束と単調性から

$$\sum_n \int_{I_n} |f(t)|\,dt \leq \int_{[a,b]} |f(t)|\,dt$$

であることがわかり，主張が従う。

演習 1.6.11. （ハーディ・リトルウッドの両側最大不等式）* $f\colon \mathbb{R} \to \mathbb{C}$ を絶対可積分関数とし，$\lambda > 0$ とする。このとき，

$$m\left(\left\{ x \in \mathbb{R} : \sup_{x \in I} \frac{1}{|I|} \int_I |f(t)|\,dt \geq \lambda \right\}\right) \leq \frac{2}{\lambda} \int_{\mathbb{R}} |f(t)|\,dt$$

であることを示せ。ただし，この上限は x を含むような長さが正の区間 I すべてについてとるものとする。

演習 1.6.12. （日の出の不等式）* $f\colon \mathbb{R} \to \mathbb{R}$ を絶対可積分関数とし，$f^*\colon \mathbb{R} \to \mathbb{R}$ をハーディ・リトルウッドの片側最大関数

$$f^*(x) := \sup_{h>0} \frac{1}{h} \int_{[x,x+h]} f(t)\,dt$$

とする。このとき，すべての実数 λ （0 や負でもよい）に対して，**日の出の不等式**

$$\lambda m(\{f^*(x) > \lambda\}) \leq \int_{f^*(x) > \lambda} f(x)\,dx$$

が成り立つことを示せ．さらにこの不等式から補題 1.6.16 が導かれることを示せ．（ヒント：まず日の出の補題を使って $\lambda = 0$ の場合を考えよ．）このような形の不等式や，それのエルゴード理論（とくに**最大エルゴード定理**）への応用に関しては［文献 10（§2.9)］を見よ．

演習 1.6.13. $\lambda > 0$ とすると，演習 1.6.12 の両辺は実は等しいことを示せ．（ヒント：まず f がコンパクトな台を持つ場合について考えてもよい．この場合には f の台を含む十分に大きな区間に対して日の出の補題が使える．）

1.6.2 高次元におけるルベーグの微分定理

ここでルベーグの微分定理を高次元に拡張しておこう．定理 1.6.11 の形では高次元でどのような形になるのかがわからないが，定理 1.6.12 の形は高次元へ拡張できる．

定理 1.6.19.（一般次元におけるルベーグの微分定理） $f \colon \mathbb{R}^d \to \mathbb{C}$ を絶対可積分な関数とする．このとき，ほとんどすべての $x \in \mathbb{R}^d$ に対して
$$\lim_{r \to 0} \frac{1}{m(B(x,r))} \int_{B(x,r)} |f(y) - f(x)| \, dy = 0 \tag{1.26}$$
かつ
$$\lim_{r \to 0} \frac{1}{m(B(x,r))} \int_{B(x,r)} f(y) \, dy = f(x)$$
が成り立つ．ただし，$B(x,r) := \{y \in \mathbb{R}^d : |x - y| < r\}$ は中心 x で半径 r の開球である．

三角不等式から
$$\left| \frac{1}{m(B(x,r))} \int_{B(x,r)} f(y) \, dy - f(x) \right| = \left| \frac{1}{m(B(x,r))} \int_{B(x,r)} f(y) - f(x) \, dy \right|$$
$$\leq \frac{1}{m(B(x,r))} \int_{B(x,r)} |f(y) - f(x)| \, dy$$
となるから，定理 1.6.19 の 2 番目の結論は最初のものから導かれることがわかる．(1.26) が成り立つような x を f の**ルベーグ点**という．つまり，絶対可積分な関数 f に対しては，$\mathbb{R}^d$ のほとんどすべての点がルベーグ点となる．

演習 1.6.14. $f \colon \mathbb{R}^d \to \mathbb{C}$ が**局所可積分**とは，すべての $x \in \mathbb{R}^d$ に対して f が絶対可積分となる x の近傍が存在することをいう．

(1) f が局所可積分である必要十分条件は，すべての $r > 0$ に対して $\int_{B(0,r)} |f(x)|\,dx < \infty$ となることを示せ。

(2) 定理 1.6.19 から，この定理において f の絶対可積分性は局所可積分性に弱められることを示せ。

演習 1.6.15. * 各 $h > 0$ に対して，$m(E_h) \geq c m(B(0,h))$ となるような $B(0,h)$ の部分集合 E_h を考える。ただし $c > 0$ は h に無関係にとる。もし $f \colon \mathbb{R}^d \to \mathbb{C}$ が局所可積分であり，かつ x が f のルベーグ点であれば，
$$\lim_{h \to 0} \frac{1}{m(E_h)} \int_{x+E_h} f(y)\,dy = f(x)$$
が成り立つことを示せ。また定理 1.6.12 は定理 1.6.19 から導かれることをいえ。

定理 1.6.19 は稠密性論法を使って証明する。稠密な部分集合は簡単にわかる。

演習 1.6.16. 定理 1.6.19 は，f が連続であればかならず成り立つことを示せ。

定量的評価を得るためには，次の定理が必要である。

定理 1.6.20. (ハーディ・リトルウッドの最大不等式) $f \colon \mathbb{R}^d \to \mathbb{C}$ を絶対可積分な関数とし，$\lambda > 0$ とする。このとき，次元 d にのみ依存する定数 C_d がとれて，
$$m\left(\left\{x \in \mathbb{R}^d : \sup_{r>0} \frac{1}{m(B(x,r))} \int_{B(x,r)} |f(y)|\,dy \geq \lambda \right\}\right) \leq \frac{C_d}{\lambda} \int_{\mathbb{R}} |f(t)|\,dt$$
が成り立つ。

◆注意 1.6.21. $\sup_{r>0} \frac{1}{m(B(x,r))} \int_{B(x,r)} |f(y)|\,dy$ で定まる関数を f のハーディ・リトルウッドの最大関数といい，$Mf(x)$ と書くことも多い。これは (実) 調和解析において重要な関数である。

演習 1.6.17. 稠密性論法を用いて定理 1.6.19 は定理 1.6.20 から導かれることを示せ。

1 次元の場合には，この評価は日の出の補題を用いて示すことができた。残念ながら，あの補題は実数が比較可能という順序構造に強く依存しており，従って高次元で似たようなことがいえるかどうかはあきらかではない。そこで，ここでは次のような被覆補題を用いよう。その前に $\mathbb{R}^d$ 内の開球 $B = B(x,r)$ と実数 $c > 0$ が与えられたとき，中心が同じで半径が c 倍である球を $cB := B(x,cr)$ と書く

ことにする（これは $c \cdot B := \{cy : y \in B\}$ とは少し違うことに注意。なぜ違うか考えよ）。また，開球 $B \subset \mathbb{R}^d$ と実数 $c > 0$ に対してつねに $|cB| = c^d|B|$ となることに注意せよ。

> **補題 1.6.22.**（ヴィタリ型の被覆補題）　$B_1, \ldots, B_n$ を $\mathbb{R}^d$ の開球の有限個の集まり（交わっていてもよい）とする。すると，この中から互いに交わらない $B'_1, \ldots, B'_m$ を選び出して
> $$\bigcup_{i=1}^{n} B_i \subset \bigcup_{j=1}^{m} 3B'_j \tag{1.27}$$
> となるようにできる。とくに，有限劣加法性から
> $$m\left(\bigcup_{i=1}^{n} B_i\right) \leq 3^d \sum_{j=1}^{m} m(B'_j)$$
> となる。

[証明] 貪欲法を用いよう。つまり球 B'_i を，交わらないようにできるものでできるだけ大きなものを選ぶという操作を続けて作り出していく。もっと正確に言えば，次のような手続きを実行しよう。

　手順 0. まず最初に $m = 0$ とおく。（つまり，まだ $B'_1, \ldots, B'_m$ に該当するようなものは 1 つも見つかっていない。）

　手順 1. $B'_1, \ldots, B'_m$ のどれとも交わらない B_j を全部探す（だから最初にこの手順を実行するときにはすべての $B_1, \ldots, B_n$ が候補となる）。もしそのようなものが見つからないと，手順を終了する。見つかった場合には次の手順 2 へ移る。

　手順 2. $B'_1, \ldots, B'_m$ のどれとも交わらない B_j の中でもっとも大きなものを選ぶ。（もし半径の等しいものが複数あれば，どちらを選んでもよい。）この球を $B'_{m+1} := B_j$ として $B'_1, \ldots, B'_m$ に追加する。さらに m を $m+1$ に増やす。そして手順 1 に戻る。

この手順を繰り返しているとき，$B_1, \ldots, B_n$ の中で候補になる球というのは，少なくとも 1 つずつ減っていくことに注意せよ（なぜなら，選ばれた球というのは，それ自身とかならず交わるので，決して再度候補に挙がることはないから）。だからこの手順はかならず有限回で停止する。さらに，この作り方から $B'_1, \ldots, B'_m$ というのは $B_1, \ldots, B_n$ の中に含まれており，しかも交わらないということはあきらかである。だから，この手順が完了したときに (1.27) が成り立っていることだ

けを確かめればよい。つまり，元々の集まりに含まれるどの球 B_i も，今作ったものを 3 倍した $3B'_j$ によって覆われることを確認する。

そのために，次のように考えよう。元々の球の集まりから，任意に B_i をとろう。すると，今の手順というのは $B'_1, \ldots, B'_m$ のどれとも交わらないような球がなくなったときにのみ停止するのだから，B_i は少なくとも 1 つの B'_j と交わっていなければならない。そこで B'_j をそのような球の最初のものとする。すなわち，B_i は $B'_1, \ldots, B'_{j-1}$ のどれとも交わらないが，B'_j とは交わるとする。B'_j は $B'_1, \ldots, B'_{j-1}$ のどれとも交わらないようなものの中でもっとも大きなものであったから，B_i の半径は B'_j よりも大きなものではあり得ない。従って，三角不等式から $B_i \subset 3B'_j$ となる。これは結論を意味する。 □

演習 1.6.18. 厳密に言えば，上の算法的な証明は形式化された数学的推論で標準的とされる論証にはなっていない。なぜなら，形式化された推論においては（自然数 m のような）どのような数学的な対象も一度しか定義することはできず，ほとんどの算法（アルゴリズム）でやるような何度も再定義するといったことはできないからである。そこで上の証明を変数の再定義を避けて書き直せ。（ヒント：「時間」変数 t を導入して，上の手順を t 回（あるいはもしそれ以前のある時刻 $t_* < t$ で停止したなら t_* 回）実行した後に得られる球の集まりを $B'_{1,t}, \ldots, B'_{m_t,t}$ として再帰的な構成を行なえ。今の手順の場合は，その単純さから，もっと記号を単純にしてしまうような**これ専用の方法**もあるだろう。）もっと一般に，このような時間パラメータを導入するという技を使えば，かならず終了ことがわかっている手順を使って構成されたものは，変数の再定義を含まない構成へとかならず変換することができる。（しかしながら，古典的な意味か，あるいは**極限基数**へ移行するようなもっと一般の意味で極限をとることが許されるような適切な強い収束がわかっていなければ，その手順が無限に実行され続けるようなものを扱うのは危ない。後者の場合であればそのような手順が厳密なものであることを保証するには**超限帰納法**を使わなければならない。**An epsilon of room, Vol. I** の §2.4 を見よ。）

◆**注意 1.6.23.** 本当のヴィタリの被覆補題［文献 12］はここで挙げたものとは少し違うが，それは必要にならない。また，調和解析にはこれに関した一連の被覆補題があって，さまざまな問題の役に立つ。これについては，たとえば［文献 3］を見よ。

これで定数 $C_d := 3^d$ としてハーディ・リトルウッドの不等式を証明することができる。そのためには，真の不等号が成り立つ場合である

$$m\left(\left\{x \in \mathbb{R}^d : \sup_{r>0} \frac{1}{m(B(x,r))} \int_{B(x,r)} |f(y)|\, dy > \lambda \right\}\right) \leq \frac{C_d}{\lambda} \int_{\mathbb{R}} |f(t)|\, dt$$

を示せば十分である。なぜなら，等号が入る場合は λ を少し変えて，それから極

1.6.2 高次元におけるルベーグの微分定理

限をとればよいからである。

f と λ とを固定しよう。内部正則性から，K がコンパクト集合で
$$\left\{x \in \mathbb{R}^d : \sup_{r>0} \frac{1}{m(B(x,r))} \int_{B(x,r)} |f(y)|\,dy > \lambda\right\}$$
に含まれている場合に
$$m(K) \leq \frac{3^d}{\lambda} \int_{\mathbb{R}} |f(t)|\,dt$$
となることを示せば十分である。

K の定義から，任意の $x \in K$ に対して，
$$\frac{1}{m(B(x,r))} \int_{B(x,r)} |f(y)|\,dy > \lambda \tag{1.28}$$
となる開球 $B(x,r)$ が存在する。ところが K はコンパクトだから，K はそのような開球から有限個を取り出した $B_1,\ldots,B_n$ で覆われている。そこでヴィタリ型の被覆補題を使うと，その中から交わらない球 $B'_1,\ldots,B'_m$ をさらに取り出して
$$m\left(\bigcup_{i=1}^n B_i\right) \leq 3^d \sum_{j=1}^m m(B'_j)$$
となるようにできる。ところで (1.28) によれば各球 B'_j 上で
$$m(B'_j) < \frac{1}{\lambda} \int_{B'_j} |f(y)|\,dy$$
が成り立つ。そこで j について和をとり，B'_j が交わらないことを使えば，
$$m\left(\bigcup_{i=1}^n B_i\right) \leq \frac{3^d}{\lambda} \int_{\mathbb{R}^d} |f(y)|\,dy$$
であることがわかる。$B_1,\ldots,B_n$ は K を覆っているのだから定理 1.6.20 が得られたことになる。

演習 1.6.19. ハーディ・リトルウッドの最大不等式における定数 3^d を 2^d に改良せよ。（ヒント：ヴィタリの被覆補題の証明で用いた構成において，球 B_i の中心は $\bigcup_{j=1}^m 3B'_j$ ではなく $\bigcup_{j=1}^m 2B'_j$ に含まれていることに注意せよ。中心それ自身では求められている集合を覆うのには十分ではないから，まず最初にイプシロンの余地を作り出して今の注意を使わなければならないだろう。）

◆**注意 1.6.24.** 定数 C_d のもっともよい値というのは一般には知られていない。しかし，ごく最近のメラスの研究結果［文献 5］によれば，C_1 については $C_1 = \dfrac{11+\sqrt{61}}{12} = 1.56\ldots$ が最良であるという驚くべき結果がわかっている。また，スタインとシュトロムベルクの研究［文献 8］により，C_d は d についてたかだか 1 次の程度でしか増大しないということもわかっているが，C_d が $d \to \infty$ のときに d について有界であるか増大するかもわかってはいない。

演習 1.6.20. (2 進最大不等式) $f: \mathbb{R}^d \to \mathbb{C}$ を絶対可積分な関数とするとき,ハーディ・リトルウッドの 2 進最大不等式

$$m\left(\left\{x \in \mathbb{R}^d : \sup_{x \in Q} \frac{1}{|Q|} \int_Q |f(y)|\, dy \geq \lambda\right\}\right) \leq \frac{1}{\lambda} \int_{\mathbb{R}} |f(t)|\, dt$$

を示せ。ただし上限は x を含む 2 進立方体すべてについてとるものとする。(ヒント:被覆補題を使うときに,演習 1.1.14 でやったのと同じように 2 進立方体が入れ子の構造を持っていることが役に立つ。)

演習 1.6.21. (1 次元でのベシコヴィッチの被覆補題) $I_1, \ldots, I_n$ を $\mathbb{R}$ の(交わっていてもよい)開区間の有限個の集まりとする。すると,この中から次の性質を満たすような $I'_1, \ldots, I'_m$ を選び出すことができる。
(1) $\bigcup_{i=1}^{n} I_i = \bigcup_{j=1}^{m} I'_j$ である。
(2) $\mathbb{R}$ のどの点 x も I'_j のたかだか 2 つの中にしか入っていない。
(ヒント:まず最初に I_i のいずれもほかの区間の和集合に含まれてしまうことがないように区間を選び出す。このようにすると,区間 3 つに入ってしまうような点というのはもはや存在しないことを示せ。) この補題は高次元でも成り立つようにすることができ,ベシコヴィッチの被覆補題と呼ばれている。

演習 1.6.22. μ を $\mathbb{R}$ 上のボレル測度(ボレル σ-集合代数上の可算加法的測度)で正の長さを持つ区間 I に対しては $0 < \mu(I) < \infty$ を満たすものとする。さらに,μ は内部正則,つまりすべてのボレル可測集合 E が $\mu(E) = \sup_{K \subset E : \mathrm{コンパクト}} \mu(K)$ を満たすと仮定する。(実はラドン測度の理論からわかることであるが,すべての局所有限なボレル測度はこの性質を持っている。しかしここでは証明しないことにする。**An epsilon of room, Vol. I** の §1.10 を見よ。) このとき,絶対可積分な関数 $f \in L^1(\mu)$ に対してハーディ・リトルウッドの最大不等式

$$\mu\left(\left\{x \in \mathbb{R} : \sup_{x \in I} \frac{1}{\mu(I)} \int_I |f(y)|\, d\mu(y) \geq \lambda\right\}\right) \leq \frac{2}{\lambda} \int_{\mathbb{R}} |f(y)|\, d\mu(y)$$

が成り立つことを示せ。ただし,上限は x を含むすべての開区間 I についてとるものとする。これは演習 1.6.11 の本質的な拡張になっていることに注意せよ。演習 1.6.11 では μ はルベーグ測度であった。(ヒント:通常のハーディ・リトルウッドの最大不等式の証明を繰り返すが,ヴィタリの被覆補題の代わりにベシコヴィッチの被覆補題を使え。異なる被覆補題が必要になるのはなぜか。)

演習 1.6.23. (クザンの定理) **クザンの定理**を示せ。すなわち,正の長さを持つコンパクトな区間 $[a, b]$ 上の関数 $\delta: [a, b] \to (0, +\infty)$ が与えられたとき,$k \geq 1$ で $a = t_0 <$

$t_1 < \cdots < t_k = b$ となる分割と，各 $1 \leq j \leq k$ ごとに実数 $t_j^* \in [t_{j-1}, t_j]$ をとってきて $t_j - t_{j-1} \leq \delta(t_j^*)$ となるようにできる．（ヒント：$[a,b]$ 上の任意の開被覆が有限部分被覆を持つというハイネ・ボレルの定理を使い，その後ベシコヴィッチの被覆補題を使え．）この定理は微積分の第 2 基本定理に関連した多くの応用で便利である．それについては以下で述べる．正の関数 δ をゲージ関数という．

次に，ルベーグの微分定理からわかることを述べよう．ルベーグ可測集合 $E \subset \mathbb{R}^d$ が与えられたとき，点 $x \in \mathbb{R}^d$ が E の密集点であるとは，$r \to 0$ のときに $\dfrac{m(E \cap B(x,r))}{m(B(x,r))} \to 1$ となることをいう．だから，たとえば $E = [-1,1]\setminus\{0\}$ のときには，$(-1,1)$ のすべての点（境界点 0 を含む）が E の密集点であるが，端点 $-1, 1$ （および E の外部）は密集点ではない．密集点というのは E の「ほとんど内部」であるような点のことだと思ってもよい．つまり，x を中心とした小さな球 $B(x,r)$ が E の中に入っている必要はないが，そのような球の大部分が入っていればいいということである．

演習 1.6.24. * $E \subset \mathbb{R}^d$ がルベーグ可測であるとき，E のほとんどすべての点は E の密集点であり，E の補集合のほとんどすべての点は E の密集点ではないことを示せ．

演習 1.6.25. * $E \subset \mathbb{R}^d$ を測度が正の可測集合とし，$\varepsilon > 0$ とする．
(1) 演習 1.6.15 と演習 1.6.24 を使って，一辺の長さが正の立方体 $Q \subset \mathbb{R}^d$ で $m(E \cap Q) > (1-\varepsilon)m(Q)$ となるものが存在することを示せ．
(2) ルベーグの微分定理を使わずに上の主張の別証明を与えよ．（ヒント：E が有限な場合に帰着し，それから E をほとんど交わらない立方体の和で近似せよ．）
(3) 上の結果を使ってシュタインハウスの定理（演習 1.6.8）に別証明を与えよ．

もちろんこの立方体を球のように同じような体積を持つ別の図形に置き換えてもかまわない．（実際の所，解析学で採用されているよい原理というのは，立方体も球も「定数を除けば同じ」というものである．つまり，ある一辺を持つ立方体というのは，それと同じ程度の半径を持つ球の中に含まれてしまうし，逆も言える．このように観念的に同じものとみなしているというのは，まったく同じというわけではないけれども，トポロジストがドーナツとコーヒーカップを区別できないという有名な格言と同じようなものである．）

演習 1.6.26.
(1) 長さが正であるようなどんな区間 I に対しても $m(K \cap I) < |I|$ となるような正の測度を持つコンパクト集合 $K \subset \mathbb{R}$ の例を挙げよ．（ヒント：最初に $[0,1]$ の稠密な

開部分集合で測度が 1 より真に小さなものを作れ。)

(2) 長さが正であるどんな区間 I に対しても，$0 < m(E \cap I) < |I|$ となる可測集合 $E \subset \mathbb{R}$ の例を挙げよ。（ヒント：まず $(-1, 2)$ のような有界区間について考えよ。演習 1.6.10 から，最初の例に出てきた K の補集合は，たかだか可算個の開区間の集まりである。そこでこれらの開区間ごとに考えてから，それを繰り返せ。）

演習 1.6.27. (恒等作用素の近似)* 可測関数 $P\colon \mathbb{R}^d \to \mathbb{R}^+$ が**よい積分核**[*16)]であるとは，非負かつ動径的（$P(x) = \tilde{P}(|x|)$ となる関数 $\tilde{P}\colon [0, +\infty) \to \mathbb{R}^+$ があるという意味）で，動径的に非増大（$\tilde{P}$ が非増大）な関数で全質量 $\int_{\mathbb{R}^d} P(x)\,dx$ が 1 に等しいことをいう。$t > 0$ に対して $P_t(x) := \frac{1}{t^d} P(\frac{x}{t})$ と定めたものを**恒等作用素のよい近似族**であるという。

(1) **熱核**[*16)] $P_t(x) := \frac{1}{(4\pi t^2)^{d/2}} e^{-|x|^2/4t^2}$ およびポアソン核 $P_t(x) := c_d \frac{t}{(t^2 + |x|^2)^{(d+1)/2}}$ は $c_d > 0$ をうまく選べば恒等作用素のよい近似族であることを示せ（$c_d = \Gamma((d+1)/2)/\pi^{(d+1)/2}$ であるが，これは示さなくてもよい）。

(2) P がよい積分核であれば，d にのみ依存する定数 $0 < c_d < C_d$ を用いて
$$c_d < \sum_{n=-\infty}^{\infty} 2^{dn} \tilde{P}(2^n) \leq C_d$$
となることを示せ。（ヒント：P を $\sum_{n=-\infty}^{\infty} 1_{2^{n-1} < |x| \leq 2^n} \tilde{P}(2^n)$ のような「水平ウエディングケーキ」関数と比較せよ。）

(3) 任意の絶対可積分な関数 f に対する上からの評価
$$\left| \int_{\mathbb{R}^d} f(y) P_t(x - y)\,dy \right| \leq C'_d \sup_{r > 0} \frac{1}{|B(x, r)|} \int_{B(x, r)} |f(y)|\,dy$$
を導け。ただし $C'_d > 0$ は d のみに依存する定数である。

(4) $f\colon \mathbb{R}^d \to \mathbb{C}$ が絶対可積分で x が f のルベーグ点であればたたみ込み
$$f * P_t(x) := \int_{\mathbb{R}^d} f(y) P_t(x - y)\,dy$$
は $t \to 0$ のときに $f(x)$ に収束することを示せ。（ヒント：$f(y)$ を $f(x)$ と $f(y) - f(x)$ の和に分けよ。）とくに $f * P_t$ はほとんど到る所で f に各点収束する。

[*15)] 教科書ごとに，何がよい積分核であるかという考え方は少しずつ違う。それは積分核として何が「正しい」ものであるかというのは，どのような収束の結果がほしいのか（たとえば，ほとんど到る所での収束なのか，L^1 や L^∞ ノルムでの収束なのか，など）によって決まることであるし，もとの関数 f に対してどのような仮定を置きたいのかということにもよってしまうからである。

[*16)] この演習では記号のつじつまをあわせる都合上，通常の熱核に現れる t を t^2 に変更している。

1.6.3　ほとんど到る所での微分可能性

微積分で学んだように，連続関数 $f\colon \mathbb{R} \to \mathbb{R}$ というのは微分可能とは限らない。標準的な例というのは絶対値を与える関数 $f(x) := |x|$ で，これは連続であるが，原点 $x = 0$ で微分可能ではない。もちろんこの関数はほとんど到る所で微分可能である。もう少しだけがんばれば，連続関数であるのにどこでも微分できないという関数を作り出すことができる。

演習 1.6.28. （ヴァイエルシュトラス関数）$F\colon \mathbb{R} \to \mathbb{R}$ を
$$F(x) := \sum_{n=1}^{\infty} 4^{-n} \sin(8^n \pi x)$$
で定められる関数とする。
(1) F が（この級数が絶対収束するという意味で）問題なく定義されていることを示し，F が有界な連続関数であることを示せ。
(2) $m \geq 1$ として，任意の区間 $\left[\frac{j}{8^m}, \frac{j+1}{8^m}\right]$ において $\left|F\left(\frac{j+1}{8^m}\right) - F\left(\frac{j}{8^m}\right)\right| \geq c4^{-m}$ であることを示せ。ただし $c > 0$ は定数である。
(3) F はどんな $x \in \mathbb{R}$ でも微分できないことを示せ。（ヒント：背理法を用い，この演習の一つ前の問題を使う。）F を定義している級数の各項を微分した級数の和が発散することを示すのでは十分ではない。なぜダメか。

ここでの難しさというのは，連続関数というのが激しい振動を含むことができるということにある。それが微分可能性を破壊してしまうのである。逆に言えば，もしそのような振動が存在することを何らかの点で制限してしまうことができれば，かなりの微分可能性を保証することができるようになる。たとえば，次のような定理が成り立つ。

定理 1.6.25. （単調微分定理）　単調（単調非減少または単調非増大）である関数 $F\colon \mathbb{R} \to \mathbb{R}$ はほとんど到る所で微分可能である。

演習 1.6.29. 単調関数は可測であることを示せ。

この定理は F が単調非減少である場合だけ証明する。単調非増大の場合も同様（あるいは F を $-F$ とすれば非減少な場合に帰着できる）だからである。

さらにまずは F が連続な場合に焦点を絞ることにする。この場合には日の出の補題が使えるからである。F の微分可能性を理解するために，F の x における ディニ導関数を 4 つ導入しよう。

(1) 上右導関数 $\overline{D^+}F(x) := \limsup_{h \to 0^+} \dfrac{F(x+h) - F(x)}{h}$

(2) 下右導関数 $\underline{D^+}F(x) := \liminf_{h \to 0^+} \dfrac{F(x+h) - F(x)}{h}$

(3) 上左導関数 $\overline{D^-}F(x) := \limsup_{h \to 0^-} \dfrac{F(x+h) - F(x)}{h}$

(4) 下左導関数 $\underline{D^-}F(x) := \liminf_{h \to 0^-} \dfrac{F(x+h) - F(x)}{h}$

である。F が微分可能であるかどうか（あるいはさらに F が連続であるかどうかにすら）に関係なく，この 4 つのディニ導関数はつねに存在して，拡大された実数 $[-\infty, \infty]$ に値をとる。（もし F が区間 $[a,b]$ で定義されているだけというときには，端点においてディニ導関数のいくつかが存在しないということがあり得る。しかしそのような点の測度は 0 だから，この先の解析には何ら影響を及ぼさない。）

演習 1.6.30.* F が単調であれば，4 つのディニ導関数は可測であることを示せ。（ヒント：難しい点は h が非可算集合ではなく可算集合だけを動くように導関数の定義を書き換えるところである。）

F が x で微分可能であるとはこの 4 つの導関数がすべて等しく有限の値であることにほかならない。すなわち

$$\overline{D^+}F(x) = \underline{D^+}F(x) = \overline{D^-}F(x) = \underline{D^-}F(x) \in (-\infty, +\infty) \tag{1.29}$$

となるときである。いうまでもないことであるが，

$$\underline{D^+}F(x) \leq \overline{D^+}F(x) \quad \text{および} \quad \underline{D^-}F(x) \leq \overline{D^-}F(x)$$

が成り立つ。もし F が単調非減少であればこれらの値はすべて非負であるから，

$$0 \leq \underline{D^+}F(x) \leq \overline{D^+}F(x) \quad \text{および} \quad 0 \leq \underline{D^-}F(x) \leq \overline{D^-}F(x)$$

となる。

今の設定においてハーディ・リトルウッドの片側最大不等式は次のようになる。

補題 1.6.26.（ハーディ・リトルウッドの片側不等式）　$F \colon [a,b] \to \mathbb{R}$ を連続で単調非減少な関数とし，$\lambda > 0$ とする。このとき

1.6.3 ほとんど到る所での微分可能性

$$m(\{x \in [a,b] : \overline{D^+}F(x) \geq \lambda\}) \leq \frac{F(b) - F(a)}{\lambda}$$

が成り立つ。他の3つのディニ導関数についても同様である。

もし F の連続性を仮定しないときには，弱い形の不等式

$$m(\{x \in [a,b] : \overline{D^+}F(x) \geq \lambda\}) \leq C \frac{F(b) - F(a)}{\lambda}$$

が成り立つ。ただし $C > 0$ は定数である。

◆注意 1.6.27. もし微積分の基本定理を素朴に適用してしまえば，形式的には補題 1.6.26 の最初の部分は補題 1.6.16 と同値であることがわかる。しかしながらその議論を厳密なものにはできない。なぜなら，そのための微積分の基本定理をまだ示していないからである。ところが，補題 1.6.16 の証明は何ら困難なくここにも適用することができ，それがこれからやろうとしていることなのである。

[証明] 連続な場合だけ示し，不連続な場合は演習とする。

さて，$\overline{D^+}F$ についてだけ示せば十分である。なぜなら，反射（$F(x)$ を $-F(-x)$ で置き換え，$[a,b]$ を $[-b,-a]$ に置き換える）させれば同じ議論から $\overline{D^-}F$ についても正しいことがわかる。それから $\underline{D^+}F$ と $\underline{D^-}F$ に対しても同じ不等式が成り立つことはあきらかだからである。また端点は測度が0だから最初から除外してよく，また λ をイプシロンだけ修正しておけば

$$m(\{x \in (a,b) : \overline{D^+}F(x) > \lambda\}) \leq \frac{F(b) - F(a)}{\lambda}$$

を示せば十分である。

ここで連続関数 $G(x) := F(x) - \lambda x$ に対して日の出の補題（補題 1.6.17）を適用する。すると，(a,b) の中にたかだか可算個の区間 $I_n = (a_n, b_n)$ で各 n で $G(b_n) \geq G(a_n)$ が成り立つものが存在する。さらに x がどの I_n にも含まれていなければ $a \leq x \leq y \leq b$ のときに $G(y) \leq G(x)$ となる。

$x \in (a,b)$ が $x \leq y \leq b$ であるすべての y に対して $G(y) \leq G(x)$ となるのであれば $\overline{D^+}F(x) \leq \lambda$ であることに注意しよう。だから $\{x \in (a,b) : \overline{D^+}F(x) > \lambda\}$ は I_n の和集合に含まれていなければならない。従って可算加法性から

$$m(\{x \in (a,b) : \overline{D^+}F(x) > \lambda\}) \leq \sum_n b_n - a_n$$

であることがわかる。ところが $G(b_n) \geq G(a_n)$ は $b_n - a_n \leq \frac{F(b_n) - F(a_n)}{\lambda}$ と書き直すことができる。そこで和をとると項の間で打ち消しあいが起こるから，

F の単調性とあわせて $\sum_n F(b_n) - F(a_n) \leq F(b) - F(a)$ であることがわかる（これは区間 (a_n, b_n) の有限個について最初に示してしまい，それから上限をとればきわめて簡単に証明できる）。従って主張がわかる。

不連続の場合は演習に残す。 □

演習 1.6.31. 補題 1.6.26 を不連続な場合に示せ。（ヒント：日の出の補題はもはや使えないが，ヴィタリ型の被覆補題（$C = 3$ となる）やベシコヴィッチの補題（$C = 2$ となる）は使えるので，定理 1.6.20 の証明を変更してみよ。）

演習 1.6.32. μ を $\mathbb{R}$ 上の有限ボレル測度とする。このとき，任意の $\lambda > 0$ に対して
$$\left| \left\{ x \in \mathbb{R} : \sup_{r>0} \frac{1}{2r} \mu([x-r, x+r]) \geq \lambda \right\} \right| \leq \frac{C}{\lambda} \mu(\mathbb{R})$$
であることを示せ。ただし $C > 0$ は定数である。

上の補題で $\lambda \to \infty$ とし（演習 1.3.18 を参照），それから $[a, b]$ を $\mathbb{R}$ にすれば，これの系として連続で単調非減少関数の 4 つのディニ導関数はほとんど到る所で有限であることがわかる。だから連続で単調非減少関数に対して定理 1.6.25 を示すには，ほとんどすべての x において (1.29) が成り立つことをいえば十分である。さらに，ほとんどすべての x で $\overline{D^+}F(x) \leq \underline{D^-}F(x)$ と $\overline{D^-}F(x) \leq \underline{D^+}F(x)$ がいえれば，逆向きの不等式は自明なのだから，それで十分である。そして，この不等式の最初のものだけ示せば，2 番目のものは F をその反射 $x \mapsto -F(-x)$ で置き換えたものから自動的に従う。そして，そのためには $0 < r < R$ を満たすような実数の組に対して
$$E = E_{r,R} := \{x \in \mathbb{R} : \overline{D^+}F(x) > R > r > \underline{D^-}F(x)\}$$
が零集合であることをいえば十分である。なぜなら，R と r を共に $R > r > 0$ を満たす有理数で変化させてしまってその可算和集合をとってしまえば，$\{x \in \mathbb{R} : \overline{D^+}F(x) > \underline{D^-}F(x)\}$ が零集合であることがいえるからである（ディニ導関数というのは F が非減少であれば非負であることを思い出すように）。こうして主張が従う。

あきらかに E は可測集合である。だから，それが零集合であることを示すには，次の評価がいえればよい。

補題 1.6.28. (**E の密度は 1 より小さい**) どんな区間 $[a, b]$ と $0 < r < R$ に対

しても $m(E_{r,R} \cap [a,b]) \leq \frac{r}{R}|b-a|$ が成り立つ。

なぜなら，この補題によって E が密集点を持たないことがわかる。従って演習 1.6.24 によって E は零集合となるのである。

[証明] まず最初に $[-b, -a]$ 上の関数 $G(x) := rx + F(-x)$ に対して日の出の補題を適用することから始めよう。マイナス記号がたくさんあるが，これは下左ディニ導関数 $\underline{D^-}F$ を適切に扱うために必要なことである。これから，すべての n で $G(-a_n) \geq G(-b_n)$ であるようなたかだか可算個の交わらない区間 $-I_n = (-b_n, -a_n)$ が $(-b, -a)$ の中にある。さらに，$-x \in (-b, -a)$ がどの $-I_n$ にも含まれていないときには $-x \leq -y \leq -a$ なるすべての $-y$ で $G(-x) \leq G(-y)$ となる。もし $x \in (a,b)$ ですべての $-x \leq -y \leq -a$ なる $-y$ で $G(-x) \leq G(-y)$ となるならば $\underline{D^-}F(x) \geq r$ であることに注意しよう。従って $E_{r,R}$ は区間 $I_n = (a_n, b_n)$ の和集合の中に含まれている。一方で，補題 1.6.26 の最初の部分から

$$m(E_{r,R} \cap (a_n, b_n)) \leq \frac{F(b_n) - F(a_n)}{R}$$

である。ところが不等式 $G(-a_n) \leq G(-b_n)$ は $F(b_n) - F(a_n) \leq r(b_n - a_n)$ と書き換えることができる。従って，可算加法性から

$$m(E_{r,R}) \leq \frac{r}{R} \sum_n b_n - a_n$$

である。しかし (a_n, b_n) は交わらず，(a, b) に含まれているのだから，再び可算加法性から $\sum_n b_n - a_n \leq b - a$ であることがわかり，主張が従う。 □

◆注意 1.6.29. もし F が連続と仮定していなければ，補題 1.6.26 の 2 番目の部分から，この部分で C 倍の分だけ損をしてしまう。そして，$\overline{D^+}F$ が $\underline{D^-}F$ の C 倍程度に大きくなってしまうことを避けることができない。つまり，微分可能性のような定性的な結果を示したいだけというにもかかわらず，定数をしっかり追いかけることも重要なときもある。（しかしこれは一般則というよりは例外に近い。解析学に出てくる議論の大部分では，定数はそれほど重要ではない。）

これによって定理 1.6.25 の連続で単調非減少な場合についての証明は完了した。次に連続性の仮定（これは日の出の補題を使うために必要なものであった）を除去しよう。もし素朴に前項の稠密性論法をたどって証明しようとしても，それはあまりうまくいかない。なぜなら，連続な単調関数というのは単調関数全体の中では適切な意味（この場合には**全変動**の意味。これは補題 1.6.26 のような道具を

使うために必要となる。）で十分に稠密にはならないからである。この欠陥を埋めるために，連続な単調関数というものをほかの単調関数で補っておく必要がある。それは跳躍関数と呼ばれている。

> **定義 1.6.30.**（跳躍関数） J が基本跳躍関数であるというのは，ある実数 $x_0 \in \mathbb{R}$ と $0 \leq \theta \leq 1$ によって
> $$J(x) := \begin{cases} 0 & x < x_0 \\ \theta & x = x_0 \\ 1 & x > x_0 \end{cases}$$
> という形で書けていることをいう。点 x_0 を J の不連続点といい，θ を切片という。このような関数は単調非減少であるが，1点で不連続となっていることに注意。跳躍関数というのは絶対収束するような基本跳躍関数の組み合わせのことをいう。つまり，$F = \sum_n c_n J_n$ という形の関数で，n はたかだか可算の集合を動き，各 J_n は基本跳躍関数で，c_n は $\sum_n c_n < \infty$ となる正の実数である。もし n が有限個であれば，F は区分的に定数な跳躍関数であるという。

従って，たとえば $q_1, q_2, q_3, \ldots$ をどのようにであれ有理数を並べたものとすれば $\sum_{n=1}^{\infty} 2^{-n} 1_{[q_n, +\infty)}$ は跳躍関数である。

あきらかなように，すべての跳躍関数は単調非減少である。c_n は絶対収束するから，すべての跳躍関数は区分的に定数な跳躍関数の一様極限である。たとえば，$\sum_{n=1}^{\infty} c_n J_n$ は $\sum_{n=1}^{N} c_n J_n$ の一様極限である。このことからわかることとして，跳躍関数 $\sum_{n=1}^{\infty} c_n J_n$ の不連続点の全体というのは，各項 $c_n J_n$ の不連続点，つまり，各 J_n が跳躍する点 x_n を集めたものと等しい。

このような関数を連続な単調関数とあわせて考えれば，少なくとも有界な場合については，すべての単調関数を本質的に作り出すことができるというのがここでの鍵である。

> **補題 1.6.31.**（単調関数の連続・特異分解） $F: \mathbb{R} \to \mathbb{R}$ を単調非減少な関数とする。
> (1) F の不連続性は，跳躍による不連続性のみである。より正確に言えば，もし x が F の不連続な点とすると，極限 $\lim_{y \to x^-} F(y)$ と $\lim_{y \to x^+} F(y)$ は両方と

も存在して，しかし値は等しくなく $\lim_{y \to x^-} F(y) < \lim_{y \to x^+} F(y)$ を満たす。
(2) F の不連続点はたかだか可算個である。
(3) F が有界であれば，F は連続で単調非減少な関数 F_c と跳躍関数 F_{pp} の和として表現できる。

◆注意 1.6.32. この分解はルベーグ分解と呼ばれる一般的なものの一部である[*訳注)]。これについては An epsilon of room, Vol. I の §1.2 で説明されている。

[証明] 単調性から，極限 $F_-(x) := \lim_{y \to x^-} F(y)$ と $F_+(x) := \lim_{y \to x^+} F(y)$ はつねに存在し，すべての x で $F_-(x) \leq F(x) \leq F_+(x)$ が成り立つ。従って (1) がいえる。

(1) から，F に不連続点 x があれば，$F_-(x)$ と $F_+(x)$ の間に少なくとも 1 つの有理数 q_x がある。しかし，単調性によって各有理数はたかだか 1 つの不連続点にしか割り振ることができない。だから (2) がいえた。

次に (3) を示そう。A を F の不連続点全体の集合とする。従って A はたかだか可算である。各 $x \in A$ に対して跳躍を $c_x := F_+(x) - F_-(x) > 0$ で定義する。さらに切片 $\theta_x := \dfrac{F(x) - F_-(x)}{F_+(x) - F_-(x)} \in [0, 1]$ と定める。すると
$$F_+(x) = F_-(x) + c_x \quad \text{かつ} \quad F(x) = F_-(x) + \theta_x c_x$$
である。

ここで c_x は区間 $(F_-(x), F_+(x))$ の測度であることに注意しよう。単調性からこれらの区間は交わらない。さらに F は有界だから，その和集合も有界である。従って可算加法性から，$\sum_{x \in A} c_x < \infty$ であることがわかる。だからもし J_x を x が不連続点で，その切片が θ_x であるような基本跳躍関数とすると
$$F_{\mathrm{pp}} := \sum_{x \in A} c_x J_x$$
は跳躍関数である。

すでに述べたように F は A でのみ不連続であり，各 $x \in A$ で
$$(F_{\mathrm{pp}})_+(x) = (F_{\mathrm{pp}})_-(x) + c_x \quad \text{かつ} \quad F_{\mathrm{pp}}(x) = (F_{\mathrm{pp}})_-(x) + \theta_x c_x$$
であることは簡単にわかる。ただし $(F_{\mathrm{pp}})_-(x) := \lim_{y \to x^-} F_{\mathrm{pp}}(y)$ と定め，

[*訳注)] 添え字の pp は pure point（純点）の略である（演習 1.7.14 参照）。

$(F_{\mathrm{pp}})_+(x) := \lim_{y \to x^+} F_{\mathrm{pp}}(y)$ と定める。するとその差 $F_{\mathrm{c}} := F - F_{\mathrm{pp}}$ は連続であることがわかる。そこで，残りは F_{c} が単調で非減少なことを確認することだけである。そのためには，$a < b$ のときに

$$F_{\mathrm{pp}}(b) - F_{\mathrm{pp}}(a) \leq F(b) - F(a)$$

となることをいわなければならない。しかしこの左辺は $\sum_{x \in A \cap [a,b]} c_x$ と書くことができる。各 c_x は区間 $(F_-(x), F_+(x))$ の測度であり，しかも各 $x \in A \cap [a,b]$ に対して互いに交わらず，$(F(a), F(b))$ の中に含まれている。従って可算加法性から結論を得る。 □

演習 1.6.33. 上の補題で与えられた有界で単調非減少な関数 F の連続関数 F_{c} と跳躍成分 F_{pp} への分解は一意的であることを示せ。

演習 1.6.34. 跳躍関数の概念をうまく一般化して，上の分解が非有界な単調関数にも成り立つようにし，その証明を与えよ。（**ヒント**：ここで目指すべき概念は「局所跳躍関数」である。）

これで定理 1.6.25 の証明を完了させることができる。前に述べたように，単調非減少な関数について主張を示せば十分である。また微分可能性は局所的な条件であるから，簡単に有界な単調非減少関数の場合に帰着させることができる。なぜなら，任意のコンパクト区間 $[a,b]$ で単調非減少関数 F の微分可能性を確認しようと思えば，F を有界な単調増大関数 $\max(\min(F, F(b)), F(a))$ に置き換えても $[a,b]$ での微分可能性は変わらないからである（端点 a,b は例外であるが，これは測度が 0 の集合をなす）。そして連続関数に対してはすでに示しているから，補題 1.6.31（と導関数の線型性）によれば，跳躍関数について主張を確認すればよい。

そして，ついに，稠密性論法を用いることができる。そのために，区分的に定数な跳躍関数を稠密な部分集合としてとり，補題 1.6.26 の 2 番目の部分を定量的評価として使う。幸い稠密性論法においては，この評価で定数倍の分だけ失ってしまうことはとくに気にしなくてよい。

区分的に定数な関数については主張はあきらかである（実際，有限個の不連続点を除いては導関数はかならず存在して 0 である）。そこで稠密性論法を用いよう。F を有界な跳躍関数とし，$\varepsilon > 0$ と $\lambda > 0$ を任意とする。任意の跳躍関数は区分的に定数な跳躍関数の一様極限だから，すべての x で $|F(x) - F_\varepsilon(x)| \leq \varepsilon$ と

なる区分的に定数な跳躍関数 F_ε を見つけてくることができる．実際，F を構成している基本跳躍関数から部分和をとったものを F_ε ととれば，$F - F_\varepsilon$ もまた単調非減少関数であることが保証できる．補題 1.6.26 の 2 番目の部分から

$$\{x \in \mathbb{R} : \overline{D^+}(F - F_\varepsilon)(x) \geq \lambda\} \leq \frac{2C\varepsilon}{\lambda}$$

が成り立つ．ただし C は定数である．これはほかのディニ導関数についても同様である．だから，測度がたかだか $8C\varepsilon/\lambda$ の集合を除いては，$F - F_\varepsilon$ のディニ導関数はすべて λ より小さい．ところが F'_ε はほとんど到る所で微分可能だから，測度がたかだか $8C\varepsilon/\lambda$ の集合を除いては，$F(x)$ のディニ導関数はすべて $F'_\varepsilon(x)$ から λ 以下の所にある．従ってとくに有限で互いに 2λ 以下の所にある．ここで ε を（λ は固定したまま）0 にしてやれば，ほとんどすべての x に対して F のディニ導関数は有限で，お互いに 2λ 以下の所にある．それから λ を 0 にすれば，ほとんどすべての x において F のディニ導関数は互いに一致し，有限であり，従って主張が従う．これによって定理 1.6.25 の証明が完了した．

符号なし関数に対する積分論を絶対可積分関数の積分論構築に使うことができたのとちょうど同じように（1.3.4 項を見よ），単調関数に対する微分定理と同じ微分定理を有界変動関数に対して構築することができる．

定義 1.6.33. (有界変動) $F \colon \mathbb{R} \to \mathbb{R}$ を関数とする．F の全変動 $\|F\|_{\mathrm{TV}(\mathbb{R})}$（あるいは単に $\|F\|_{\mathrm{TV}}$）を上限

$$\|F\|_{\mathrm{TV}(\mathbb{R})} := \sup_{x_0 < \cdots < x_n} \sum_{i=1}^{n} |F(x_i) - F(x_{i+1})|$$

として定義する．ただし，上限は実数の有限列 $x_0, \ldots, x_n$ すべてについてとる．これは $[0, +\infty]$ に値をとる．そして，F が（$\mathbb{R}$ 上）有界変動であるとは $\|F\|_{\mathrm{TV}(\mathbb{R})}$ が有限値であることをいう．（この場合，$\|F\|_{\mathrm{TV}(\mathbb{R})}$ は $\|F\|_{\mathrm{BV}(\mathbb{R})}$ や単に $\|F\|_{\mathrm{BV}}$ と書かれることが多い．）

また任意の区間 $[a,b]$ に対して $[a,b]$ 上の F の全変動 $\|F\|_{\mathrm{TV}([a,b])}$ を

$$\|F\|_{\mathrm{TV}([a,b])} := \sup_{a \leq x_0 < \cdots < x_n \leq b} \sum_{i=1}^{n} |F(x_i) - F(x_{i+1})|$$

で定義する．すなわち定義は同じであるが点 $x_0, \ldots, x_n$ は $[a,b]$ の中に制限しておく．従って，たとえば $\|F\|_{\mathrm{TV}(\mathbb{R})} = \sup_{N \to \infty} \|F\|_{\mathrm{TV}([-N,N])}$ である．F が $[a,b]$ 上有界変動であるとは $\|F\|_{\mathrm{BV}([a,b])}$ が有限であることをいう．

演習 1.6.35.* $F\colon \mathbb{R} \to \mathbb{R}$ を単調関数とするとき,任意の区間 $[a,b]$ で
$$\|F\|_{\mathrm{TV}([a,b])} = |F(b) - F(a)|$$
であり,F が $\mathbb{R}$ 上有界変動である必要十分条件はそれが有界であることを示せ.

演習 1.6.36.* 任意の関数 $F,G\colon \mathbb{R} \to \mathbb{R}$ に対して三角不等式 $\|F+G\|_{\mathrm{TV}(\mathbb{R})} \leq \|F\|_{\mathrm{TV}(\mathbb{R})} + \|G\|_{\mathrm{TV}(\mathbb{R})}$ と,均質性 $\|cF\|_{\mathrm{TV}(\mathbb{R})} = |c|\|F\|_{\mathrm{TV}(\mathbb{R})}$ ($c \in \mathbb{R}$) を示せ.さらに $\|F\|_{\mathrm{TV}} = 0$ となる必要十分条件は F が定数であることを示せ.

演習 1.6.37. $F\colon \mathbb{R} \to \mathbb{R}$ が関数であれば,$a \leq b \leq c$ のときに $\|F\|_{\mathrm{TV}([a,b])} + \|F\|_{\mathrm{TV}([b,c])} = \|F\|_{\mathrm{TV}([a,c])}$ であることを示せ.

演習 1.6.38.
(1) 有界変動な関数 $f\colon \mathbb{R} \to \mathbb{R}$ は有界であり,極限 $\lim_{x \to +\infty} f(x)$ と $\lim_{x \to -\infty} f(x)$ は問題なく定義できていることを示せ.
(2) 有界で連続かつコンパクト集合内に台を持つ関数 f で有界変動ではない例を挙げよ.

演習 1.6.39. $f\colon \mathbb{R} \to \mathbb{R}$ を絶対可積分関数とし,$F\colon \mathbb{R} \to \mathbb{R}$ をその不定積分 $F(x) := \int_{[-\infty,x]} f(x)$ とする.このとき,F は有界変動で,$\|F\|_{\mathrm{TV}(\mathbb{R})} = \|f\|_{L^1(\mathbb{R})}$ であることを示せ.(ヒント:上からの評価 $\|F\|_{\mathrm{TV}(\mathbb{R})} \leq \|f\|_{L^1(\mathbb{R})}$ は比較的簡単に示すことができる.下からの評価は稠密性論法を使え.)

絶対可積分関数が正部分と負部分との差で表現ができたのと同じように,有界変動関数というのは2つの有界な単調関数の差として表現できる.

命題 1.6.34. 関数 $F\colon \mathbb{R} \to \mathbb{R}$ が有界変動である必要十分条件は,それが2つの有界な単調関数の差であることである.

[証明] 演習 1.6.35 と演習 1.6.36 からあきらかなように,2つの有界な単調関数の差は有界である.そこで F の**正変動** $F^+\colon \mathbb{R} \to \mathbb{R}$ を
$$F^+(x) := \sup_{x_0 < \cdots < x_n \leq x} \sum_{i=1}^{n} \max(F(x_{i+1}) - F(x_i), 0) \tag{1.30}$$
で定義しよう.これが単調増大関数であって,0 と $\|F\|_{\mathrm{TV}(\mathbb{R})}$ の間の値をとり,従って有界であることはあきらかである.命題を示すには,($F = F^+ - (F^+ - F)$ と書いて)$F^+ - F$ が非減少であること,言いかえれば,
$$F^+(b) \geq F^+(a) + F(b) - F(a)$$

であることをいえば十分である。もし $F(b) - F(a)$ が負であれば，F^+ は単調非減少なのだから，これはあきらかである。だから $F(b) - F(a) \geq 0$ と仮定しよう。ところが任意の実数列 $x_0 < \cdots < x_n \leq a$ に a と b という 1 つか 2 つの元を加えてしまえば $\sup_{x_0 < \cdots < x_n} \sum_{i=1}^{n} \max(F(x_i) - F(x_{i+1}), 0)$ は少なくとも $F(b) - F(a)$ 以上になってしまうことがわかるから，主張が従う。 □

演習 1.6.40. $F: \mathbb{R} \to \mathbb{R}$ を有界変動とする。正変動 F^+ を (1.30) で定義し，負変動 F^- を
$$F^-(x) := \sup_{x_0 < \cdots < x_n \leq x} \sum_{i=1}^{n} \max(-F(x_{i+1}) + F(x_i), 0)$$
で定義する。すると
$$F(x) = F(-\infty) + F^+(x) - F^-(x)$$
$$\|F\|_{\mathrm{TV}[a,b]} = F^+(b) - F^+(a) + F^-(b) - F^-(a)$$
かつ
$$\|F\|_{\mathrm{TV}} = F^+(+\infty) + F^-(+\infty)$$
がすべての区間 $[a,b]$ で成り立つことを示せ。ただし，$F(-\infty) := \lim_{x \to -\infty} F(x)$，$F^+(+\infty) := \lim_{x \to +\infty} F^+(x)$，$F^-(+\infty) := \lim_{x \to +\infty} F^-(x)$ と定める。（ヒント：難しいところは，分割 $x_0 < \cdots < x_n \leq x$ が F^+ に対してよいものであっても F^- に対してはよくないものかもしれず，またその逆もあり得ることである。しかし，これは F^+ に対するよい分割と F^- に対するよい分割とをとって，それらをあわせて細かな分割にしてしまえば解決できる。）

命題 1.6.34 と定理 1.6.25 をあわせるとただちに次の系を得る。

系 1.6.35. (**有界変動微分定理**) すべての有界変動関数はほとんど到る所で微分可能である。

演習 1.6.41.* 関数が**局所有界変動**であるとは，それが任意のコンパクト区間 $[a,b]$ 上で有界変動であることをいう。局所有界変動な関数はほとんど到る所で微分可能であることを示せ。

演習 1.6.42. (**リプシッツ微分定理，1 次元の場合**)* 関数 $f: \mathbb{R} \to \mathbb{R}$ が**リプシッツ連続**とは，すべての $x, y \in \mathbb{R}$ に対して $|f(x) - f(y)| \leq C|x - y|$ となるような定数 $C > 0$ が存在することをいう。さらにこの性質を満たすもっとも小さな C を f のリプシッツ

定数という．このとき，すべてのリプシッツ連続関数 f は局所有界変動であり，従ってほとんど到る所で微分可能であることを示せ．さらにその導関数 F' は，それが存在するときには，その大きさは f のリプシッツ定数以下であることを示せ．

◆注意 1.6.36. 同じ結果は高次元でも成り立ち，ラデマッハーの微分定理と呼ばれている．しかしこの定理の証明は 2.2 節まで持ち越すことにする．そのときにはフビニ・トネリの定理（系 1.7.23）という強力な道具が利用可能になっており，それによって解析学における高次元の主張を低次元のものに帰着させることができる．

演習 1.6.43. 関数 $f: \mathbb{R} \to \mathbb{R}$ が凸であるとは，すべての $x < y$ と $0 < t < 1$ に対して $f((1-t)x + ty) \leq (1-t)f(x) + tf(y)$ が成り立つことをいう．もし f が凸であれば，これは連続で，ほとんど到る所で微分可能であり，それの導関数 f' はほとんど到る所で単調非減少関数に等しく，従ってそれ自身もほとんど到る所で微分可能であることを示せ．（ヒント：f のグラフをかき，その接線やグラフ上の 2 点を結ぶ弦をたくさんかきこめば，視覚的な直観を手に入れるために大変役に立つ可能性がある．）従って，凸関数というのはある意味で「ほとんど到る所で 2 回微分可能」であることがわかる．同様の主張はもちろん凹関数についても成り立つ．

1.6.4　微積分の第二基本定理

いよいよ，F が連続微分可能と仮定しない場合の微分の第二基本定理に挑戦する準備が整った．まず $F: [a,b] \to \mathbb{R}$ が単調非減少な場合から始めることにしよう．定理 1.6.25 によれば（必要なら F を残りの実直線上に拡張しておいて）F は $[a,b]$ のほとんど到る所で微分可能である．だから F' はほとんど到る所で定義されている．さらに単調性から F' は定義されている所では非負であることもわかる．さらに演習 1.6.1 をちょっと修正すれば F' が可測であることもわかる．

第二基本定理の半分はやさしい．

命題 1.6.37. (第二基本定理の上からの評価)　$F: [a,b] \to \mathbb{R}$ を単調非減少（従って上で述べたように F' はほとんど到る所で定義されており，符号なしで，可測である）とすると，
$$\int_{[a,b]} F'(x)\,dx \leq F(b) - F(a)$$
が成り立つ．とくに F' は絶対可積分である．

[証明] $x > b$ では $F(x) := F(b)$ とおき，$x < a$ では $F(x) := F(a)$ とおいて F を $\mathbb{R}$ 上の関数に拡張しておくのが便利である．こうすると F は $\mathbb{R}$ 上の有界な単調関数であり，F' は $[a,b]$ の外では 0 となる．F はほとんど到る所で微分可能だから，ニュートンの比

$$f_n(x) := \frac{F(x+1/n) - F(x)}{1/n}$$

はほとんど到る所で F' に各点収束する．そこでファトゥの補題（系 1.4.46）を用いると，

$$\int_{[a,b]} F'(x)\,dx \leq \liminf_{n\to\infty} \int_{[a,b]} \frac{F(x+1/n) - F(x)}{1/n}\,dx$$

であることがわかる．この右辺は

$$\liminf_{n\to\infty} n\left(\int_{[a+1/n,b+1/n]} F(y)\,dy - \int_{[a,b]} F(x)\,dx\right)$$

と書き直すことができ，さらに

$$\liminf_{n\to\infty} n\left(\int_{[b,b+1/n]} F(x)\,dx - \int_{[a,a+1/n]} F(x)\,dx\right)$$

と書くことができる．ところが，この最初の積分においては F は $F(b)$ に等しく，2番目の積分においては $F(a)$ 以上だから，これはたかだか

$$\leq \liminf_{n\to\infty} n(F(b)/n - F(a)/n) = F(b) - F(a)$$

となることがわかり，主張が従う． □

演習 1.6.44. * 有界変動な関数は（ほとんど到る所で定義された）絶対可積分な導関数を持つことを示せ．

リプシッツの場合にはもう少しうまくできる．

演習 1.6.45. （リプシッツ関数に対する第二基本定理）$F\colon [a,b] \to \mathbb{R}$ をリプシッツ連続とするとき，$\int_{[a,b]} F'(x)\,dx = F(b) - F(a)$ であることを示せ．（ヒント：命題 1.6.37 の証明と同じようにする．ただし，ファトゥの補題（系 1.4.46）ではなく優収束定理（定理 1.4.48）を使う．）

演習 1.6.46. （部分積分公式）$F, G\colon [a,b] \to \mathbb{R}$ をリプシッツ連続関数とするとき，

$$\int_{[a,b]} F'(x)G(x)\,dx \;=\; F(b)G(b) \;-\; F(a)G(a) \;-\; \int_{[a,b]} F(x)G'(x)\,dx$$

であることを示せ．（ヒント：まず最初に $[a,b]$ 上の2つのリプシッツ連続関数の積は再びリプシッツ連続となることを示せ．）

それでは，単調な場合に戻ろう．リプシッツの場合を見ると，そのような関数 F に対しても命題 1.6.37 で等号が成り立つと思うかもしれない．ところが，これには重大な難点がある．それは F の変動が測度 0 の集合に集中してしまうかもしれず，そうなってしまえば F' のルベーグ積分ではそれを検知できない．これがもっとも明白に現れてくるのは，ヘヴィサイド関数 $F := 1_{[0,+\infty)}$ のような不連続な単調関数においてである．この場合 F' がほとんど到る所で 0 であるのはあきらかだが，$F(b) - F(a)$ は b と a が不連続点 0 から見て逆側にあるときには $\int_{[a,b]} F'(x)\,dx$ に等しくはならない．実際はすべての跳躍関数にこの問題が存在する．

演習 1.6.47. F を跳躍関数とすると，F' はほとんど到る所で 0 であることを示せ．（ヒント：稠密性論法を使う．まず区分的に定数な跳躍関数からはじめ，定量的評価として命題 1.6.37 を使う．）

そこで，跳躍関数のようにすべての変動が可算集合に集中してしまっているようなもののせいで単調関数には第二基本定理が成り立たなくなってしまうのではないかと思うかもしれない．だから，連続な単調関数に限ってしまえば第二基本定理が成立するようになると思うかもしれない．ところがそれでもまだこれは正しくない．なぜなら，跳躍による不連続点という可算集合ではなく，たとえば 3 進中抜きカントール集合（演習 1.2.9）のような非可算で測度が 0 の集合にすべての変動が集中するというような場合があり得るのである．そのような状況を説明する鍵となる反例はカントール関数で，これは**悪魔の階段関数**とも呼ばれている．この関数の作り方は下の演習で述べる．

演習 1.6.48.（カントール関数）* 関数 $F_0, F_1, F_2, \ldots : [0,1] \to \mathbb{R}$ を再帰的に次のように作る．
1. すべての $x \in [0,1]$ に対して $F_0(x) := x$ とおく．
2. $n = 1, 2, \ldots$ に対して
$$F_n(x) := \begin{cases} \frac{1}{2} F_{n-1}(3x) & x \in [0, 1/3] \\ \frac{1}{2} & x \in (1/3, 2/3) \\ \frac{1}{2} + \frac{1}{2} F_{n-1}(3x - 2) & x \in [2/3, 1] \end{cases}$$
と定める．

(1) 4 つの関数 $F_0 \cdot F_1 \cdot F_2 \cdot F_3$ のグラフをかけ（同じ場所にかくのが好ましい）．

1.6.4 微積分の第二基本定理

(2) 各 $n = 0, 1, \ldots$ において，F_n は $F_n(0) = 0$ で $F_n(1) = 1$ となる連続な単調非減少関数であることを示せ．（ヒント：n に関する帰納法．）

(3) すべての $x \in [0,1]$ で $|F_{n+1}(x) - F_n(x)| \leq 2^{-n}$ $(n = 0, 1, \ldots)$ が成り立つことを示せ．従って F_n はある極限 $F\colon [0,1] \to \mathbb{R}$ に一様収束する．この極限を**カントール関数**という．

(4) カントール関数 F は $F(0) = 0$ かつ $F(1) = 1$ となる連続で単調非減少関数であることを示せ．

(5) $x \in [0,1]$ が 3 進中抜きカントール集合（演習 1.2.9）の外にあれば，F は x の近傍で定数であり，とくに $F'(x) = 0$ であることを示せ．従って $\int_{[0,1]} F'(x)\,dx = 0 \neq 1 = F(1) - F(0)$ であって，この関数に対しては微積分の第二基本定理は成り立たない．

(6) すべての数 $a_1, a_2, \cdots \in \{0,2\}$ に対して $F\left(\sum_{n=1}^{\infty} a_n 3^{-n}\right) = \sum_{n=1}^{\infty} \frac{a_n}{2} 2^{-n}$ となることを示せ．だから，カントール関数は 3 進数展開したものを 2 進数展開したものにある意味で変換している．

(7) $n \geq 0$ で $a_1, \ldots, a_n \in \{0,2\}$ として，$I = \left[\sum_{i=1}^n \frac{a_i}{3^i}, \sum_{i=1}^n \frac{a_i}{3^i} + \frac{1}{3^n}\right]$ を C の n 番目の被覆 I_n で使われた区間とする（演習 1.2.9 を見よ）．このとき，I は長さが 3^{-n} の区間であるが，$F(I)$ は長さが 2^{-n} の区間であることを示せ．

(8) F はカントール集合 C のどの点においても微分可能ではないことを示せ．

◆ **注意 1.6.38.** この例からわかるように，関数の古典的な導関数 $F'(x) := \lim_{h \to 0; h \neq 0} \frac{F(x+h) - F(x)}{h}$ には欠点がある．それはカントール関数のように連続で単調な関数であってもその変化を「見る」ことができないということである．**An epsilon of room, Vol. I** の §1.13 ではこの問題を**弱導関数**という概念を導入することで解決している．弱導関数というのは，その名前とは裏腹に，この種の特異な変動に対しては強導関数よりも高い能力を持っているのである．（1.7.3 項では，**ルベーグ・スティルチェス積分**という概念を導入する．これは単調関数のすべての変動をとらえる（関係は強いが）もう 1 つの方法である．さらにこれはルベーグ・ラドン・ニコディムの定理を経由して，古典的な導関数にも関係している．これについては **An epsilon of room, Vol. I** の §1.2 を見よ．）

この反例からわかるように，連続で単調非減少な関数 F に対して第二基本定理を成り立たせようと思えば，さらに追加の仮定が必要となる．そのような仮定の 1 つとして**絶対連続性**がある．この定義の理由がよくわかるように，2 つの連続性の定義を思い出しておこう．

(1) 関数 $F\colon \mathbb{R} \to \mathbb{R}$ が連続であるとは，任意に $\varepsilon > 0$ と $x_0 \in \mathbb{R}$ が与えられたときに，これらから決まる $\delta > 0$ であって (a,b) が x_0 を含む長さたかだか δ の

区間のとき $|F(b) - F(a)| \leq \varepsilon$ となるようなものが存在することをいう．

(2) 関数 $F: \mathbb{R} \to \mathbb{R}$ が**一様連続**であるとは，任意の $\varepsilon > 0$ に対して，これから決まる $\delta > 0$ であって (a,b) が長さたかだか δ の区間のとき $|F(b) - F(a)| \leq \varepsilon$ となるようなものが存在することをいう．

定義 1.6.39. 関数 $F: \mathbb{R} \to \mathbb{R}$ が絶対連続であるとは，任意の $\varepsilon > 0$ が与えられたときに，それから決まる $\delta > 0$ であって，有限個の交わらない区間 $(a_1, b_1), \ldots, (a_n, b_n)$ の長さの総和 $\sum_{j=1}^{n} b_j - a_j$ がたかだか δ であるときに $\sum_{j=1}^{n} |F(b_j) - F(a_j)| \leq \varepsilon$ となるようなものが存在することをいう．

区間 $[a,b]$ 上で定義された関数 $F: [a,b] \to \mathbb{R}$ に対しても同様に絶対連続性を定義するが，違いはもちろん $[a_j, b_j]$ が F の定義域 $[a,b]$ に入っているようにすることだけである．

下の演習問題で絶対連続性とそのほかのなめらかさとの関係を述べる．

演習 1.6.49. *
(1) 絶対連続関数は一様連続であり，従って連続であることを示せ．
(2) 絶対連続関数はどんなコンパクト区間 $[a,b]$ 上でも有界変動であることを示せ．(ヒント：最初にこれが十分に小さな任意の区間に対して正しいことを示せ．) とくに (演習 1.6.41 から) 絶対連続関数はほとんど到る所で微分可能である．
(3) リプシッツ連続関数は絶対連続であることを示せ．
(4) 関数 $x \mapsto \sqrt{x}$ は $[0,1]$ 上で絶対連続であるが，リプシッツ連続ではないことを示せ．
(5) 演習 1.6.48 のカントール関数は $[0,1]$ 上で連続・単調・一様連続であるが，絶対連続ではないことを示せ．
(6) $f: \mathbb{R} \to \mathbb{R}$ が絶対可積分であれば，その不定積分 $F(x) := \int_{[-\infty, x]} f(y)\, dy$ は絶対連続であり，F はほとんど到る所で微分可能で，ほとんどすべての x で $F'(x) = f(x)$ となることを示せ．
(7) 区間 $[a,b]$ 上の 2 つの絶対連続関数の和や積は絶対連続であることを示せ．もし $[a,b]$ ではなく $\mathbb{R}$ 上では何が起こるか．

演習 1.6.50.
(1) 絶対連続関数は零集合を零集合に写像する．すなわち $F: \mathbb{R} \to \mathbb{R}$ が絶対連続で E が零集合であれば $F(E) := \{F(x): x \in E\}$ もまた零集合であることを示せ．
(2) カントール関数はこの性質を持っていないことを示せ．

絶対連続関数に対しては微積分の第二基本定理が成り立つ．

1.6.4 微積分の第二基本定理

定理 1.6.40. (絶対連続関数に対する第二基本定理) $F\colon [a,b] \to \mathbb{R}$ を絶対連続とする。このとき $\int_{[a,b]} F'(x)\,dx = F(b) - F(a)$ が成り立つ。

[証明] ここで主な役割を果たすのはクザンの定理 (演習 1.6.23) である。

演習 1.6.44 から F' は絶対可積分である。さらに演習 1.5.10 から F' は一様可積分であることがわかる。そこで $\varepsilon > 0$ としよう。演習 1.5.13 から, $U \subset [a,b]$ が測度がたかだか κ の可測集合であるときにはかならず $\int_U |F'(x)|\,dx \leq \varepsilon$ となるような $\kappa > 0$ をとることができる。(ここで F' は $[a,b]$ の外では 0 と約束しておく。) さらに, κ を十分小さくとれば, 絶対連続性から $(a_1,b_1),\dots,(a_n,b_n)$ がその長さの総和 $\sum_{j=1}^n b_j - a_j$ がたかだか κ であるような交わらない有限個の区間であるときには $\sum_{j=1}^n |F(b_j) - F(a_j)| \leq \varepsilon$ であると仮定してもよい。

$E \subset [a,b]$ を F が微分不可能な点 x と端点 a,b および F' のルベーグ点でない x をすべてあわせたものとする。従って E は零集合である。外部正則性 (あるいは外測度の定義) によって, 測度が $m(U) < \kappa$ となるような E を含む開集合 U をとることができる。とくに $\int_U |F'(x)|\,dx \leq \varepsilon$ である。

ここで, 以下のようにしてゲージ関数 $\delta\colon [a,b] \to (0,+\infty)$ を定める。

(1) $x \in E$ のときには, $\delta(x) > 0$ を開区間 $(x - \delta(x), x + \delta(x))$ が U に含まれるような十分に小さな値とする。

(2) $x \notin E$ のときには F は x で微分可能であり, かつ x は F' のルベーグ点である。このとき, $\delta(x) > 0$ を $|y - x| \leq \delta(x)$ のときに $|F(y) - F(x) - (y-x)F'(x)| \leq \varepsilon|y-x|$ となり, かつ I が長さ $\delta(x)$ 以下の x を含む開区間であれば $\left|\frac{1}{|I|}\int_I F'(y)\,dy - F'(x)\right| \leq \varepsilon$ となるような十分に小さな値とする。そのような $\delta(x)$ は微分可能性およびルベーグ点の定義から存在することがわかる。これらの性質を大きな O 記法[17]を使って $F(y) - F(x) = (y-x)F'(x) + O(\varepsilon|y-x|)$ および $\int_I F'(y)\,dy = |I|F'(x) + O(\varepsilon|I|)$ と書き直しておこう。

クザンの定理を使えば, $k \geq 1$ 個の分割 $a = t_0 < t_1 < \cdots < t_k = b$ で, どの $1 \leq j \leq k$ でも $t_j - t_{j-1} \leq \delta(t_j^*)$ となるような実数 $t_j^* \in [t_{j-1}, t_j]$ がとれるものが存

---

[17] この記法では $O(X)$ は大きさ $|Y|$ がある定数 C によって CX 以下となるような量 Y を表す。この記法は C のような定数の正確な値を追いかける必要がないときに誤差項を書くのに便利である。なぜなら $O(X) + O(X) = O(X)$ のような規則が使えるからである。

在する。

さて，$F(b) - F(a)$ を打ち消し合い級数

$$F(b) - F(a) = \sum_{j=1}^{k} F(t_j) - F(t_{j-1})$$

として書くことができる。この和の大きさを評価するには，まず $t_j^* \in E$ であるような j について考えよう。すると，作り方から (t_{j-1}, t_j) は U の中で交わらない。κ の作り方とあわせると

$$\sum_{j: t_j^* \in E} |F(t_j) - F(t_{j-1})| \leq \varepsilon$$

であり，従って

$$\sum_{j: t_j^* \in E} F(t_j) - F(t_{j-1}) = O(\varepsilon)$$

となる。次に，$t_j^* \notin E$ であるような j について考えよう。このような j に対しては

$$F(t_j) - F(t_j^*) = (t_j - t_j^*)F'(t_j^*) + O(\varepsilon |t_j - t_j^*|)$$

かつ

$$F(t_j^*) - F(t_{j-1}) = (t_j^* - t_{j-1})F'(t_j^*) + O(\varepsilon |t_j^* - t_{j-1}|)$$

となるから，従って

$$F(t_j) - F(t_{j-1}) = (t_j - t_{j-1})F'(t_j^*) + O(\varepsilon |t_j - t_{j-1}|)$$

となることがわかる。ところが，再びその作り方から

$$\int_{[t_{j-1}, t_j]} F'(y)\, dy = (t_j - t_{j-1})F'(t_j^*) + O(\varepsilon |t_j - t_{j-1}|)$$

なのだから，従って

$$F(t_j) - F(t_{j-1}) = \int_{[t_{j-1}, t_j]} F'(y)\, dy + O(\varepsilon |t_j - t_{j-1}|)$$

であることがわかる。j について足しあわせれば，

$$\sum_{j: t_j^* \notin E} F(t_j) - F(t_{j-1}) = \int_{S} F'(y)\, dy + O(\varepsilon(b-a))$$

となることがわかる。ただし，S は $t_j^* \notin E$ となるような $[t_{j-1}, t_j]$ すべての和集合である。その作り方からこの集合は $[a, b]$ に含まれ，$[a, b] \setminus U$ を含む。そして $\int_U |F'(x)|\, dx \leq \varepsilon$ なのだから，

$$\int_S F'(y)\, dy = \int_{[a,b]} F'(y)\, dy + O(\varepsilon)$$

1.6.4 微積分の第二基本定理

であることがわかる．これらをあわせれば，
$$F(b) - F(a) = \int_{[a,b]} F'(y)\, dy + O(\varepsilon) + O(\varepsilon|b - a|)$$
が得られ，$\varepsilon > 0$ は任意だったのだから主張が従う． □

この結果を演習 1.6.49 とあわせれば，絶対連続関数とはどのようなものかについての満足できる特徴付けができる．

演習 1.6.51. 関数 $F: [a,b] \to \mathbb{R}$ が絶対連続である必要十分条件は，それが絶対可積分な関数 $f: [a,b] \to \mathbb{R}$ と定数 C によって $F(x) = \int_{[a,x]} f(y)\, dy + C$ と書けていることを示せ．

演習 1.6.52. （絶対連続な場合の強および弱導関数の一致）$F: [a,b] \to \mathbb{R}$ を絶対連続関数とし，$\phi: [a,b] \to \mathbb{R}$ を (a,b) のコンパクトな部分集合に台を持つ連続微分可能な関数とする．このとき $\int_{[a,b]} F'(x)\phi(x)\, dx = -\int_{[a,b]} F(x)\phi'(x)\, dx$ であることを示せ．

定理 1.6.40 の証明をよく調べれば，絶対連続性は主として 2 つのために使われていたことがわかる．まず第一に，導関数が絶対可積分であることを保証するために，そしてその後で除外零集合 E を制御するために用いていたのである．ところが，E の制御については違う仮定を使っても実行することができる．つまり，関数 F がほとんど到る所で微分可能とするのではなくて，到る所で微分可能としておけば制御できる．正確に言えば

命題 1.6.41. （微積分の第二基本定理，再掲）$[a,b]$ を長さが正のコンパクト区間とし，$F: [a,b] \to \mathbb{R}$ は微分可能な関数で F' が絶対可積分なものとする．このとき，F' のルベーグ積分 $\int_{[a,b]} F'(x)\, dx$ は $F(b) - F(a)$ に等しい．

[証明] これは定理 1.6.40 の証明と同じようにしてできるが，主な変更点としては開集合 U を 1 つではなくいくつか用意しなければならない．$E \subset [a,b]$ を F' のルベーグ点でないものと端点 a,b からなるような点 x をすべて集めたものとする．$\varepsilon > 0$ とする．$\kappa > 0$ を U が $m(U) \leq \kappa$ となる可測集合であればつねに $\int_U |F'(x)|\, dx \leq \varepsilon$ となるような十分に小さな数とする．また $\kappa \leq \varepsilon$ とできる．

$m = 1, 2, \ldots$ を自然数とするとき，E を含む開集合 U_m で測度が $m(U_m) \leq \kappa/4^m$ となるものをとる．とくに $m\left(\bigcup_{m=1}^{\infty} U_m\right) \leq \kappa$ であり，従って $\int_{\bigcup_{m=1}^{\infty} U_m} |F'(x)|\, dx \leq \varepsilon$ であることがわかる．

次に，ゲージ関数 $\delta\colon [a,b] \to (0,+\infty)$ を次のようにして定める。

(1) $x \in E$ のときには，m を $|F'(x)| \leq 2^m$ となる最初の自然数とし，$\delta(x) > 0$ を開区間 $(x-\delta(x), x+\delta(x))$ が U_m に入るように，さらに $|y-x| \leq \delta(x)$ のときにはつねに $|F(y) - F(x) - (y-x)F'(x)| \leq \varepsilon|y-x|$ となるように十分小さく選ぶ。（ここで $F'(x)$ が存在して有限であるということを保証するために，到る所で微分可能であることを使った。）

(2) $x \notin E$ のときには，定理 1.6.40 の証明とまったく同じに，$\delta(x) > 0$ を $|y-x| \leq \delta(x)$ のときにはつねに $|F(y) - F(x) - (y-x)F'(x)| \leq \varepsilon|y-x|$ となるように，また I が x を含む長さ $\delta(x)$ 以下の区間であれば $\left|\dfrac{1}{|I|}\int_I F'(y)\,dy - F'(x)\right| \leq \varepsilon$ であるように十分小さく選ぶ。

クザンの定理を用いると，$k \geq 1$ 個の分割 $a = t_0 < t_1 < \cdots < t_k = b$ とそれぞれの $1 \leq j \leq k$ 番目の区間で $t_j - t_{j-1} \leq \delta(t_j^*)$ となるような実数 $t_j^* \in [t_{j-1}, t_j]$ とを見つけることができる。

前と同じように $F(b) - F(a)$ を打ち消し合う級数として

$$F(b) - F(a) = \sum_{j=1}^{k} F(t_j) - F(t_{j-1})$$

と表現する。$t_j^* \notin E$ となるような j からの寄与の部分については定理 1.6.40 の証明とまったく同じようにして

$$\sum_{j:t_j^* \notin E} F(t_j) - F(t_{j-1}) = \int_S F'(y)\,dy + O(\varepsilon(b-a))$$

であることがわかる。ただし S は $t_j^* \notin E$ となっているような区間 $[t_{j-1}, t_j]$ の和集合である。ところが

$$\int_{[a,b]\setminus S} |F'(x)|\,dx \leq \int_{\bigcup_{m=1}^{\infty} U_m} |F'(x)|\,dx \leq \varepsilon$$

だから，結局

$$\int_S F'(y)\,dy = \int_{[a,b]} F'(y)\,dy + O(\varepsilon)$$

である。

次に $t_j^* \in E$ となるような j について考えよう。構成法からそのような区間については

$$F(t_j) - F(t_{j-1}) = (t_j - t_{j-1})F'(t_j^*) + O(\varepsilon|t_j - t_{j-1}|)$$

であって，従って

1.6.4 微積分の第二基本定理

$$\sum_{j:t_j^*\in E} F(t_j) - F(t_{j-1}) = \left(\sum_{j:t_j^*\in E}(t_j - t_{j-1})F'(t_j^*)\right) + O(\varepsilon(b-a))$$

がわかる。次に，その作り方から，どの j についても $F'(t_j^*) \leq 2^m$ で $[t_{j-1}, t_j] \subset U_m$ となるような自然数 $m = 1, 2, \ldots$ がある。可算加法性から

$$\left(\sum_{j:t_j^*\in E}(t_j - t_{j-1})F'(t_j^*)\right) \leq \sum_{m=1}^{\infty} 2^m m(U_m) \leq \sum_{m=1}^{\infty} 2^m \varepsilon/4^m = O(\varepsilon)$$

となることがわかる。これらをすべてあわせると，再び

$$F(b) - F(a) = \int_{[a,b]} F'(y)\,dy + O(\varepsilon) + O(\varepsilon|b-a|)$$

であることがわかる。$\varepsilon > 0$ は任意だったから主張が従う。 □

◆**注意 1.6.42.** 今の命題からも，到る所で微分可能ということはほとんど到る所で微分可能ということよりもかなりよいことだということがわかると思う。ところが，実際の応用という点においては，今の命題はおそらく最初に感じるであろうほどには便利なものではない。なぜなら，ある関数が連続微分可能（あるいは少なくとも導関数がリーマン積分可能）であることはわからないが，微分可能であることがわかるというような方法というのはほとんど存在しないからである。導関数がリーマン可積分であることがわかってしまえば単に定理 1.6.7 を使えばよい。

演習 1.6.53.* $F: [-1,1] \to \mathbb{R}$ を x が 0 でないときには $F(x) := x^2 \sin\left(\dfrac{1}{x^3}\right)$ とし，$F(0) = 0$ と定める。このとき F は到る所で微分可能であるが F' は絶対可積分ではないことを示せ。従って微分積分の第二基本定理はこの場合には使えない（少なくとも $\displaystyle\int_{[a,b]} F'(x)\,dx$ を絶対収束ルベーグ積分と解釈する限りは）。しかしながら，次の演習を見よ。

演習 1.6.54.（ヘンストック・クルツヴァイル積分）* $[a, b]$ を正の長さを持つコンパクト区間とする。関数 $f : [a, b] \to \mathbb{R}$ がヘンストック・クルツヴァイル可積分で，その積分値が $L \in \mathbb{R}$ であるというのを次のように定義する。任意の $\varepsilon > 0$ に対して，$k \geq 1$ 個からなる分割 $a = t_0 < t_1 < \cdots < t_k = b$ と，どの $1 \leq j \leq k$ でも $t_j^* \in [t_{j-1}, t_j]$ かつ $|t_j - t_{j-1}| \leq \delta(t_j^*)$ となるように $t_1^*, \ldots, t_k^*$ をとればつねに

$$\left|\sum_{j=1}^{k} f(t_j^*)(t_j - t_{j-1}) - L\right| \leq \varepsilon$$

となるようなゲージ関数 $\delta : [a, b] \to (0, +\infty)$ が存在することである。このようにできるとき，L を f のヘンストック・クルツヴァイル積分といいそれを $\displaystyle\int_{[a,b]} f(x)\,dx$ と書く。

(1) もし関数がヘンストック・クルツヴァイル可積分であれば，そのヘンストック・クルツヴァイル積分の値は 1 つに定まることを示せ。（ヒント：クザンの定理を使え。）

(2) もし関数がリーマン可積分であれば，ヘンストック・クルツヴァイル可積分であることを示せ．またヘンストック・クルツヴァイル積分 $\int_{[a,b]} f(x)\,dx$ はリーマン積分 $\int_a^b f(x)\,dx$ に等しいことを示せ．

(3) 関数 $f\colon [a,b] \to \mathbb{R}$ がすべての点で定義されており，すべての点で有限で，絶対可積分であるならば，ヘンストック・クルツヴァイル可積分であることを示せ．さらにそのヘンストック・クルツヴァイル積分 $\int_{[a,b]} f(x)\,dx$ はルベーグ積分 $\int_{[a,b]} f(x)\,dx$ に一致することを示せ．（ヒント：これは定理 1.6.40 や命題 1.6.41 の証明を少し変えたものである．）

(4) $F\colon [a,b] \to \mathbb{R}$ がすべての点で微分可能であれば，F' はヘンストック・クルツヴァイル可積分であって，そのヘンストック・クルツヴァイル積分 $\int_{[a,b]} F'(x)\,dx$ は $F(b) - F(a)$ に等しいことを示せ．（ヒント：これは定理 1.6.40 や命題 1.6.41 の証明を少し変えたものである．）

(5) 上の結果から演習 1.6.4 や命題 1.6.41 の別証明が得られるのはなぜか，説明せよ．

◆注意 1.6.43. 上の演習でわかるように，ヘンストック・クルツヴァイル積分（ダンジョワ積分やペロン積分と呼ばれることもある）は，（ルベーグ積分が零集合上に限るとはいえ無限大や未定義であるのを許しているのとは対照的に）少なくともすべての点で定義されていて有限な値をとる関数に制限して考える限り，リーマン積分や絶対収束ルベーグ積分を拡張したものになっている．そして，これは上の演習 (4) からわかるとおり到る所で微分可能な関数に対する微積分の基本定理のためにはもっとも自然な積分概念なのである．さらに，この節でクザンの定理を使ったすべての証明はこれをもとにして統一的に扱うこともできる．ヘンストック・クルツヴァイル積分は演習 1.6.53 に現れた関数 F の導関数 F' のように（激しく振動している）ルベーグ積分不可能な関数でも積分できるものがある．これは級数 $\sum_{n=1}^{\infty} a_n$ が絶対収束しないときであっても条件収束として $\lim_{N\to\infty} \sum_{n=1}^{N} a_n$ なる和が求まることと似ている．しかしながら，条件収束級数は和の順序を交換すると妙な振る舞いをするのと同じで，ヘンストック・クルツヴァイル積分も変数変換に対しては良くない振る舞いをする．さらにそれは実数 $\mathbb{R}$ の順序構造に依存して定義されているから，ユークリッド空間 $\mathbb{R}^d$ や抽象測度空間のようなもっと一般の空間にヘンストック・クルツヴァイル積分を拡張するのは難しい．

外測度・前測度・積測度

 この教科書ではここまでのところ，基本的には可算加法的な測度の中でもある特定の例，すなわちルベーグ測度に焦点を絞ってきた．この測度はもっと素朴な概念であるルベーグ外測度から作られており，そしてそれはまたさらに素朴な概念である基本測度によって作られているものであった．

 このような作り方は両方ともっと抽象化することができるということがわかる．この節ではカラテオドリの補題として，可算加法的測度を任意の抽象外測度から作る方法を述べる．これはルベーグ測度をルベーグ外測度から作る方法の抽象化である．さらに外測度は前測度と呼ばれる別の概念から作り出すことができる．基本測度というのはこれの典型的な例である．

 それらの道具を使えば，もっとたくさんの測度を作り始めることができるようになる．そのような例としてはルベーグ・スティルチェス測度，積測度，ハウスドルフ測度などがある．もう少しがんばればコルモゴロフの拡張定理も示すことができ，これがあれば無限次元空間にいろいろな測度を作ることができるようになる．さらに無限の時間を許す離散および連続の両方の確率過程に必要となる確率空間を作り出すこともできるようになる．

 積測度について，それが存在するということ以上に重要な結果というのは，もし被積分関数が符号なしか絶対可積分であれば，これを重複積分の計算や積分順序の交換に使えるということである．この事実はフビニ・トネリの定理と呼ばれており，積分の値を計算したり，高次元の主張を低次元のものに帰着させたりしようと思えば絶対になくてはならない道具なのである．

 その一方でこの節では測度を作り出す大変重要な方法であるリースの表現定理については省略する．それについては An epsilon of room, Vol. I の §1.10 で述べる．

1.7.1 外測度とカラテオドリの補題

まず，抽象的な外測度の定義から始めよう．

> **定義 1.7.1.**（抽象外測度） X を集合とする．抽象外測度（あるいは単に外測度）とは，すべての部分集合 $E \subset X$ に対して拡大非負実数 $\mu^*(E) \in [0, +\infty]$ を与えるような写像 $\mu^*: 2^X \to [0, +\infty]$ で次の公理を満たすもののことをいう．
> (1)（空集合）$\mu^*(\emptyset) = 0$ である．
> (2)（単調性）$E \subset F$ であれば $\mu^*(E) \leq \mu^*(F)$ となる．
> (3)（可算劣加法性）X の部分集合の可算列 $E_1, E_2, \ldots \subset X$ に対して $\mu^*\left(\bigcup_{n=1}^{\infty} E_n\right) \leq \sum_{n=1}^{\infty} \mu^*(E_n)$ となる．

従ってルベーグ外測度 m^* は外測度である（演習 1.2.3 を見よ）．その一方でジョルダン外測度 $m^{*,(J)}$ は可算劣加法的ではなく，単に有限加法的であった．従って厳密に言えばジョルダン外測度は外測度ではない．そのため，これはジョルダン外測度ではなくジョルダン外容積と呼ぶことも多い．

外測度は可算加法的ではなく単に可算劣加法的なだけだから測度よりも弱い．一方でそれは X のすべての部分集合を測量することができるが，測度は可測集合からなる σ-集合代数しか測量できない．

定義 1.2.2 においては，ルベーグ可測性を定義するためにルベーグ外測度に加えて開集合という概念を用いた．ところが，一般の抽象的設定では開集合という概念が存在しないかもしれないのだからこの定義は使えない．また可測性の別の定義が演習 1.2.17 で与えられているが，これも直方体や基本集合という概念を用いており，この設定ではやはり利用することができない．ところが，それにもかかわらずこの定義を修正して抽象的に可測性を定義をすることができる．

> **定義 1.7.2.**（カラテオドリ可測性） μ^* を集合 X 上の外測度とする．集合 $E \subset X$ が μ^* に関してカラテオドリ可測であるとは，
> $$\mu^*(A) = \mu^*(A \cap E) + \mu^*(A \setminus E)$$
> がすべての集合 $A \subset X$ について成り立つことをいう．

演習 1.7.1.（零集合はカラテオドリ可測）[*] E が外測度 μ^* に関する零集合（つまり $\mu^*(E) = 0$）であれば，E は μ^* に関してカラテオドリ可測であることを示せ．

演習 1.7.2.（ルベーグ可測性との一致）[*] 集合 $E \subset \mathbb{R}^d$ がルベーグ外測度に関してカラ

テオドリ可測である必要十分条件は，それがルベーグ可測であることを示せ．（ヒント：片方は演習 1.2.17 から出る．もう一方を示すには，まず E が直方体であるときや E か A が有界というような大変単純な場合を考えよ．）

これのもとで，ルベーグ測度の構成は次のようにして抽象化できる．

定理 1.7.3. (カラテオドリの補題) $\mu^*: 2^X \to [0, +\infty]$ を集合 X 上の外測度とし，$\mathcal{B}$ を μ^* に関してカラテオドリ可測であるような X の部分集合全体とする．さらに $\mu: \mathcal{B} \to [0, +\infty]$ を μ^* の $\mathcal{B}$ への制限とする（すなわち $E \in \mathcal{B}$ であれば $\mu(E) := \mu^*(E)$ とする）．すると $\mathcal{B}$ は σ-集合代数であり，μ は測度である．

[証明] まず σ-集合代数であることを示すことから始める．空集合が $\mathcal{B}$ に入っていること，および $\mathcal{B}$ に含まれる集合の補集合が $\mathcal{B}$ に入っていることは簡単にわかる．そこで，次に $\mathcal{B}$ が有限和集合で閉じていること（すなわち $\mathcal{B}$ がブール集合代数であること）を確かめよう．$E, F \in \mathcal{B}$ として $A \subset X$ を任意とする．定義によって

$$\mu^*(A) = \mu^*(A \cap (E \cup F)) + \mu^*(A \setminus (E \cup F)) \tag{1.31}$$

を示せば十分である．記号を簡単にするために，A を交わらない 4 つの集合

$$A_{00} := A \setminus (E \cup F)$$
$$A_{10} := (A \setminus F) \cap E$$
$$A_{01} := (A \setminus E) \cap F$$
$$A_{11} := A \cap E \cap F$$

に分割する（読者はこれらの集合の性質を理解するためにここにヴェン図をかきたいと思うかもしれない）．すると (1.31) は

$$\mu^*(A_{00} \cup A_{01} \cup A_{10} \cup A_{11}) = \mu^*(A_{01} \cup A_{10} \cup A_{11}) + \mu^*(A_{00}) \tag{1.32}$$

となる．一方で E はカラテオドリ可測だから，

$$\mu^*(A_{00} \cup A_{01} \cup A_{10} \cup A_{11}) = \mu^*(A_{00} \cup A_{01}) + \mu^*(A_{10} \cup A_{11})$$

かつ

$$\mu^*(A_{01} \cup A_{10} \cup A_{11}) = \mu^*(A_{01}) + \mu^*(A_{10} \cup A_{11})$$

であり，さらに F のカラテオドリ可測性から

$$\mu^*(A_{00} \cup A_{01}) = \mu^*(A_{00}) + \mu^*(A_{01})$$

となる。これらをまとめると、(1.32) が得られる。(ここで引き算をまったく使っていないことに注意。従ってこの議論は無限の外測度を持つ集合が入っていても正しい。)

そこで、$\mathcal{B}$ が σ-集合代数であることを確認しよう。これがブール集合代数であることはすでに確認してあるから、$\mathcal{B}$ が可算の交わらない和集合に関して閉じていることを確認すれば十分である（下の演習 1.7.3 を見よ）。そこで $E_1, E_2, \ldots$ を交わらないカラテオドリ可測集合の列とし、A を任意とする。示したいことは

$$\mu^*(A) = \mu^*\left(A \cap \bigcup_{n=1}^{\infty} E_n\right) + \mu^*\left(A \setminus \bigcup_{n=1}^{\infty} E_n\right)$$

である。しかし劣加法性があるから、

$$\mu^*(A) \geq \mu^*\left(A \cap \bigcup_{n=1}^{\infty} E_n\right) + \mu^*\left(A \setminus \bigcup_{n=1}^{\infty} E_n\right)$$

を示せば十分である。

任意の $N \geq 1$ に対して $\bigcup_{n=1}^{N} E_n$ は（$\mathcal{B}$ はブール集合代数だったから）カラテオドリ可測であるから、

$$\mu^*(A) \geq \mu^*\left(A \cap \bigcup_{n=1}^{N} E_n\right) + \mu^*\left(A \setminus \bigcup_{n=1}^{N} E_n\right)$$

となる。単調性によって $\mu^*\left(A \setminus \bigcup_{n=1}^{N} E_n\right) \geq \mu^*\left(A \setminus \bigcup_{n=1}^{\infty} E_n\right)$ である。$N \to \infty$ となる極限をとって、

$$\mu^*\left(A \cap \bigcup_{n=1}^{\infty} E_n\right) \leq \lim_{N \to \infty} \mu^*\left(A \cap \bigcup_{n=1}^{N} E_n\right)$$

を示せば十分である。ところが $\bigcup_{n=1}^{N} E_n$ のカラテオドリ可測性から、$N \geq 0$ に対して

$$\mu^*\left(A \cap \bigcup_{n=1}^{N+1} E_n\right) = \mu^*\left(A \cap \bigcup_{n=1}^{N} E_n\right) + \mu^*\left(A \cap E_{N+1} \setminus \bigcup_{n=1}^{N} E_n\right)$$

が成り立ち、これを繰り返せば

$$\lim_{N \to \infty} \mu^*\left(A \cap \bigcup_{n=1}^{N} E_n\right) = \sum_{N=0}^{\infty} \mu^*\left(A \cap E_{N+1} \setminus \bigcup_{n=1}^{N} E_n\right)$$

となる。一方で可算劣加法性から

$$\mu^*\left(A \cap \bigcup_{n=1}^{\infty} E_n\right) \leq \sum_{N=0}^{\infty} \mu^*\left(A \cap E_{N+1} \setminus \bigcup_{n=1}^{N} E_n\right)$$

であることがわかるから、主張が従う。

最後に μ が測度であることを示す．$\mu(\emptyset) = 0$ はあきらかだから，可算加法性を示せばよい．つまり，$E_1, E_2, \ldots$ がカラテオドリ可測であって交わらないとき

$$\mu^* \left(\bigcup_{n=1}^{\infty} E_n \right) = \sum_{n=1}^{\infty} \mu^*(E_n)$$

であることを示さなければならない．劣加法性から，

$$\mu^* \left(\bigcup_{n=1}^{\infty} E_n \right) \geq \sum_{n=1}^{\infty} \mu^*(E_n)$$

を示せば十分である．単調性によって，どんな有限の N に対しても

$$\mu^* \left(\bigcup_{n=1}^{N} E_n \right) = \sum_{n=1}^{N} \mu^*(E_n)$$

が成り立てば十分である．ところが $\bigcup_{n=1}^{N} E_n$ はカラテオドリ可測だから，どんな $N \geq 0$ に対しても

$$\mu^* \left(\bigcup_{n=1}^{N+1} E_n \right) = \mu^* \left(\bigcup_{n=1}^{N} E_n \right) + \mu^*(E_{N+1})$$

が成り立つ．従って帰納法により主張がわかる． □

演習 1.7.3. * $\mathcal{B}$ をある集合 X 上のブール集合代数とする．$\mathcal{B}$ が σ-集合代数である必要十分条件はそれが可算個の交わらない和集合で閉じていること，すなわち $E_1, E_2, E_3, \ldots \in \mathcal{B}$ が $\mathcal{B}$ に含まれる交わらない集合の可算列であるならば $\bigcup_{n=1}^{\infty} E_n \in \mathcal{B}$ となることを示せ．

◆**注意 1.7.4.** 1.2 節でルベーグ外測度からルベーグ測度を作っているが，上の定理と演習 1.7.2 と組み合わせればそれとは少し違う別の作り方になっていることに注意．この方法で進めれば，おそらくはもっと効率よくできるのであろうが，しかし 1.2 節のやり方と比べて幾何的な直観があまり働かなくなる．

◆**注意 1.7.5.** 演習 1.7.1 から，カラテオドリの補題によって作られる測度 μ は自動的に**完備**（定義 1.4.31 を見よ）になることがわかる．

◆**注意 1.7.6.** An epsilon of room, Vol. I の §1.15 にカラテオドリの補題を使って作る測度の重要な例がある．それは $\mathbb{R}^n$ 上の d-次元**ハウスドルフ測度** $\mathcal{H}^d$ で，これは $\mathbb{R}^n$ の d-次元部分集合の大きさを測量するのによい．

1.7.2 前　測　度

今までの節で，基本測度やジョルダン測度のような有限加法的測度が可算加法的測度であるルベーグ測度に拡張できることを説明してきた．従って当然このよ

うなことが一般的なことかどうかが気になるであろう。つまり，もしブール集合代数 $\mathcal{B}_0$ 上に有限加法的測度 $\mu_0\colon \mathcal{B}_0 \to [0, +\infty]$ が与えられたとすると，$\mathcal{B}_0$ を細密化した σ-集合代数 $\mathcal{B}$ とその上に μ_0 を拡張した可算加法的測度 $\mu\colon \mathcal{B} \to [0, +\infty]$ とが存在するだろうか。

もちろん μ_0 が可算加法的な拡張を持つためには，あきらかな必要条件がある。それは μ_0 自身が $\mathcal{B}_0$ の中ではすでに可算加法的でなければならないことである。もっと正確に言えば，$E_1, E_2, E_3, \ldots \in \mathcal{B}_0$ を $\bigcup_{n=1}^{\infty} E_n$ も $\mathcal{B}_0$ に含まれるような交わらない集合の集まりとしよう。($\mathcal{B}_0$ は σ-集合代数ではない単なるブール集合代数にすぎないのだから，和集合が含まれるというのは自動的にはわからないことに注意。) このとき，μ_0 が可算加法的測度に拡張できるためには，
$$\mu_0 \left(\bigcup_{n=1}^{\infty} E_n \right) = \sum_{n=1}^{\infty} \mu_0(E_n)$$
となることがあきらかに必要である。

カラテオドリの補題を用いると，この必要条件が実は十分条件でもあることがわかる。より正確には，

定義 1.7.7.（前測度）ブール集合代数 $\mathcal{B}_0$ 上の前測度とは，有限加法的な $\mu_0\colon \mathcal{B}_0 \to [0, +\infty]$ であって，$E_1, E_2, E_3, \cdots \in \mathcal{B}_0$ が交わらない集合で $\bigcup_{n=1}^{\infty} E_n$ も $\mathcal{B}_0$ に含まれるならばかならず $\mu_0 \left(\bigcup_{n=1}^{\infty} E_n \right) = \sum_{n=1}^{\infty} \mu_0(E_n)$ となることをいう。

演習 1.7.4.
(1) μ_0 が有限加法的という条件は $\mu_0(\emptyset) = 0$ に緩めてしまっても前測度の定義には影響しないことを示せ。
(2) 条件 $\mu_0 \left(\bigcup_{n=1}^{\infty} E_n \right) = \sum_{n=1}^{\infty} \mu_0(E_n)$ を $\mu_0 \left(\bigcup_{n=1}^{\infty} E_n \right) \leq \sum_{n=1}^{\infty} \mu_0(E_n)$ に緩めてしまっても前測度の定義には影響しないことを示せ。
(3) しかし，上の 2 つを同時に緩めてしまうと，μ_0 として前測度ではないものも許してしまうようになることを反例を挙げて示せ。

演習 1.7.5. ルベーグ測度の理論を使わずに，(基本ブール集合代数上の)基本測度が前測度であることを示せ。(ヒント：補題 1.2.6 を使え。基本ブール集合代数に含まれる基本集合だけではなくその補集合も同様に扱わなければならないことに注意。)

演習 1.7.6. 前測度ではない有限加法的測度 $\mu_0\colon \mathcal{B}_0 \to [0, +\infty]$ を作れ。(ヒント：X

1.7.2 前測度

として自然数全体をとり，$\mathcal{B}_0 = 2^{\mathbb{N}}$ を離散集合代数とする．μ_0 を有限集合と無限集合で別々に定めよ．）

定理 1.7.8.（ハーン・コルモゴロフの定理） X のブール集合代数 $\mathcal{B}_0$ 上の前測度 $\mu_0\colon \mathcal{B}_0 \to [0,+\infty]$ は可算加法的測度 $\mu\colon \mathcal{B} \to [0,+\infty]$ に拡張できる．

[証明] 基本測度からルベーグ測度を作るときの方法を真似しよう．つまり，まず $E \subset X$ に対して，E の外測度 $\mu^*(E)$ を

$$\mu^*(E) := \inf\left\{ \sum_{n=1}^{\infty} \mu_0(E_n) \colon E \subset \bigcup_{n=1}^{\infty} E_n; \text{すべての } n \text{ で } E_n \in \mathcal{B}_0 \right\}$$

なる量として定める．

すると μ^* が確かに外測度となることは簡単に確かめられる（演習 1.2.3 を参照）．そこで $\mathcal{B}$ を μ^* に関してカラテオドリ可測となるような集合 $E \subset X$ をすべて集めたものとし，μ^* の $\mathcal{B}$ への制限を μ とする．カラテオドリの補題によって $\mathcal{B}$ は σ-集合代数であり，μ は可算加法的測度である．

だから，$\mathcal{B}$ が $\mathcal{B}_0$ を含んでおり，μ が μ_0 を拡張したものであることを示せばよい．そこで $E \in \mathcal{B}_0$ としよう．すると，E が μ^* に関してカラテオドリ可測であり $\mu^*(E) = \mu_0(E)$ であることを示せばよい．最初の主張を示すために，$A \subset X$ を任意にとる．そのとき

$$\mu^*(A) = \mu^*(A \cap E) + \mu^*(A \setminus E)$$

をいわなければならないが，劣加法性から

$$\mu^*(A) \geq \mu^*(A \cap E) + \mu^*(A \setminus E)$$

であることを示せば十分である．さらに $\mu^*(A)$ は有限と仮定してよい．そうでなければあきらかだからである．

$\varepsilon > 0$ を固定する．μ^* の定義から，A を覆う $E_1, E_2, \cdots \in \mathcal{B}_0$ で

$$\sum_{n=1}^{\infty} \mu_0(E_n) \leq \mu^*(A) + \varepsilon$$

となるようなものが存在する．集合 $E_n \cap E$ は $\mathcal{B}_0$ に属していて $A \cap E$ を覆うのだから，

$$\mu^*(A \cap E) \leq \sum_{n=1}^{\infty} \mu_0(E_n \cap E)$$

となる．同様にして

$$\mu^*(A\setminus E) \le \sum_{n=1}^{\infty} \mu_0(E_n\setminus E)$$

である。同時に，有限加法性から

$$\mu_0(E_n \cap E) + \mu_0(E_n\setminus E) = \mu_0(E_n)$$

がわかる。従ってこれらの評価をあわせれば

$$\mu^*(A \cap E) + \mu^*(A\setminus E) \le \mu^*(A) + \varepsilon$$

となり，$\varepsilon > 0$ は任意なのだから主張がわかる。

最後に，$\mu^*(E) = \mu_0(E)$ を示そう。E は自分自身を覆っているのだから，当然 $\mu^*(E) \le \mu_0(E)$ である。逆の不等号を示すには，$E_1, E_2, \cdots \in \mathcal{B}_0$ が E を覆うときにかならず

$$\sum_{n=1}^{\infty} \mu_0(E_n) \ge \mu_0(E)$$

となることをいえば十分である。各 E_n をそれよりも小さな集合 $E_n \setminus \bigcup_{m=1}^{n-1} E_m$ (これらは $\mathcal{B}_0$ に含まれており，E を覆ったままである) で置き換えることで，(μ_0 の単調性のおかげで) 一般性を失うことなく E_n が交わらないと仮定してよい。同様に E_n をそれよりも小さな集合 $E_n \cap E$ で置き換えることで，一般性を失うことなく E_n の和集合は E と完全に一致すると仮定してもかまわない。ところが，そうすると，示したいことは μ_0 が (単なる有限加法的測度ではなく) 前測度であるということから従う。□

上の証明で構成された測度 μ を前測度 μ_0 のハーン・コルモゴロフ拡張と呼ぶことにしよう。だから，たとえば，演習 1.7.2 によって基本測度 (補集合が無限大の基本測度を持つという約束で) のハーン・コルモゴロフ拡張はルベーグ測度である。そうではあるが，これは決して μ_0 の可算加法的測度への唯一の拡張というわけではない。たとえばルベーグ測度をボレル σ-集合代数に制限することもでき，それは依然として基本測度の可算加法的な拡張である。しかしながら，この拡張はそれ自身の σ-集合代数の上では一意的である。

演習 1.7.7.* $\mu_0: \mathcal{B}_0 \to [0, +\infty]$ を前測度とし，$\mu: \mathcal{B} \to [0, +\infty]$ を μ_0 のハーン・コルモゴロフ拡張とする。さらに $\mu': \mathcal{B}' \to [0, +\infty]$ も μ_0 の可算加法的な拡張であるとしよう。さらに μ_0 は **σ-有限**である．すなわち全体集合 X がすべての n で $\mu_0(E_n) < \infty$ となるような集合 $E_1, E_2, \cdots \in \mathcal{B}_0$ の可算和集合として表されると仮定する。このとき，μ と μ' は定義域の共通部分では一致することを示せ。すなわち，$E \in \mathcal{B} \cap \mathcal{B}'$ であれば $\mu(E) = \mu'(E)$ となることを示せ。(ヒント：まず最初に $E \in \mathcal{B}'$ ならば $\mu'(E) \le$

$\mu^*(E)$ となることを示せ。）

演習 1.7.8. この演習の目的は演習 1.7.7 における σ-有限性の仮定は除去不可能であることを示すことである。$\mathcal{A}$ を半開区間 $[a, b)$ の有限和集合として表されるような $\mathbb{R}$ の部分集合をすべて集めたものとする。$\mu_0: \mathcal{A} \to [0, +\infty]$ を空集合でない E に対しては $\mu_0(E) = +\infty$ で $\mu_0(\varnothing) = 0$ となるような関数とする。

(1) μ_0 が前測度であることを示せ。
(2) $\langle \mathcal{A} \rangle$ はボレル σ-集合代数 $\mathcal{B}[\mathbb{R}]$ であることを示せ。
(3) μ_0 のハーン・コルモゴロフ拡張 $\mu: \mathcal{B}[\mathbb{R}] \to [0, +\infty]$ は空でないボレル集合で無限大の値をとることを示せ。
(4) 計数測度 #（もっと一般に $c \in (0, +\infty]$ を任意として $c\#$）は μ_0 の $\mathcal{B}[\mathbb{R}]$ 上への拡張になっていることを示せ。

演習 1.7.9.* $\mu_0: \mathcal{B}_0 \to [0, +\infty]$ を σ-有限な前測度（つまり，X は $\mathcal{B}_0$ に含まれる μ_0-測度が有限な集合の可算和集合である）とし，$\mu: \mathcal{B} \to [0, +\infty]$ を μ_0 のハーン・コルモゴロフ拡張とする。

(1) $E \in \mathcal{B}$ であれば，$\mu(F \backslash E) = 0$ となる E を含む集合 $F \in \langle \mathcal{B}_0 \rangle$ がある（従って，F は E と零集合の和集合である）ことを示せ。さらに F をうまく選べば，$\mathcal{B}_0$ に含まれる集合 $F_{n,m}$ の可算和集合であるような $F_n = \bigcup_{m=1}^{\infty} F_{n,m}$ の可算共通部分として $F = \bigcap_{n=1}^{\infty} F_n$ とできることを示せ。
(2) $E \in \mathcal{B}$ が測度有限（つまり $\mu(E) < \infty$）で $\varepsilon > 0$ であれば，$\mu(E \Delta F) \leq \varepsilon$ となるような $F \in \mathcal{B}_0$ が存在することを示せ。
(3) 逆に，集合 E に対して任意の $\varepsilon > 0$ に対して $\mu^*(E \Delta F) \leq \varepsilon$ となるような集合 $F \in \mathcal{B}_0$ が存在するとすれば，$E \in \mathcal{B}$ であることを示せ。

1.7.3 ルベーグ・スティルチェス測度

それでは，ハーン・コルモゴロフの拡張定理を使っていろいろな測度を作ろう。まずルベーグ・スティルチェス測度から始める。

定理 1.7.9. (ルベーグ・スティルチェス測度の存在) $F: \mathbb{R} \to \mathbb{R}$ を単調非減少な関数とし，その左極限と右極限を

$$F_-(x) := \sup_{y < x} F(y), \quad F_+(x) := \inf_{y > x} F(y)$$

で定義しよう．従ってすべての x で $F_-(x) \leq F(x) \leq F_+(x)$ が成立する．さらに，$\mathcal{B}[\mathbb{R}]$ を $\mathbb{R}$ 上のボレル σ-集合代数とする．このとき，すべての $-\infty < b < a < \infty$ で

$$\mu_F([a,b]) = F_+(b) - F_-(a), \quad \mu_F([a,b)) = F_-(b) - F_-(a),$$
$$\mu_F((a,b]) = F_+(b) - F_+(a), \quad \mu_F((a,b)) = F_-(b) - F_+(a) \tag{1.33}$$

となり，またすべての $a \in \mathbb{R}$ で

$$\mu_F(\{a\}) = F_+(a) - F_-(a) \tag{1.34}$$

となるようなボレル測度 $\mu_F : \mathcal{B}[\mathbb{R}] \to [0, +\infty]$ がただ 1 つ存在する．

[証明]　（概略）この証明においては今までの言葉の約束を変えて，区間というのを有界でないものまで許すことにしよう．従って，とくに半無限区間 $[a, +\infty)$，$(a, +\infty)$，$(-\infty, a]$，$(-\infty, a)$ や両側無限区間 $(-\infty, +\infty)$ も区間と呼ぶことにする．

さて任意の区間 I に対して F-体積 $|I|_F \in [0, +\infty]$ を定義しよう．ただし，$F_-(+\infty) = \sup_{y \in \mathbb{R}} F(y)$ で $F_+(-\infty) = \inf_{y \in \mathbb{R}} F(y)$ と約束し，また空区間 $\varnothing$ は F-体積 $|\varnothing|_F = 0$ であると約束する．$F_-(+\infty)$ や $F_+(-\infty)$ は $-\infty$ にもなり得るが，$+\infty - (-\infty)$ のような式の値について約束をしておけばすべての状況において F-体積 $|I|_F$ は $[0, +\infty]$ に値をとるものとして，問題なく定義されていることに注意せよ．

I と J が端点を共有する交わらない区間であるときには，少しうんざりしてしまうような場合分けを行なえば（演習!）加法性

$$|I \cup J|_F = |I|_F + |J|_F$$

が成り立つことがわかる．その系として，もし区間 I が有限個の部分区間 $I_1, \ldots, I_k$ に分割されているときには $|I| = |I_1| + \cdots + |I_k|$ であることがわかる．

$\mathcal{B}_0$ を（無限個でもよい）区間によって生成されているブール集合代数としよう．すると $\mathcal{B}_0$ は区間の有限和集合として表されるような集合からなる．（これは少しだけ基本集合代数よりも大きい．なぜなら $[0, +\infty)$ のような半無限区間は基本集合代数では許されないが，今は許しているからである．）この代数上の測度 μ_0 を，$E = I_1 \cup \cdots \cup I_k$ が有限個の交わらない区間の和集合であるときには

$$\mu_0(E) = |I_1|_F + \cdots + |I_k|_F$$

1.7.3 ルベーグ・スティルチェス測度

と定める。するとこの測度が(各 $E \in \mathcal{B}_0$ に対してただ1つの値 $\mu_0(E)$ を与えるという意味で)問題なく定義できており,有限加法的であることを確かめることができる(演習!)。さて,μ_0 が前測度であることを示そう。そこで $E \in \mathcal{B}_0$ が有限個の交わらない集合 $E_1, E_2, \ldots \in \mathcal{B}_0$ の和集合であると仮定しよう。このとき

$$\mu_0(E) = \sum_{n=1}^{\infty} \mu_0(E_n)$$

であることを示したい。E を区間に分割し,各 E_n とその区間との交わりを考え,有限加法性を用いれば,E が単なる区間であると仮定することができる。さらに E_n もその成分であるような区間に分割し,有限加法性を用いれば,E_n もまた単なる区間であると仮定できる。有限加法性から $\mu_0(E) \geq \sum_{n=1}^{N} \mu_0(E_n)$ が任意の N で成り立つから,

$$\mu_0(E) \leq \sum_{n=1}^{\infty} \mu_0(E_n)$$

を示せば十分である。

$\mu_0(E)$ の定義によって,

$$\mu_0(E) = \sup_{K \subset E} \mu_0(K) \tag{1.35}$$

であることがわかる(演習!)。ただし,K は E に含まれるコンパクト区間すべてを動くものとする。従って E の各コンパクト部分区間 K について

$$\mu_0(K) \leq \sum_{n=1}^{\infty} \mu_0(E_n)$$

が示されれば十分である。同じように考えて,

$$\mu_0(E_n) = \inf_{U \supset E_n} \mu_0(U)$$

であることもわかる(演習!)。ただし U は E_n を含むような開区間すべてを動くものとする。ここで $\varepsilon/2^n$ の技を使えば,U_n が E_n を含む開区間であるときに

$$\mu_0(K) \leq \sum_{n=1}^{\infty} \mu_0(U_n)$$

であることを示せば十分である。ところが,ハイネ・ボレルの定理によれば K は U_n の有限個 $\bigcup_{n=1}^{N} U_n$ で覆うことができる。従って有限劣加法性から

$$\mu_0(K) \leq \sum_{n=1}^{N} \mu_0(U_n)$$

であるから,主張が従う。

さて,μ_0 が前測度であることがわかったから,これにハーン・コルモゴロフ

の拡張定理を適用して，$\mathcal{B}_0$ を含む σ-集合代数 $\mathcal{B}$ 上の可算加法的測度 μ へと拡張することができる．とくに，$\mathcal{B}$ はすべての基本集合を含んでおり，従って（演習 1.4.14 から）ボレル σ-集合代数を含む．そこで μ をボレル σ-集合代数に制限すれば，測度の存在がわかる．

最後に一意性を示す．μ' が今の性質を持つようなもう 1 つのボレル測度とするとすべてのコンパクト区間 K で $\mu'(K) = |K|_F$ が成り立ち，従って (1.35) と上向き単調収束からすべての区間（有界でないものを含む）において $\mu'(I) = |I|_F$ となることがわかる．これから μ' は $\mathcal{B}_0$ 上で μ_0 と一致することがわかり，従って（演習 1.7.7 から，μ_0 が σ-有限であることに注意して）ボレル可測集合上で μ と一致することがわかる． □

演習 1.7.10. 上の証明で「演習!」と記した部分を確かめよ．

上の定理で得られた測度 μ_F は F のルベーグ・スティルチェス測度 μ_F と呼ばれる．（教科書によってはこの測度は F が右連続のとき，あるいは同値だが $F = F_+$ であるときに限って定義される．）

演習 1.7.11. $\mathbb{R}$ 上のラドン測度を，次の性質を満たすようなボレル測度 μ のこととして定義する．
 (1)（局所有限性）すべてのコンパクト集合 K に対して $\mu(K) < \infty$ となる．
 (2)（内部正則性）すべてのボレル集合 E に対して $\mu(E) = \sup_{K \subset E, K:\text{コンパクト}} \mu(K)$ となる．
 (3)（外部正則性）すべてのボレル集合 E に対して $\mu(E) = \inf_{U \supset E, U:\text{開}} \mu(U)$ となる．
すべての単調関数 $F: \mathbb{R} \to \mathbb{R}$ について，そのルベーグ・スティルチェス測度 μ_F は $\mathbb{R}$ 上のラドン測度であることを示せ．逆にもし μ が $\mathbb{R}$ 上のラドン測度であるならば，$\mu = \mu_F$ となるような単調関数 $F: \mathbb{R} \to \mathbb{R}$ が存在することを示せ．

ラドン測度については An epsilon of room, Vol. I の §1.10 でもっと詳しく調べることにする．

演習 1.7.12.（大体一意性）$F, F': \mathbb{R} \to \mathbb{R}$ を単調非減少関数とするとき，$\mu_F = \mu_{F'}$ となる必要十分条件は，すべての $x \in \mathbb{R}$ で $F_+(x) = F'_+(x) + C$ かつ $F_-(x) = F'_-(x) + C$ となるような定数 $C \in \mathbb{R}$ が存在することを示せ．これから，F の不連続点での値というのは，ルベーグ・スティルチェス測度 μ_F を決めることには無関係であることがわかる．とくに $\mu_F = \mu_{F_+} = \mu_{F_-}$ である．

1.7.3 ルベーグ・スティルチェス測度

$F_+(-\infty) = 0$ で $F_-(+\infty) = 1$ という特別な場合には μ_F は確率測度であり，$F_+(x) = \mu_F((-\infty, x])$ は μ_F の**累積分布関数**という。

さて，ここでルベーグ・スティルチェス測度の例をいくつか挙げておこう。

演習 1.7.13. (ルベーグ・スティルチェス測度，絶対連続な場合)

(1) $F: \mathbb{R} \to \mathbb{R}$ が恒等関数 $F(x) = x$ であれば，μ_F はルベーグ測度 m に等しいことを示せ。

(2) $F: \mathbb{R} \to \mathbb{R}$ が単調非減少で絶対連続（とくに F' が存在して絶対可積分である）ならば，演習 1.4.48 の意味で $\mu_F = m_{F'}$ であり，従って，任意のボレル可測な E に対して
$$\mu_F(E) = \int_E F'(x)\, dx$$
であり，任意の符号なしボレル可測関数 $f: \mathbb{R} \to [0, +\infty]$ に対して
$$\int_{\mathbb{R}} f(x)\, d\mu_F(x) = \int_{\mathbb{R}} f(x) F'(x)\, dx$$
であることを示せ。

この演習のような事実が成り立つので，積分 $\int_{\mathbb{R}} f\, d\mu_F$ を単に $\int_{\mathbb{R}} f\, dF$ と記すことも多く，これを f の F に関する**ルベーグ・スティルチェス積分**という。とくに単調非減少な $F: \mathbb{R} \to \mathbb{R}$ と $-\infty < b < a < +\infty$ に対して
$$\int_{[a,b]} dF = F_+(b) - F_-(a)$$
が成り立つ。これは微積分の基本定理のもう 1 つの定式化である。

演習 1.7.14. (ルベーグ・スティルチェス測度，純点の場合)

(1) $H: \mathbb{R} \to \mathbb{R}$ が**ヘヴィサイド関数** $H := 1_{[0,+\infty)}$ であれば，μ_H は原点における（例 1.4.22 で定義された）ディラク測度 δ_0 に等しいことを示せ。

(2) $F = \sum_n c_n J_n$ が（定義 1.6.30 で定義された）跳躍関数であれば，μ_F はディラク測度の（演習 1.4.22 で定義された）線型結合 $\sum c_n \delta_{x_n}$ に等しいことを示せ。ただし x_n は基本跳躍関数 J_n の不連続点である。

演習 1.7.15. (ルベーグ・スティルチェス測度，特異連続な場合)

(1) $F: \mathbb{R} \to \mathbb{R}$ が単調非減少関数であるとき，F が連続である必要十分条件はすべての $x \in \mathbb{R}$ で $\mu_F(\{x\}) = 0$ となることを示せ。

(2) F が（演習 1.6.48 で定義された）カントール関数のとき，μ_F は $\mu_F(\mathbb{R} \setminus C) = 0$ という意味で 3 進中抜きカントール集合の中に台を持つ確率測度であることを示せ。この測度 μ_F を**カントール測度**という。

(3) μ_F がカントール測度のとき，すべてのボレル可測 $E \subset [0,1]$ に対して自己相似性である $\mu\left(\frac{1}{3} \cdot E\right) = \frac{1}{2}\mu(E)$ および $\mu\left(\frac{1}{3} \cdot E + \frac{2}{3}\right) = \frac{1}{2}\mu(E)$ が成り立つこ

とを示せ。ただし $\frac{1}{3} \cdot E := \{\frac{1}{3}x : x \in E\}$ である。

演習 1.7.16.（リーマン・スティルチェス積分との関係）* $F: \mathbb{R} \to \mathbb{R}$ を単調非減少，$[a,b]$ をコンパクト区間で，$f: [a,b] \to \mathbb{R}$ を連続とする．F が区間の端点 a, b で連続と仮定しよう．このとき，任意の $\varepsilon > 0$ に対して，$a = t_0 < t_1 < \cdots < t_n = b$ を $\sup_{1 \leq i \leq n} |t_i - t_{i-1}| \leq \delta$ となるようにとると，各 $1 \leq i \leq n$ で $t_i^* \in [t_{i-1}, t_i]$ であれば

$$\left| \sum_{i=1}^n f(t_i^*)(F(t_i) - F(t_{i-1})) - \int_{[a,b]} f \, dF \right| \leq \varepsilon$$

となるような δ が存在することを示せ．リーマン・スティルチェス積分の言葉で言えば，この結果からルベーグ・スティルチェス積分はリーマン・スティルチェス積分を拡張したものであることがわかる．

演習 1.7.17.（部分積分の公式）$F, G: \mathbb{R} \to \mathbb{R}$ を単調非減少で連続とする．このとき，任意のコンパクト区間 $[a, b]$ で

$$\int_{[a,b]} F \, dG = -\int_{[a,b]} G \, dF + F(b)G(b) - F(a)G(a)$$

となることを示せ．（ヒント：演習 1.7.16 を使え．）この公式は F と G のどちらか，あるいは両方が不連続である場合にも部分的には拡張できるが，F と G が同じ場所で同時に不連続である場合には注意が必要である．

1.7.4 積　　測　　度

2つの集合 X と Y が与えられると，その直積 $X \times Y = \{(x, y) : x \in X, y \in Y\}$ を考えることができる．この直積集合には，当然 $\pi_X(x, y) := x$ と $\pi_Y(x, y) := y$ で定義される座標射影写像 $\pi_X: X \times Y \to X$ と $\pi_Y: X \times Y \to Y$ が考えられる．そして2つ以上の集合に対してももちろん $X_1 \times \cdots \times X_d$ が考えられるし，さらに無限直積 $\prod_{\alpha \in A} X_\alpha$ も考えられる．しかし，話を単純化するために，今は2つの集合からなる直積についてだけ議論することにしよう．

さて，$(X, \mathcal{B}_X)$ と $(Y, \mathcal{B}_Y)$ を可測空間としよう．この場合でももちろんその直積 $X \times Y$ やその射影写像である $\pi_X: X \times Y \to X$ と $\pi_Y: X \times Y \to Y$ とを考えることができる．しかし，今の場合にはさらに

$$\pi_X^*(\mathcal{B}_X) := \{\pi_X^{-1}(E) : E \in \mathcal{B}_X\} = \{E \times Y : E \in \mathcal{B}_X\}$$

1.7.4 積測度

および
$$\pi_Y^*(\mathcal{B}_Y) := \{\pi_Y^{-1}(F) : F \in \mathcal{B}_Y\} = \{X \times F : F \in \mathcal{B}_Y\}$$
で定まる σ-集合代数の引き戻しも考えることができる。そうして，この 2 つの σ-集合代数の和集合から生成される σ-集合代数

$$\mathcal{B}_X \times \mathcal{B}_Y := \langle \pi_X^*(\mathcal{B}_X) \cup \pi_Y^*(\mathcal{B}_Y) \rangle$$

として積 σ-**集合代数** $\mathcal{B}_X \times \mathcal{B}_Y$ を定義することができる。この定義にはいくつかの同値な定式化がある。

演習 1.7.18. * $(X, \mathcal{B}_X)$ と $(Y, \mathcal{B}_Y)$ を可測空間とする。

(1) $\mathcal{B}_X \times \mathcal{B}_Y$ は $E \in \mathcal{B}_X$ と $F \in \mathcal{B}_Y$ によって $E \times F$ と書ける集合によって生成される σ-集合代数であることを示せ。すなわち，$\mathcal{B}_X \times \mathcal{B}_Y$ は $\mathcal{B}_X$-可測集合と $\mathcal{B}_Y$-可測集合の直積がつねに $\mathcal{B}_X \times \mathcal{B}_Y$-可測となるようなもっとも粗い σ-集合代数である。

(2) $\mathcal{B}_X \times \mathcal{B}_Y$ は $X \times Y$ 上で射影写像 π_X と π_Y の両方が可測な射（注意 1.4.33 を見よ）となるようなもっとも粗い σ-集合代数であることを示せ。

(3) $E \in \mathcal{B}_X \times \mathcal{B}_Y$ であれば，すべての x について集合 $E_x := \{y \in Y : (x,y) \in E\}$ は $\mathcal{B}_Y$ に含まれることを示せ。また同様にすべての $y \in Y$ について集合 $E^y := \{x \in X : (x,y) \in E\}$ は $\mathcal{B}_X$ に含まれることを示せ。

(4) $f : X \times Y \to [0, +\infty]$ が ($\mathcal{B}_X \times \mathcal{B}_Y$ に関して) 可測であれば，すべての $x \in X$ について関数 $f_x : y \mapsto f(x,y)$ は $\mathcal{B}_Y$-可測であることを示せ。また同様にすべての $y \in Y$ について関数 $f^y : x \mapsto f(x,y)$ は $\mathcal{B}_X$-可測であることを示せ。

(5) $E \in \mathcal{B}_X \times \mathcal{B}_Y$ であれば，断面 $E_x := \{y \in Y : (x,y) \in E\}$ は可算生成の σ-集合代数に含まれることを示せ。すなわち，(E に依存する) たかだか可算個の集合の集まり $\mathcal{A} = \mathcal{A}_E$ があって，$\{E_x : x \in X\} \subset \langle \mathcal{A} \rangle$ となることを示せ。とくに，異なる断面 E_x の個数はたかだか連続濃度 c であることをいえ。(この演習の最後の部分は基数の演算が好きな学生専用である。)

演習 1.7.19. *

(1) 2 つの (異なる空間 X および Y 上の) 自明な σ-集合代数の積もまた自明であることを示せ。

(3)*訳注) 2 つの有限 σ-集合代数の積もまた有限であることを示せ。

(4) ($d, d' \geq 1$ として 2 つのユークリッド空間 $\mathbb{R}^d, \mathbb{R}^{d'}$ 上の) 2 つのボレル σ-集合代数の積もまた ($\mathbb{R}^d \times \mathbb{R}^{d'} \equiv \mathbb{R}^{d+d'}$ 上の) ボレル σ-集合代数であることを示せ。

(5) ($d, d' \geq 1$ として 2 つのユークリッド空間 $\mathbb{R}^d, \mathbb{R}^{d'}$ 上の) ルベーグ σ-集合代数の積はルベーグ σ-集合代数ではないことを示せ。(ヒント：背理法と演習 1.7.18(3) を

---

*訳注) 原著にあった (2) は著者の指示により削除した。

使え。)

(6) しかしながら，$\mathbb{R}^{d+d'}$ 上のルベーグ σ-集合代数は $\mathbb{R}^d$ 上および $\mathbb{R}^{d'}$ 上のルベーグ σ-集合代数の積を $d+d'$-次元ルベーグ測度で完備化（演習 1.4.26）したものであることを示せ。

(7) この問題は基数の演算が好きな学生専用である。2 つの離散 σ-集合代数の積がかならずしも離散ではないことを例を挙げて示せ。

(8) その一方で，もし定義域 X, Y のどちらかがたかだか可算無限集合であれば，2 つの離散 σ-集合代数 $2^X, 2^Y$ の積もまた離散 σ-集合代数となることを示せ。

さて，いま 2 つの測度空間 $(X, \mathcal{B}_X, \mu_X)$ と $(Y, \mathcal{B}_Y, \mu_Y)$ とがあるとしよう。そして，集合 X と Y とをかけて直積集合 $X \times Y$ を作り，さらに σ-集合代数 $\mathcal{B}_X$ と $\mathcal{B}_Y$ とをかけて積 σ-集合代数 $\mathcal{B}_X \times \mathcal{B}_Y$ を作ったとすれば，もちろん 2 つの測度 $\mu_X : \mathcal{B}_X \to [0, +\infty]$ と $\mu_Y : \mathcal{B}_Y \to [0, +\infty]$ とをかけて積測度 $\mu_X \times \mu_Y : \mathcal{B}_X \times \mathcal{B}_Y \to [0, +\infty]$ を作りたくなるであろう。さらに，小学校で習った「底辺かける高さの公式」を思い出せば $E \in \mathcal{B}_X$ で $F \in \mathcal{B}_Y$ のときには

$$\mu_X \times \mu_Y(E \times F) = \mu_X(E)\mu_Y(F) \tag{1.36}$$

となるのが当たり前だと思うであろう。

こうなる測度を作るために，測度空間は両方とも **σ-有限**と仮定しておく方がよい。

> **定義 1.7.10. (σ-有限)** 測度空間 $(X, \mathcal{B}, \mu)$ が **σ-有限**であるとは，X が測度有限な集合の可算和集合として書くことができることをいう。

従って，ルベーグ測度を考えているときの $\mathbb{R}^d$ は σ-有限である。なぜなら，$\mathbb{R}^d$ は（たとえば）球 $B(0, n)$ $(n = 1, 2, 3, \dots)$ を考えてその和集合として表されるからで，それぞれの球の測度は有限だからである。一方で，計数測度を考えているときの $\mathbb{R}^d$ は σ-有限ではない（なぜか）。しかし，解析学で出会うようなほとんどの測度空間（あきらかにすべての確率空間を含む）は σ-有限である。積測度の理論の一部分を σ-有限でない場合にも拡張することは可能ではあるのだが，そこにはきわめて微妙な技術的問題が多くあり，そのためここではそれについては考えないことにする。

σ-有限な場合に限定してしまえば，積測度というのはつねに存在して，一意的である。

1.7.4 積測度

命題 1.7.11. (積測度の存在と一意性) $(X, \mathcal{B}_X, \mu_X)$ と $(Y, \mathcal{B}_Y, \mu_Y)$ を σ-有限な測度空間とする。すると $\mathcal{B}_X \times \mathcal{B}_Y$ 上の測度 $\mu_X \times \mu_Y$ で $E \in \mathcal{B}_X$ かつ $F \in \mathcal{B}_Y$ のときには $\mu_X \times \mu_Y (E \times F) = \mu_X(E) \mu_Y(F)$ を満たすものがただ一つ存在する。

[証明] まずはじめに存在を示す。ルベーグ測度が基本 (前) 測度のハーン・コルモゴロフ拡大であったことを思い出して，まず最初に「基本積前測度」を作り，それから定理 1.7.8 を使おう。

$\mathcal{B}_0$ を $\mathcal{B}_X$-可測な集合 $E_1, \ldots, E_k$ と $\mathcal{B}_Y$-可測な集合 $F_1, \ldots, F_k$ との直積の有限和集合

$$S := (E_1 \times F_1) \cup \cdots \cup (E_k \times F_k)$$

すべての集まりとする。(完全に同じというわけではないが，このような集合をユークリッド空間の基本集合にどことなく似たものというように考えてかまわない。) これがブール集合代数であることを確かめるのは難しくない (しかし一般には σ-集合代数ではない)。また，$\mathcal{B}_0$ に含まれるすべての集合は $\mathcal{B}_X$-可測集合と $\mathcal{B}_Y$-可測集合との交わらない直積集合 $E_1 \times F_1, \ldots, E_k \times F_k$ の和集合に簡単に分解できる (演習 1.1.2 を参照)。そして，このような交わらない和集合 S に対して，S が $\mathcal{B}_X$-可測集合と $\mathcal{B}_Y$-可測集合の交わらない直積集合 $E_1 \times F_1, \ldots, E_k \times F_k$ の和集合となっているときには

$$\mu_0(S) := \sum_{j=1}^k \mu_X(E_j) \mu_Y(F_j)$$

によって $\mu_0(S)$ を定義する。この定義が S の分解の仕方によらず，さらに有限加法的な測度 $\mu_0 \colon \mathcal{B}_0 \to [0, +\infty]$ を与えていることを示すことができる (演習 1.1.2 を参照)。

そこで，μ_0 が前測度であることを示そう。そのためには，$S \in \mathcal{B}_0$ が $S_1, S_2, \ldots \in \mathcal{B}_0$ の交わらない可算和集合であるときに $\mu_0(S) = \sum_{n=1}^\infty \mu(S_n)$ であることを示せば十分である。

S を交わらない直積集合に分解し，S_n を順にこれらの直積集合に制限してしまえば，一般性を失うことなく (μ_0 の有限加法性を用いて) ある $E \in \mathcal{B}_X$ と $F \in \mathcal{B}_Y$ によって $S = E \times F$ となっていると仮定してかまわない。同じように考えて，各 S_n をその直積集合に分解してから有限加法性を使い，一般性を失うこと

なくある $E_n \in \mathcal{B}_X$ と $F_n \in \mathcal{B}_Y$ によって $S_n = E_n \times F_n$ という形になっていると仮定することができる。μ_0 の定義によって，今の目標は

$$\mu_X(E)\mu_Y(F) = \sum_{n=1}^{\infty} \mu_X(E_n)\mu_Y(F_n)$$

を示すことである。これを示すために，まずその作り方から，すべての $x \in X$ と $y \in Y$ で恒等式

$$1_E(x)1_F(y) = \sum_{n=1}^{\infty} 1_{E_n}(x)1_{F_n}(y)$$

が成り立つことに注意しよう。$x \in X$ を固定し，この恒等式を y で積分（両辺は可測で符号なしであることに注意して）することで

$$\int_Y 1_E(x)1_F(y)\,d\mu_Y(y) = \int_Y \sum_{n=1}^{\infty} 1_{E_n}(x)1_{F_n}(y)\,d\mu_Y(y)$$

であることがわかる。左辺を簡単にすると $1_E(x)\mu_Y(F)$ である。右辺を計算するために，単調収束定理（定理 1.4.43）を使って和と積分の順序を交換すると右辺が $\sum_{n=1}^{\infty} 1_{E_n}(x)\mu_Y(F_n)$ であることはすぐにわかるから，すべての x で

$$1_E(x)\mu_Y(F) = \sum_{n=1}^{\infty} 1_{E_n}(x)\mu_Y(F_n)$$

である。この両辺は共に x について可測で符号なしだから，x について積分できて，

$$\int_X 1_E(x)\mu_Y(F)\,d\mu_X = \int_X \sum_{n=1}^{\infty} 1_{E_n}(x)\mu_Y(F_n)\,d\mu_X(x)$$

であることがわかる。この左辺は $\mu_X(E)\mu_Y(F)$ である。先ほどのように単調収束定理を使えば，右辺は $\sum_{n=1}^{\infty} \mu_X(E_n)\mu_Y(F_n)$ と簡単化できるから，主張が従う。

従って μ_0 が前測度であることが示された。そこで定理 1.7.8 を使って，この測度を $\mathcal{B}_0$ を含む σ-集合代数上の可算加法的な測度 $\mu_X \times \mu_Y$ に拡張することができる。演習 1.7.18(2) から，$\mu_X \times \mu_Y$ は $\mathcal{B}_X \times \mathcal{B}_Y$ 上の可算加法的測度であり，それは μ_0 の拡張であったから (1.36) を満たす。最後に，一意性を示すには，(1.36) を満たす $\mathcal{B}_X \times \mathcal{B}_Y$ 上の任意の測度 $\mu_X \times \mu_Y$ が有限加法性から μ_0 の拡張になっていなければならないことに注意する。すると一意性は演習 1.7.7 から従う。 □

◆**注意 1.7.12.** X と Y との両方が σ-有限とは限らないときでも少なくとも 1 つの積測度を作ることはできる。しかし，一般にはそれは一意とは限らない。このことのせいで理論はかなり微妙なものになってしまうのでこの教科書では扱わない。

◆**例 1.7.13.** 演習 1.2.22 から $(\mathbb{R}^d, \mathcal{L}[\mathbb{R}^d])$ と $(\mathbb{R}^{d'}, \mathcal{L}[\mathbb{R}^{d'}])$ 上のルベーグ測度 m^d と $m^{d'}$ との積 $m^d \times m^{d'}$ は積空間上のルベーグ測度 $m^{d+d'}$ に一致することがわかる。ただし，演習 1.7.19 で注意したようにこの空間は $\mathcal{L}[\mathbb{R}^{d+d'}]$ の部分代数である。この積測度の完備化 $\overline{m^d \times m^{d'}}$ をとると完全なルベーグ測度 $m^{d+d'}$ が得られる。

1.7.4 積測度

演習 1.7.20. $(X, \mathcal{B}_X)$ と $(Y, \mathcal{B}_Y)$ を可測空間とする.
(1) $(X, \mathcal{B}_X)$ と $(Y, \mathcal{B}_Y)$ との上の 2 つのディラク測度の積は $(X \times Y, \mathcal{B}_X \times \mathcal{B}_Y)$ の上のディラク測度であることを示せ.
(2) X と Y がたかだか可算であれば, $(X, \mathcal{B}_X)$ と $(Y, \mathcal{B}_Y)$ との上の 2 つの計数測度の積は $(X \times Y, \mathcal{B}_X \times \mathcal{B}_Y)$ 上の計数測度であることを示せ.

演習 1.7.21. (積の結合則) $(X, \mathcal{B}_X, \mu_X) \cdot (Y, \mathcal{B}_Y, \mu_Y) \cdot (Z, \mathcal{B}_Z, \mu_Z)$ を σ-有限な集合とする. このとき, 直積集合 $(X \times Y) \times Z$ と $X \times (Y \times Z)$ は同じものと思える. そのようにみなしたとき, $(\mathcal{B}_X \times \mathcal{B}_Y) \times \mathcal{B}_Z = \mathcal{B}_X \times (\mathcal{B}_Y \times \mathcal{B}_Z)$ かつ $(\mu_X \times \mu_Y) \times \mu_Z = \mu_X \times (\mu_Y \times \mu_Z)$ であることを示せ. とくに $X \times (Y \times Z)$ と $(X \times Y) \times Z$ は測度空間として同型であり, $X \times Y \times Z$ と書いても安全である.

次に, この積測度を使って積分を考えよう. そのために次の技術的な補題が必要である. さて, X の部分集合の集まり $\mathcal{B}$ が次の 2 つの閉じた性質を持っているとき, X の単調族と呼ぶことにしよう.
(1) $E_1 \subset E_2 \subset \cdots$ が $\mathcal{B}$ に含まれる集合の可算個の増大列のとき, $\bigcup_{n=1}^{\infty} E_n \in \mathcal{B}$ となる.
(2) $E_1 \supset E_2 \supset \cdots$ が $\mathcal{B}$ に含まれる集合の可算個の減少列のとき, $\bigcap_{n=1}^{\infty} E_n \in \mathcal{B}$ となる.

補題 1.7.14. (単調族定理) $\mathcal{A}$ を X 上のブール集合代数とする. すると, $\langle \mathcal{A} \rangle$ は $\mathcal{A}$ を含む最小の単調族である.

[証明] $\mathcal{A}$ を含んでいるすべての単調族を考え, その共通部分を $\mathcal{B}$ とおく. $\langle \mathcal{A} \rangle$ はあきらかにそのような単調族なのだから, $\mathcal{B}$ は $\langle \mathcal{A} \rangle$ の部分集合である. 従ってここで示すべきことは $\mathcal{B}$ が $\langle \mathcal{A} \rangle$ を含むことである.

さて $\mathcal{B}$ もまた $\mathcal{A}$ を含む単調族であることはあきらかである. $\mathcal{B}$ のすべての元をその補集合で置き換えて考えれば $\mathcal{B}$ は補集合をとる演算についても閉じていることがわかる.

任意の $E \in \mathcal{A}$ に対して, $F \backslash E \cdot E \backslash F \cdot F \cap E$ および $X \backslash (E \cup F)$ のすべてが $\mathcal{B}$ に入るような $F \in \mathcal{B}$ すべてからなる集まり $\mathcal{C}_E$ を考えよう. すると $\mathcal{C}_E$ が $\mathcal{B}$ を含むことはあきらかである. なぜなら, $\mathcal{B}$ は単調族だから, $\mathcal{C}_E$ もそうだからである. 従って $\mathcal{B}$ の定義によって, すべての $E \in \mathcal{A}$ で $\mathcal{C}_E = \mathcal{B}$ であることがわかる.

次に, すべての $F \in \mathcal{B}$ に対して $F \backslash E \cdot E \backslash F \cdot F \cap E$ および $X \backslash (E \cup F)$ のす

べてが $\mathcal{B}$ に入るような $E \in \mathcal{B}$ すべてからなる集まり $\mathcal{D}$ を考えよう。前の議論から $\mathcal{D}$ が $\mathcal{A}$ を含むことがわかる。さらに $\mathcal{D}$ が単調族であることもまた簡単に確かめることができる。従って $\mathcal{B}$ の定義から $\mathcal{D} = \mathcal{B}$ であることがわかる。$\mathcal{B}$ は補集合をとる操作でも閉じているのだから，このことから，$\mathcal{B}$ が有限和集合に関して閉じていることがわかる。そしてこれは $\mathcal{A}$ を含んでいるのだから，$\varnothing$ も含んでおり，従って $\mathcal{B}$ がブール集合代数であることがわかる。$\mathcal{B}$ はまた可算個の増大和集合についても閉じているのだから，従って任意の可算和集合についても閉じていることがわかり，すなわち σ-集合代数であることがわかる。そしてそれは $\mathcal{A}$ を含んでいるのだから，$\langle \mathcal{A} \rangle$ を含んでいなければならない。 □

定理 1.7.15.（トネリの定理，不完全版） $(X, \mathcal{B}_X, \mu_X)$ と $(Y, \mathcal{B}_Y, \mu_Y)$ を σ-有限な測度空間とし，$f \colon X \times Y \to [0, +\infty]$ を $\mathcal{B}_X \times \mathcal{B}_Y$ に関して可測とする。すると，

(1) 関数 $x \mapsto \int_Y f(x,y) \, d\mu_Y(y)$ と $y \mapsto \int_X f(x,y) \, d\mu_X(x)$（演習 1.7.18 によってこれらは問題なく定義されている）はそれぞれ $\mathcal{B}_X$ と $\mathcal{B}_Y$ に関して可測である。

(2) さらに，
$$\int_{X \times Y} f(x,y) \, d\mu_X \times \mu_Y(x,y)$$
$$= \int_X \left(\int_Y f(x,y) \, d\mu_Y(y) \right) d\mu_X(x)$$
$$= \int_Y \left(\int_X f(x,y) \, d\mu_X(x) \right) d\mu_Y(y)$$
が成り立つ。

[証明] σ-有限な空間 X を測度が有限な集合の増大和集合 $X = \bigcup_{n=1}^{\infty} X_n$ として書くと，単調収束定理（定理 1.4.43）を何度か用いれば，主張を X を X_n に置き換えて証明すれば十分であることがわかる。だから，一般性を失うことなく X の測度が有限であると仮定してよい。同様にして，Y も測度が有限であると仮定できる。従って (1.36) から $X \times Y$ もまた測度が有限であることに注意せよ。

すべての符号なし可測関数は符号なし単関数の単調増加極限である。単調収束定理（定理 1.4.43）を何度か用いれば主張を f が単関数の場合に確認すれば十分であることがわかる。すると，線型性から f が指示関数である場合に確認すれば

1.7.4 積測度

十分となり,従ってある $S \in \mathcal{B}_X \times \mathcal{B}_Y$ に対して $f = 1_S$ とする.

さて,主張が成り立つようなすべての $S \in \mathcal{B}_X \times \mathcal{B}_Y$ を集めたものを $\mathcal{C}$ とする.単調収束定理(定理 1.4.43)と下向き単調収束定理(これは測度が有限という今の設定では使える)を繰り返し用いれば $\mathcal{C}$ が単調族であることがわかる.

さらに((1.36) を用いて)直接計算すれば $\mathcal{C}$ はどの $E \in \mathcal{B}_X$ と $F \in \mathcal{B}_Y$ との直積 $S = E \times F$ もその元として含んでいることがわかる.有限加法性から $\mathcal{C}$ はそのような直積の交わらない有限和集合 $S = E_1 \times F_1 \cup \cdots \cup E_k \times F_k$ もその元として含んでいることもまたわかる.これから $\mathcal{C}$ は命題 1.7.11 の証明に出てきたブール集合代数 $\mathcal{B}_0$ も含んでいることがわかる.そのような集合はかならず可測集合の直積の交わらない有限和集合として表すことができるからである.単調族定理によって,$\mathcal{C}$ は $\langle \mathcal{B}_0 \rangle = \mathcal{B}_X \times \mathcal{B}_Y$ を含んでいることがわかり,これは主張を意味している. □

◆注意 1.7.16. 和に対するトネリの定理(定理 0.0.2)は上の定理で μ_X と μ_Y が計数測度という特別な場合である.同様に考えて系 1.4.45 は μ_X と μ_Y の片方だけが計数測度という特別な場合である.

系 1.7.17. $(X, \mathcal{B}_X, \mu_X)$ と $(Y, \mathcal{B}_Y, \mu_Y)$ を σ-有限な測度空間とし,$E \in \mathcal{B}_X \times \mathcal{B}_Y$ を $\mu_X \times \mu_Y$ に関する零集合とする.すると,μ_X-ほとんどすべての $x \in X$ に対して集合 $E_x := \{y \in Y : (x,y) \in E\}$ は μ_Y-零集合である.同様に,μ_Y-ほとんどすべての $y \in Y$ に対して集合 $E^y := \{x \in X : (x,y) \in E\}$ は μ_X-零集合である.

[証明] トネリの定理を指示関数 1_E に対して用いれば

$$0 = \int_X \left(\int_Y 1_E(x,y) \, d\mu_Y(y) \right) d\mu_X(x) = \int_Y \left(\int_X 1_E(x,y) \, d\mu_X(x) \right) d\mu_Y(y)$$

であることがわかるから,従って

$$0 = \int_X \mu_Y(E_x) \, d\mu_X(x) = \int_Y \mu_X(E^y) \, d\mu_Y(y)$$

となり,主張が従う. □

この系を用いて,演習 1.4.26 で構成した積空間 $(X \times Y, \mathcal{B}_X \times \mathcal{B}_Y, \mu_X \times \mu_Y)$ の完備化 $(X \times Y, \overline{\mathcal{B}_X \times \mathcal{B}_Y}, \overline{\mu_X \times \mu_Y})$ にトネリの定理を拡張することができる.

定理 1.7.18. (トネリの定理,完全版) $(X, \mathcal{B}_X, \mu_X)$ と $(Y, \mathcal{B}_Y, \mu_Y)$ を完備で σ-有限な測度空間とし,$f : X \times Y \to [0, +\infty]$ を $\overline{\mathcal{B}_X \times \mathcal{B}_Y}$ に関して可測とす

る。このとき，
(1) μ_X-ほとんどすべての $x \in X$ に対して，関数 $y \mapsto f(x, y)$ は $\mathcal{B}_Y$-可測であり，とくに $\int_Y f(x, y) \, d\mu_Y(y)$ が存在する。さらに (μ_X-ほとんど到る所で定義された) 写像 $x \mapsto \int_Y f(x, y) \, d\mu_Y$ は $\mathcal{B}_X$-可測である。
(2) μ_Y-ほとんどすべての $y \in Y$ に対して，関数 $x \mapsto f(x, y)$ は $\mathcal{B}_X$-可測であり，とくに $\int_X f(x, y) \, d\mu_X(x)$ が存在する。さらに (μ_Y-ほとんど到る所で定義された) 写像 $y \mapsto \int_X f(x, y) \, d\mu_X$ は $\mathcal{B}_Y$-可測である。
(3) さらに
$$\int_{X \times Y} f(x, y) \, \overline{d\mu_X \times \mu_Y}(x, y) = \int_X \left(\int_Y f(x, y) \, d\mu_Y(y) \right) d\mu_X(x)$$
$$= \int_Y \left(\int_X f(x, y) \, d\mu_X(x) \right) d\mu_Y(y) \quad (1.37)$$
が成り立つ。

[証明] 演習 1.4.28 から $\overline{\mathcal{B}_X \times \mathcal{B}_Y}$ に含まれる可測集合は $\mu_X \times \mu_Y$-零集合の外部では $\mathcal{B}_X \times \mathcal{B}_Y$ に含まれる可測集合に等しい。これは $\overline{\mathcal{B}_X \times \mathcal{B}_Y}$-可測関数 f は (f を単関数の極限として表現すればわかるように) $\mu_X \times \mu_Y$-零集合 E の外部では $\mathcal{B}_X \times \mathcal{B}_Y$-可測関数 $\tilde{f}$ に等しいことを意味する。系 1.7.17 から μ_X-ほとんどすべての $x \in X$ に対して関数 $y \mapsto f(x, y)$ は μ_Y-零集合の外側では $y \mapsto \tilde{f}(x, y)$ に等しい (さらに $(Y, \mathcal{B}_Y, \mu_Y)$ は完備なのだから，とくに可測である)。同様にして μ_Y-ほとんどすべての $y \in Y$ に対して関数 $x \mapsto f(x, y)$ は μ_X-零集合の外側では $x \mapsto \tilde{f}(x, y)$ に等しく，さらに可測であり，従って主張が従う。 □

これを f が指示関数 $f = 1_E$ という特別な場合に適用すれば次のことがわかる。

系 1.7.19. (集合に対するトネリの定理) $(X, \mathcal{B}_X, \mu_X)$ と $(Y, \mathcal{B}_Y, \mu_Y)$ を完備で σ-有限な測度空間とし，$E \in \overline{\mathcal{B}_X \times \mathcal{B}_Y}$ とする。このとき，
(1) μ_X-ほとんどすべての $x \in X$ に対して，集合 $E_x := \{y \in Y : (x, y) \in E\}$ は $\mathcal{B}_Y$ に含まれており，(μ_X-ほとんど到る所で定義された) 写像 $x \mapsto \mu_Y(E_x)$ は $\mathcal{B}_X$-可測である。
(2) μ_Y-ほとんどすべての $y \in Y$ に対して，集合 $E^y := \{x \in X : (x, y) \in E\}$ は $\mathcal{B}_X$ に含まれており，(μ_Y-ほとんど到る所で定義された) 写像 $y \mapsto$

1.7.4 積測度

$\mu_X(E^y)$ は $\mathcal{B}_Y$-可測である。

(3) さらに

$$\overline{\mu_X \times \mu_Y}(E) = \int_X \mu_Y(E_x)\, d\mu_X(x) \tag{1.38}$$
$$= \int_Y \mu_X(E^y)\, d\mu_Y(y)$$

が成り立つ。

演習 1.7.22. * この演習の目標は，もし σ-有限という仮定が除かれてしまうと，トネリの定理は成り立たなくなり，また積測度が一意でもなくなってしまうことを示すことである。X をルベーグ測度 m（とルベーグ σ-集合代数 $\mathcal{L}([0,1])$）を持つ単位区間 $[0,1]$ とし，Y を計数測度 $\#$（と離散 σ-集合代数 $2^{[0,1]}$）を持つ単位区間 $[0,1]$ とする。さらに $E := \{(x,x) : x \in [0,1]\}$ を対角線集合としてその指示関数を $f := 1_E$ とする。

(1) f が積 σ-集合代数に関して可測であることを示せ。
(2) $\int_X \left(\int_Y f(x,y)\, d\#(y) \right) dm(x) = 1$ であることを示せ。
(3) $\int_Y \left(\int_X f(x,y)\, dm(x) \right) d\#(y) = 0$ であることを示せ。
(4) $\mathcal{L}([0,1]) \times 2^{[0,1]}$ 上にはすべての $E \in \mathcal{L}([0,1])$ と $F \in 2^{[0,1]}$ に対して $\mu(E \times F) = m(E)\#(F)$ を満たすような測度 μ が 1 つよりもたくさんあることを示せ。
（ヒント：2 つの違う測度を作るために，重積分を 2 つの異なる方法で求めよ。）

◆**注意 1.7.20.** もし f が積空間（やその完備化）で可測であると仮定しなければ，いうまでもなく $\int_{X \times Y} f(x,y)\, \overline{d\mu_X \times \mu_Y}(x,y)$ という式は意味をなさない。さらにその場合には，たとえ X と Y の測度が有限であったとしても（少なくともある集合論のモデルにおいては）(1.37) にある残りの 2 つの式が異なるようになりうる。たとえば，いま**連続体仮説**を仮定してみよう。すなわち，単位区間 $[0,1]$ は**第一非可算基数** ω_1 と 1 対 1 対応がつくようにできるとする。$\prec$ をこの基数に付随する順序とする。そして $E := \{(x,y) \in [0,1]^2 : x \prec y\}$ として $f := 1_E$ とおく。すると，任意の $y \in [0,1]$ に対して $x \prec y$ となるたかだか可算個の x が存在し，従って $\int_{[0,1]} f(x,y)\, dx$ は存在してすべての y で 0 となる。一方，各 $x \in [0,1]$ に対しては可算個の $y \in [0,1]$ を除いて $x \prec y$ となり，従って $\int_{[0,1]} f(x,y)\, dy$ が存在してすべての x で 1 に等しくなる。従って (1.37) の最後の 2 つの式は存在するが，等しくはならない。（とくに，トネリの定理から E は $[0,1]^2$ のルベーグ可測な部分集合ではないことがわかる。）すなわち，積空間における可測性というのは重要な仮定であるということがわかるのである。（しかし，少なくとも X と Y がルベーグ測度を持つ単位区間である場合には，このような反例が存在することを許さない（選択公理も含む）集合論のモデルも確かに存在する。）

トネリの定理は符号なし積分に対するものであった。しかしこれから絶対収束積分に対するものも導かれ，フビニの定理と呼ばれている。

定理 1.7.21. (フビニの定理) $(X, \mathcal{B}_X, \mu_X)$ と $(Y, \mathcal{B}_Y, \mu_Y)$ を完備で σ-有限な測度空間とする。さらに $f: X \times Y \to \mathbb{C}$ は $\overline{\mathcal{B}_X \times \mathcal{B}_Y}$ に関して絶対可積分とする。このとき，

(1) μ_X-ほとんどすべての $x \in X$ に対して，関数 $y \mapsto f(x,y)$ は μ_Y に関して絶対可積分であり，とくに $\int_Y f(x,y) \, d\mu_Y(y)$ が存在する。さらに (μ_X-ほとんど到る所で定義された) 写像 $x \mapsto \int_Y f(x,y) \, d\mu_Y(y)$ は μ_X に関して絶対可積分である。

(2) μ_Y-ほとんどすべての $y \in Y$ に対して，関数 $x \mapsto f(x,y)$ は μ_X に関して絶対可積分であり，とくに $\int_X f(x,y) \, d\mu_X(x)$ が存在する。さらに (μ_Y-ほとんど到る所で定義された) 写像 $y \mapsto \int_X f(x,y) \, d\mu_X(x)$ は μ_Y に関して絶対可積分である。

(3) さらに
$$\int_{X \times Y} f(x,y) \, \overline{d\mu_X \times \mu_Y}(x,y) = \int_X \left(\int_Y f(x,y) \, d\mu_Y(y) \right) d\mu_X(x)$$
$$= \int_Y \left(\int_X f(x,y) \, d\mu_X(x) \right) d\mu_Y(y)$$
が成り立つ。

[証明] 実部と虚部を別々に考えれば，f は実数値と仮定してかまわない。さらに正部分と負部分に分けて考えれば f は符号なしとしてかまわない。しかし，その場合には主張はトネリの定理から従う。(1.37) から $\int_X \left(\int_Y f(x,y) \, d\mu_Y(y) \right) d\mu_X(x)$ は有限で，従って μ_X-ほとんどすべての $x \in X$ に対して $\int_Y f(x,y) \, d\mu_Y(y) < \infty$ であること，および同様に μ_Y-ほとんどすべての $y \in Y$ に対して $\int_X f(x,y) \, d\mu_X(x) < \infty$ であることに注意せよ。 □

演習 1.7.23. 積分 $\int_{[0,1]} f(x,y) \, dy$ と $\int_{[0,1]} f(x,y) \, dx$ とがそれぞれすべての $x \in [0,1]$ と $y \in [0,1]$ に対して絶対可積分な積分として存在するようなボレル可測関数 $f: [0,1]^2 \to \mathbb{R}$ で $\int_{[0,1]} \left(\int_{[0,1]} f(x,y) \, dx \right) dy$ と $\int_{[0,1]} \left(\int_{[0,1]} f(x,y) \, dy \right) dx$ が絶対可積分な積分として存在するが,

$$\int_{[0,1]} \left(\int_{[0,1]} f(x,y)\, dx \right) dy \neq \int_{[0,1]} \left(\int_{[0,1]} f(x,y)\, dy \right) dx$$

が等しくないようなものの例を挙げよ。(ヒント：注意 0.0.3 の例を改良せよ。) 従って，f が積空間において絶対可積分という仮定を除いてしまうとフビニの定理は成り立たないことがわかる。

◆**注意 1.7.22.** トネリの定理が σ-有限でない場合には成り立たないにもかかわらず，フビニの定理は σ-有限でない場合にも（慎重にすれば）拡張することが可能である。なぜなら，絶対可積分という仮定は，マルコフの不等式（演習 1.4.35(6)）とあわせて用いれば σ-有限性の代わりの役目を果たすことができるからである。しかしながら，ここではそのようにはしない。実際，もし σ-有限という設定が使えない局面において積分の順序交換や積測度を考える類のことをやるときには，石橋をたたいて渡ることを勧めたい。

おおざっぱに言ってしまえば，もし被積分関数が積空間（やその完備化）で絶対可積分であれば，フビニの定理によって 2 つの積分の順序はいつでも交換することができる。とくに，ルベーグ測度の場合であれば，$f: \mathbb{R}^{d+d'} \to \mathbb{C}$ が絶対可積分であれば

$$\int_{\mathbb{R}^{d+d'}} f(x,y)\, d(x,y) = \int_{\mathbb{R}^d} \left(\int_{\mathbb{R}^{d'}} f(x,y)\, dy \right) dx = \int_{\mathbb{R}^{d'}} \left(\int_{\mathbb{R}^d} f(x,y)\, dx \right) dy$$

が成り立つ。そのような理由で $d(x,y)$ を $dxdy$（や $dydx$）と書くことが多い。

フビニの定理をトネリの定理とあわせると絶対可積分という仮定を書き直すことができる。

系 1.7.23. (フビニ・トネリの定理) $(X, \mathcal{B}_X, \mu_X)$ と $(Y, \mathcal{B}_Y, \mu_Y)$ を完備で σ-有限な測度空間とし，$f: X \times Y \to \mathbb{C}$ を $\overline{\mathcal{B}_X \times \mathcal{B}_Y}$ に関して可測とする。もし

$$\int_X \left(\int_Y |f(x,y)|\, d\mu_Y(y) \right) d\mu_X(x) < \infty$$

(トネリの定理によって左辺はつねに存在することに注意) であれば，f は $\overline{\mathcal{B}_X \times \mathcal{B}_Y}$ に関して絶対可積分であり，とくにフビニの定理の結論が成り立つ。$\int_X \left(\int_Y |f(x,y)|\, d\mu_Y \right) d\mu_X$ の代わりに $\int_Y \left(\int_X |f(x,y)|\, d\mu_X(x) \right) d\mu_Y(y)$ としても同様である。

フビニ・トネリの定理は積分計算のためにはなくてはならない道具である。その例を下にいくつか挙げておこう。

演習 1.7.24. (積分の面積解釈)* $(X, \mathcal{B}, \mu)$ を σ-有限な測度空間とし，$\mathbb{R}$ にはルベーグ測度 m とボレル σ-集合代数 $\mathcal{B}[\mathbb{R}]$ があるとする。$f: X \to [0, +\infty]$ が可測である必

要十分条件は集合 $\{(x,t) \in X \times \mathbb{R} : 0 \leq t \leq f(x)\}$ が $\mathcal{B} \times \mathcal{B}[\mathbb{R}]$ で可測であることであり，このとき

$$(\mu \times m)(\{(x,t) \in X \times \mathbb{R} : 0 \leq t \leq f(x)\}) = \int_X f(x)\,d\mu(x)$$

であることを示せ．$\{(x,t) \in X \times \mathbb{R} : 0 \leq t \leq f(x)\}$ を $\{(x,t) \in X \times \mathbb{R} : 0 \leq t < f(x)\}$ で置き換えても同様である．

演習 1.7.25.（分布公式）$(X, \mathcal{B}, \mu)$ を σ-有限な測度空間とし，$f: X \to [0, +\infty]$ を可測とする．このとき，

$$\int_X f(x)\,d\mu(x) = \int_{[0,+\infty]} \mu(\{x \in X : f(x) \geq \lambda\})\,d\lambda$$

であることを示せ．（右辺の被積分関数は単調であり，従ってルベーグ可測であることに注意せよ．）またこの式は $\{x \in X : f(x) \geq \lambda\}$ を $\{x \in X : f(x) > \lambda\}$ で置き換えても成り立つことを示せ．

演習 1.7.26.（恒等作用素の近似）$P: \mathbb{R}^d \to \mathbb{R}^+$ をよい積分核（演習 1.6.27 を見よ）とし，$P_t(x) := \frac{1}{t^d} P(\frac{x}{t})$ をそれの尺度変更したものとする．$f: \mathbb{R}^d \to \mathbb{C}$ が絶対可積分であれば，$f * P_t$ は $t \to 0$ のときに f に L^1 ノルムで収束することを示せ．（ヒント：稠密性論法を使え．$\|f * P_t\|_{L^1(\mathbb{R}^d)}$ に対して必要な上からの評価はトネリの定理を使って得ることができる．）

第2章
関連記事

2.1 問題の解き方

この節ではこの教科書にあるような実解析の演習問題に挑戦するときにいつも使えるような問題解決のための戦略をたくさん（順不同）並べておく。そのような戦略の中には実解析型の問題専用のものもあるが，そのほかのものは完全に一般的なもので，どんな数学の演習問題を解くためにも役立つ。

2.1.1 等式を不等式に分けて考えよう

2つの数量 X と Y が等しいということを示さなければならないというときには，$X \leq Y$ と $Y \leq X$ を別々に示してみよう。多くの場合その一方はやさしく，もう一方が難しい。しかし簡単な方から，もう一方を示すために何が必要になるのかということの糸口が見つけられることもある。演習 1.1.6(3) はこのような戦略が有効である典型的な問題である。

同じような考え方で，2つの集合 E と F が同じであることを示すために，$E \subset F$ かつ $F \subset E$ であることを示してみよう。たとえば補題 1.2.11 の証明などはこれの単純な例になっている。

2.1.2 イプシロンの余地をもらおう

$X \leq Y$ を示さなければならないとき，任意の $\varepsilon > 0$ に対して $X \leq Y + \varepsilon$ となることを示してみよう。（この技は §2.1.1 とよく組み合わせられる。）たとえば補題 1.2.5 などがその例である。

同じような考え方としては
- もし X が 0 になることを示す必要があれば，任意の $\varepsilon > 0$ に対して $|X| \leq \varepsilon$ となることを示してみよう。（演習 1.2.19 はこの戦略の単純な応用である。）
- もし 2 つの関数 f と g がほとんど到る所で一致することを示したいのなら，任意の $\varepsilon > 0$ に対して，ほとんどすべての x か，あるいは測度がたかだか ε

の集合の外側であってもよいので $|f(x) - g(x)| \leq \varepsilon$ となることを示してみよう。（たとえば命題 1.5.7 の証明にこれの例がある。）

- もし実数列 x_n が 0 に収束することを示したいのであれば，すべての $\varepsilon > 0$ に対して $\limsup_{n \to \infty} |x_n| \leq \varepsilon$ を示してみよ。（ルベーグの微分定理（定理 1.6.12）の証明はこの考え方による。）

出てくる誤差項をすべて集めたときにぴったり ε にすることにあまりがんばりすぎないようにしよう。通常は，最後に出てくる誤差項がパラメータを適切に選べばいくらでも小さくできるようなものであれば，それで十分である。たとえば，10ε のような誤差項は完全に OK である。もっと複雑な，たとえば $10\varepsilon/\delta + 4\delta$ のようなものであっても，もし δ を好きなだけ小さく選ぶことができ，さらに δ を選んだ後で ε も十分に小さく（δ の値に依存していてもかまわない）することができるのであればそれでよい。

【警告】有限な x と任意の $\varepsilon > 0$ に対しては，$x + \varepsilon > x$ かつ $x - \varepsilon < x$ であることは正しい。しかし，これは x が $+\infty$ （や $-\infty$）に等しいときには正しくない。だから出てくる量が無限大ということがあるときには，イプシロンの余地の技を使うのは注意が必要だということを忘れないように。

An epsilon of room, Vol. I の §2.7 も参照。

2.1.3 粗かったり一般的だったりするものをよりなめらかであったり単純なものへ［で］分解［近似］しよう

もし何か非有界な（あるいは無限測度を持つ）集合について何かを証明しなければならないとき，もし有界な（あるいは有限測度の）集合のときに簡単になるようであれば，まずそれに対して示してみよう。

同じような考え方で

- 可測集合について何かを証明しなければならないのであれば，まず最初に，開・閉・コンパクト・有界・基本といった集合に対して示してみよう。
- 可測関数について何かを証明しなければならないのであれば，まず連続・有界・台がコンパクト・単関数・絶対可積分などの関数に対して示してみよう。
- 無限級数や数列について何かを証明しなければならないのであれば，まず有限で打ち切った和や数列について示してみよう（ただし得られる評価は打ち

切りの項の数に無関係になるようにしよう。そうすれば極限がとれる!）。
- 複素数値関数について何かを証明しなければならないのであれば，まず最初に実数値関数について試してみよう。
- 実数値関数について何かを証明しなければならないのであれば，まず最初に符号なし関数について試してみよう。
- 単関数について何かを証明しなければならないのであれば，まず最初に指示関数について試してみよう。

こういった特別な場合から一般の場合に戻るためには，一般的のものを特別なものの組み合わせに分解するようなことをしなければならなかったり，あるいは特別なもので（あるいはそういうものの列の極限として）近似しなければならなくなる。近似する場合であればイプシロンの余地（2.1.2項）や，近似誤差を扱うために何らかの極限解析が必要になるかもしれない（単に「極限をとる」ではうまくいかないこともある。なぜなら近似しているものが持っているよい性質が極限操作で保たれることを確認しなければならないからである）。リトルウッドの原理（1.3.5項）やその類似の性質はこのために役に立つことが多い。

【注意】これは何も考えずに行なってはならない。そうでなければ，期待していたような助けにはまったくならない，注意がそらされてしまうだけで最終的には何に役にも立たない事実の束が積み上がってしまうだけになってしまいかねないからである。しかし「うわー，もしここで f が連続／実数値／単／符号なし／などと仮定できたらいいんだがなあ」というような思いが浮かんできたときにやってみることとして頭の中に入れておくべきことである。

　解析学や偏微分方程式のもっと定量的な分野においてはこの技の一種をよく目にする。それは**先験的評価**の方法と呼ばれている。これは，ある粗い関数の大きな集まり（たとえばある偏微分方程式のすべての粗い解）に対して，ある種の評価や不等式を証明しなければならないというようなときに，これをもっと「よい」関数からなる小さな（しかし「稠密な」）集まりでまず示してしまう。そのときにはいろいろなやりたい操作（たとえば積分，和，極限といったものの順序交換や部分積分）についてほとんど難しいことはない。そうした先験的な評価を得たら，それからある種の極限をとる議論をして一般的な場合の結果を得るのである。

2.1.4 上界と下界をひっくり返さなければならないなら，反転させたり補集合をとる方法を探そう

ある量について下界が必要なのに上界を得る方法しかわからないというときがある．場合によっては，ある空間に含まれている集合 E をその補集合 $X \backslash E$ に置き換えたり，関数 f の符号を変えて $-f$ に置き換え（または f を押さえ込んでいる関数 F から引いて $F - f$ を考え）たりすることで上界を下界に（またはその逆に）「折り返す」ことができる．この技は，折り返すものがある種の「有界」「有限な測度」「絶対可積分」などの中に含まれているときにいちばんうまくいく．そのときには無限大の量に関する引き算をしなければならないという危険な状況が避けられるからである．

これの典型的な例としては，集合に対する上向き単調収束から，集合の下向き単調収束を導いたこと（演習 1.2.11）が挙げられる．

2.1.5 非可算和集合は可算や有限の和集合に置き換えられるときがある

非可算和集合というのは測度論ではうまく扱えない．たとえば零集合の非可算和集合は零集合とは（さらに可測集合とさえ）限らない．（一方で，開集合の非可算和集合はやはり開集合である．これを覚えておくことは大切である．）しかし，多くの場合には非可算和集合を可算なものに置き換えられる．たとえばある主張がすべての $\varepsilon > 0$ で成り立つことを証明する必要があれば非可算無限個の ε について確認しなければならないが，これは可測性を脅かしかねない．ところが，多くの場合については $1/m$ ($m = 1, 2, 3, \ldots$) のような形の可算個の ε について調べれば十分である．（演習 1.6.30 はこの技にかなり頼っている．）

同じような考え方では，ある実パラメータ λ が与えられ，このパラメータが非可算無限の値をとるとしているとき，実際には有理数のような可算集合に値をとる場合だけ考えればよいという場合がある．また同じような考え方で，すべての直方体（非可算無限個ある）を考えるのではなく 2 進直方体（可算個しかない）だけ考えればよい．しかもこの場合一般の直方体は持っていない入れ子の構造を

持っているので，いずれにせよこちらで考える方が望ましいことが多い．

もしコンパクト集合について考えているなら，開集合について考えている限り非可算和集合を有限和集合に置き換えることができる場合すら多くある．（定理1.6.20の証明はこれのよい例である．）この方法が使えるとき，イプシロンだけ測度（や使えるものは何でも）を使ってしまってその集合を開集合にしてしまうことには価値があることが多い．そうすればコンパクト性をうまく使えるようになるからである．

2.1.6 全体を考えるのが難しければ，局所的に考えてみよう

ユークリッド空間 $\mathbb{R}^d$ のような領域は無限大の測度を持っており，このせいで測度論をこうした空間に使おうとすると技術的な問題に遭遇してしまう．そうしたときに，もっと局所的に考えることが最良という場合もある．たとえば，大きな球 $B(0, R)$ や，$B(x, \varepsilon)$ のような小さな球でもよいので，こうした集合についてまず考えてから，その後でそれらをどのようにして貼りあわせるかということを考え出すのである．コンパクト性（あるいはそれに近い性質であるが全有界性）などは小さな球を貼りあわせて大きな球を覆ってしまおうとするときに便利であることが多い．また，考えている性質が（連続性や各点収束のような）局所的な性格を持っているものであったり，可算和集合に関してよい性質を持っているものであれば，大きな球を貼りあわせて全体にしてしまうとうまくいく．たとえば関数列 f_n が $\mathbb{R}^d$ 上で f にほとんど到る所で各点収束するということを示すときには，任意の $R > 0$ で $B(0, R)$ 上ほとんど到る所での各点収束であることをいえば十分である（この場合 R を整数にとって可算個だけ考える．2.1.5項を見よ）．水平切り捨ては（たとえば系1.3.14の証明で行ったように）この考え方の例である．

2.1.7 除外集合を捨て去るのをいとわないようにしよう

測度論における「ルベーグ哲学」とは，零集合は通常は「無関係」だということである．だから何か悪いことが起きている（たとえば関数が未定義であったり，無限大の値をとっていたり，あるいは関数列が収束しない点であったりするような）測度が0である集合は積極的に切り捨ててしまうべきである．またたかだか

ε の測度しか持っていないような測度が小さな正の集合というのもいとわずに捨て去ってしまおう．もしそのような集合の測度を任意に小さくできるのであれば，これは零集合を捨て去ってしまうのと同じくらいよいことである場合が多い．

測度論においては小さな集合を捨ててしまうと事態が改善される場合が多い．絶対に憶えておくべき例はエゴロフの定理（定理 1.3.26）とルジンの定理（定理 1.3.28）である．またこの考え方の別の例としては演習 1.3.25 も見よ．

さらに，数列についてほとんどを捨ててしまって部分列を考えるというのもまたよく見る類似 [*1] の技である．下の 2.1.17 項を見よ．

2.1.8 絵をかき，反例を作ろうとしてみよう

測度論というのは，とくにユークリッド空間で考えている場合には，幾何的な性質と考えることが重要であり，幾何的な直観を伸ばしていくべきである．すべての考えているものについて絵やグラフをかくことから始めるというのはよい方法である．そうした絵というのは写実的なものである必要はない．むしろ，考えている問題のやっかいな点がわかる程度には細かくかくべきであるが，それ以上は必要ない．たとえば，$\mathbb{R}^d$ の問題を理解するためには普通は 1 次元か 2 次元の絵で十分であり，3D（や 4D など）の絵をかいても物事を単純にはできない．関数が連続でないことを表したければ不連続性か振動を 1 つ 2 つかいておけば十分であろうし，凝った絵をかくとかえってその関数について何をするのかが不明確になってしまうだけである．そのような絵というのは，状況を「マンガ的にスケッチ」したものと考えるべきであって，重要な点を誇張し，そうでないものを軽くかくだけにすべきである．写真に撮ったような詳細な図というのではない．あまりにも詳細であったり正確であったりするような図というのは時間の無駄であり，またそうでなければ逆効果になるだけである．

絵をかこうとするときによくやってしまう失敗は，その問題の仮定と結論の両方を一緒にかいてしまうことである．こうしてしまうと何の役にも立たない．なぜなら，仮定と結論の間の因果関係があきらかにならないことが多いからである．

[*1] この技法も「小さな集合を捨てている」と理解することができるが，このときの「小さい」が意味することを理解しようと思ったら超フィルターについて知っていなければならない．これの説明については［文献 9（§1.5）］を見よ．

そうではなくて，仮定は成り立っているけれども結論は成り立たない——言い方を変えれば，この問題の反例になるような絵をかこうとするべきなのである。もちろん，問題はおそらく正しいのだろうからそのような試みは失敗に終わってしまうことになる。しかし，そのような絵をかこうと思ってもかけなかったということ自体が大変役に立つのであって，どのようにその問題の解答が進んでいくのかという重要な手がかりがあきらかにできるのである。

この本においては，意図的に絵を載せることを避けてきている。これは，絵が役に立たないと感じているからではない——まったく逆で，与えられた数学的な状況について読者が自分自身で絵をかくということが著者が提示するイメージに頼ってしまうよりもずっと遙かに有益だと感じているからなのである（幾何的な状況が特別に複雑だったり微妙だったりというような場合は除く）。なぜなら，そのような絵というのは著者がかいたものなどよりも自然に読者の考え方に適したものだからである。さらに，実際に絵をかくという過程そのものが絵それ自体と少なくとも同じくらい役に立つからである。

2.1.9 まず簡単な場合をやってみよう

この助言はあきらかに測度論を遙かに超えたものであるが，もし問題に完全に行き詰まってしまったらその問題を（少なくとも自分がいま解けない問題の難しさの1つは残したままで）簡単なものに変えてみよう。たとえば $\mathbb{R}^d$ の問題に直面しているのであれば $d=1$ の場合をまず考えてみよう。一般的な可測関数 f に関する問題に直面しているのであれば，まず指示関数 $f = 1_E$ のようなものをまず考えてみよう。一般的な可測集合に関する問題に直面しているのであれば，まず基本集合についてやってみよう。関数列で困っているのであれば，関数の単調列をまずやってみよう。などといった具合である。（この技法は 2.1.3 項とかなり重複していることに注意。）

問題が自明になるまで単純にしてしまってはいけない。そうなるともとの問題について何ら新しい知見を得ることができないからである。そうではなくて，あまり重要ではない（が全体的な難易度を上げている）と思える事柄を捨て去りながら「本質的な」難点は維持するようにしてみなければならない。

また，単純化した問題が驚くほど簡単であるのに，依然としてその方法を一般

の場合に拡張する方法がわからない（あるいは 2.1.3 項のように簡単な場合を一般の場合に活用することができない）場合には，本当の難しさが別のところにあるということを物語っている．たとえば一般的な関数に関する問題で，単調関数の場合であれば簡単に解けるのにその議論を一般の場合へは拡張できないということがあれば，真の敵は振動であることを示唆しており，おそらく関数が激しく振動するのを許すような（しかし，たとえば有界で台がコンパクト集合に含まれるといったような別の点では簡単になっている）場合を試すべきであろう．

2.1.10　無関係と思うまたは疑わしい情報は抽象化しよう

　問題を解こうとしたときに，使える技法があまりにたくさんあって困ってしまうということがある．つまり，その問題に関して知っている事実というのが非常にたくさんあり，また使える理論も非常にたくさんあり，どこから手をつけていいのかよくわからないという状況である．

　このような状況に陥ったときに，入り混じってしまった概念を明快なものとしたければ，抽象化というのが必要不可欠になる．そして，問題が述べている設定の一部分を「忘れて」しまい，しかし問題の仮定と結論（おそらく，解についても）にもっとも関係している部分だけを残しておきたい．

　たとえば，問題がユークリッド空間 $\mathbb{R}^d$ の中で定式化されているのに，仮定と結論が，位相的あるいは距離的などの構造ではなくて測度論的な概念（たとえば可測性，積分可能性，測度など）だけで述べられているとすれば，それを一般的な抽象測度空間で設定された問題に抽象化してしまい，$\mathbb{R}^d$ の中での問題であったことを忘れてしまうというのは試してみる価値がある．こうすることで，その問題を解き始めることができる多くの方法を切り捨ててしまうことができる．たとえば外部正則性（すべての可測集合は外側から開集合で近似できる）というのは抽象測度空間では（開集合という概念すら意味をなさないので）成り立たないのだから，この状況ではおそらく出てこないものであろう．同様に，直方体に対して成り立つすべての事実もそうであろう．そうではなくて，たとえば可算加法性のような測度に関する一般的な事実で，$\mathbb{R}^d$ 特有ではないものを使ってみようとすべきである．

◆注意 2.1.1.　抽象化の方法がつねにうまくいくわけではないということは注意しておくべ

きである。たとえば，測度空間としてみると $\mathbb{R}^d$ というのは完全に任意なものではなく，それを一般の測度空間とは違うものにしている1つや2つの特徴というのを持っている。もっとも顕著なものは σ-有限だということであろう。だから，もし $\mathbb{R}^d$ における問題の仮定と結論が純粋に測度論的なものに見えたとしても，まだ $\mathbb{R}^d$ 特有の測度論的な事実を使わなければならないかもしれないのである。

こうしたとき，$\mathbb{R}^d$ のような測度空間が実際どれほど「一般的」なものかというある種の直観を持ちたければ，測度空間の分類について少しばかり知っておく必要がある。この直観をこの問題の水準で伝えるのは難しいが，一般的にいって，測度空間というのは大変「がっちりしていない」もので，ほとんど不変量を持たないし，従ってある測度空間というものは別の測度空間と通常はだいたい同じように振る舞うといってもだいたい正しい。

抽象化のもう1つの例：ある問題が多くの集合（たとえば E_n と F_n）とその測度に関するものであるのに，結論はその集合自身ではなく集合の測度 $m(E_n)$ や $m(F_n)$ についてのもののみであるとしよう。このとき，それぞれの数 $m(E_n)$ と $m(F_n)$ に対して仮定（と単調性や可算加法性のような測度の基本的性質）から簡単に導かれる関係を書き下してみることで，その集合を考えている問題から抽象化して捨て去ることができる。そしてそれらの量の名前を付け替えて（たとえば $a_n := m(E_n)$ および $b_n := m(F_n)$ とする）これらの量が測度論的なところから出てきたものだということを「忘れて」しまい，純粋に数値に関する問題として取り組むことができる。このとき，問題はある数列 a_n と b_n に関する仮定から始まり，その数列に関して何らかの結論を導こうというものであり，そうした問題は設定が単純になっているおかげでもとの問題よりもやさしいことが多い。しかし，このように単純化した問題が成立しないということがわかることも時々ある。そのときには，その反例が役に立つことが多い。たとえば a_n と b_n の間に何か追加の仮定が必要だということを示していることもあるし，このような抽象化では問題は解けなくて具体的なものを追加しなければならないということを示していることもある。

この技法は，多くの点で 2.1.9 項と反対になっていることに注意しよう。なぜなら特別な場合を考えると普通は問題は具体的になり，やってみることができることは増える。しかしこの2つの技法は共存できる。数学の問題を解くときに特別に有用な「高等手段」というのは，まず最初に問題をもっと一般的なものに抽象化し，それからその抽象的問題の特別な場合として，ある点でもとの問題よりは簡単ではあるが難しさの本質的な部分は維持しているような，もとの問題とは

直接関係していないものを考えるというものである．このようにして作られた問題に挑戦することで，もとの問題に対して間接的ではあるが重要な進歩が得られるようになるのである．

2.1.11 ゼノンのパラドックスを活用しよう：イプシロンは可算無限個の小イプシロンに分割できる

測度論においてとくに有用な事実というのは，ある1つのイプシロンをたとえば幾何級数の等式

$$\varepsilon = \varepsilon/2 + \varepsilon/4 + \varepsilon/8 + \ldots$$

を使って可算無限個の小さなものに分けてしまうことができるということである．これは間違いなくゼノンにまでさかのぼることができる考え方である．これのおかげで，ある問題でイプシロンの余地1つ分しか割り当てられていない場合であっても，その割り当てを可算無限個のものに対して使うことができるのである．このことが測度論における多くの可算加法性や劣加法性の根底にある事実であり，粗い対象をなめらかなもので近似できるということを，たとえそれが可算無限個ある場合であってすら使えるものにしてくれているのである．（演習1.2.3はこの技法を使っている典型例である．）

一般的にいって，無限個の対象に対してイプシロンのようなものを使わなければならないときにはこの種の技法は警戒しなければならない．もし同じイプシロンをすべての対象に使わなければならないときには，すぐに受け入れ不可能な損失に達してしまうであろう．しかしそれぞれのときに異なるイプシロンを使用して逃げることができるならばゼノンの技法は大変便利なものになる．

2.1.12 2重和，2重積分，積分の和，和の積分に遭遇したなら，2つの順序を入れ替えてみよう

あるいは，別の言い方をすれば：「フビニ・トネリの定理（系1.7.23）は友達」である．もし符号なしや絶対収束の世界にいるのであれば，この定理は和や積分の順序交換を許してくれる．多くの場合にもとの順では難しい2重和や積分というのがよりやさしいものになる（少なくとも上界は得られやすくなるが，これが

解析学で必要なもののすべてであることが多い)。実際もしある式を展開している途中にそのような2重和や積分に出会ったら，反射的にその順序を入れ替え，その結果が少しでも簡単にならないかを調べるべきである。

場合によっては和に現れるパラメータが制約を受けてしまっていて，それを正しく計算するのに少し注意が必要となってしまう場合もあり得ることに注意。たとえば

$$\sum_{n=-\infty}^{\infty} \sum_{m=n}^{\infty} a_{m,n} \qquad (2.1)$$

の順序を ($a_{n,m}$ が符号なしか絶対収束と仮定して) 入れ替えると

$$\sum_{m=-\infty}^{\infty} \sum_{n=-\infty}^{m} a_{m,n}$$

となる (なぜか。両方の式に現れる (m,n) の組を図示してみよ)。そのような制約のある和や積分の順序交換で困ったら，その解決法の1つとして，その制約を指示関数で書き直してみよう。たとえば (2.1) の制約付きの和を，制約なしの和として (必要なら $a_{m,n}$ の定義域を拡張して)

$$\sum_{n=-\infty}^{\infty} \sum_{m=-\infty}^{\infty} 1_{m \geq n} a_{m,n}$$

と書き直すことができる。こうすれば和の順序交換は簡単にできる。

次に述べることはあきらかであるが，はっきりと述べておく。和や積分の順序交換という技法は非常に強力であるが，本当に非自明な何かをやっていない状態のまま連続して同じ2重和や2重の演算に対して使ってはならない。だから，もし和や積分の順序を交換したら，(3重やそれ以上の和や積分を扱っているのではない限り) 次の一手は，順序交換以外の別の何かでなければならない。

関連した手 (測度論ではそれほど使わないが，解析の他分野，とくにユークリッド空間の幾何に関する領域では現れる) は2つの和や積分を積空間上の1つの和や積分にあわせてしまうということである。これによって，もとの空間では簡単には見えなかった積空間が持っている別の性質 (たとえば回転対称性など) を使うことができるようになる。この技法の古典的な例としてはガウス積分 $\int_{-\infty}^{\infty} e^{-x^2} dx$ の値を求めるために，2乗して2次元ガウス積分 $\int_{\mathbb{R}^2} e^{-x^2-y^2} dxdy$ に書き換えてしまってから，極座標に変換するというものがある。

2.1.13 各点,一様,積分(平均)の制御というのはお互い部分的に言いかえられる

　解析学において関数(または関数列など)の振る舞いを制御するには主として3つの方法がある。まず最初に**各点制御**であり,これは関数を各点(またはほとんどすべての点)で制御するが一様ではない。そして**一様制御**であり,1つの方法によって,ほとんどの点(測度が0や小さな集合を捨ててしまってからかもしれないが)をいっせいに制御する。最後に**積分制御**(あるいは「平均」の制御)であり,これはその関数の点ごとの値ではなく,積分を制御する。

　ある制御法を部分的に他の制御法に置き換えてしまうというのは重要である。単純な例としては一様収束から各点収束を導く,あるいは各点での評価 $f(x) \leq g(x)$ から積分の評価 $\int f \leq \int g$ を導くということもある。もちろんこれらの置き換えは一方通行で,情報を失ってしまう。各点収束列は一様収束とは限らないし,積分が評価できるからといって各点での評価はわからない。しかしながら,もしも除外集合を捨てる (2.1.7 項) ことをいとわなければ,部分的にはこの逆をいうことができる。たとえばエゴロフの定理(定理 1.3.26)によれば,除外集合を捨て去れば各点収束を(局所)一様収束に変えることができるし,マルコフの不等式(演習 1.4.35(6))を使えば,やはり除外集合を捨て去った後で積分の評価を各点での評価に変えることができる。

2.1.14 結論と仮定とがとくに近いものに感じられるなら,すべての定義を展開し,何も考えずにやろう

　この技法は,理論のもっとも基本的部分を構築しているときにとくに有効である。そこでは,一般化,抽象化,特別な場合についての経験は必要とされず,また考えている対象について関係ありうる多くのことを整理しようとする必要もないかもしれない。やらなければならないことが,最初の原理に戻ってすべての定義をイプシロンとデルタを使って書き下しそして問題にコツコツと取り組み始めるだけというときもある。

いつ何も考えずに進み，いつ問題に対してもっと高水準の解き方を探すのかがわかるようになるには，判断力と経験とが必要であろう．直接的に取り組むのがもっともよいときというのは，結論と仮定とがそれぞれ本当に似通って見えるときということが多い（たとえば両方ともが特定の集合や特定の可測集合の族についての主張であったり，両方共が特定の関数や特定の連続関数族についての主張である場合など）．しかし，結論が仮定とまったく違って見えるような場合（たとえば結論はある種の積分不等式で，仮定が可測性や収束性に関するものであるなど）においては，最初の原理から簡単に出てくるようなものではなくてもっと洗練された手法を必要とするだろう．

2.1.15 ε（や δ や N など）の値が正確にいくつなのかということをあまり心配しないで．必要なら後から選んだり調整したりできるのが普通だから

議論の途中で ε のようなパラメータに関する事実を使いたくなることがよくある．そして，その値は（もちろん ε が正であることが必要などの合理的な制約はあるが）完全に自由に選ぶことができる．たとえばいま可測集合があって，それを外側からたかだか ε だけ余計な測度を持っている開集合で近似したいという場合である．しかしこのパラメータ ε を正確にいくらにすべきかというのはあきらかではないかもしれない．つまり選択肢があまりに多すぎてどれを選ぶべきかわからないのである．

多くの場合にはこの問題を考えるのを後まで延期することができて，今は ε を決めてしまわないままにしてしまってよい．そして議論を続けていって，あらゆる所を ε で徐々に飾り始めていくのである．ある所で ε が何かをする必要が出てくるだろう（そしてとくに ε の場合には「何かをする」とはほぼ間違いなく「十分に小さくなる」という意味である）．たとえば $3n\varepsilon$ が δ よりも小さくなってもらう必要が生じる．ここで n や δ というのはその問題の中に出てくる ε とは独立な別の正の数である．このときにいたって，ε は議論を進めていくのに必要となるものに設定することができるのである．たとえば，ε を $\delta/4n$ に等しいとする．しかし後でまた設定し直した方がよくなるかもしれないので，おそらくまだ ε を設定する自由を残しておきたいと思うだろう．そのような場合，必要な「$3n\varepsilon < \delta$」

を横に置いておいて，さらに先へ進もう．おそらく少したってから ε が何か別のことをしなければならなくなるだろう．たとえば $5\varepsilon \leq 2^{-n}$ でなければならなくなるなどである．そのようにして，パラメータにやってほしいことをすべて記したいわゆる「ウィッシュリスト」が完成したなら，いよいよそのパラメータをどのような値に設定するかの決断を下すことができる．たとえばもし上に挙げた 2 つの不等式が ε が必要なすべてであれば，ε を $\min(\delta/4n, 2^{-n}/5)$ に等しいものに選ぶことができるのである．これは議論を開始した時点ではあきらかではなかった ε の選び方であるが，議論が進むに従ってわかったことである．

しかしながら，この「パラメータは後で選ぶ」という手法には十分警戒しておくべきことがある．それはそのような定数たちが循環的に依存することを避けなければならないということである．たとえば，ε は δ よりも小さくなければならないと気づき，そのために ε を選ぶ（たとえば $\delta/2$ と定める）までは，2 つの任意のパラメータ ε と δ が議論のほとんどのところで不特定のまま漂っているというのは完璧にすばらしいことである．あるいは，おそらくその代わりに δ が ε よりも小さくなる必要があり δ を $\varepsilon/2$ にしてもいい．これらのどちらか一方だけを実行することはできる．しかしもちろん同時にはできない．これは ε が δ が選ばれた後で定められる必要があり，そして δ は ε が定まった後でのみ選ぶことができるという破綻した循環依存を起こしてしまうからである．だから，もし ε のようなパラメータを選ぶのを後に遅らせるつもりであるなら，議論の中で何が ε に依存するのか，そしてどれが ε と独立なのかを心の中で追跡しておくことが重要である．ε の値を後から出てくる量を使って選ぶことはできるが，通常は（その量の間の制約条件が整合的であり従って同時に満たすことができるということを示しておかなければ）前に出てきた量を使っては定められない．

2.1.16 いったん定数を失い始めたら，それ以上なくすことをためらわないで

解析学における多くの技法というのは定数倍というのがどうでもよいような不等式を与えることである．たとえば，2 進分解や 2 の冪を含んでいるようなどんな議論も 2 という因子分の損失を伴うようになる．ユークリッド空間における球を用いて議論しているときには，単位球の体積からくる因子（注意深く議論を追

跡すればこの項は打ち消しあうこともよくあるのだが）を失うときがある。などなどである。しかしながら，多くの場合にはこのような定数の因子はほとんど重要ではないことがわかる。たとえば 2ε や 100ε といった上界は，解析学の目的においては，どちらも ε に対する上界としては同じくらいよいものであることが多い（2.1.15 項を参照）。だから，そういった定数について注意深く計算したり，最適な値を求めようすることにエネルギーを使わないというのは普通は大変よいことである。そしてそれらの定数に C のような記号を与え，それの正確な値については気にしないことにするというのが普通もっとも簡単なやり方である。（もちろん $O(\ )$ のような漸近記法を使うこともできる。これはどのように効くかがわかったら大変便利に使える。）

もちろん本当にどんな定数も失いたくないというような場合もある。たとえば，$X = Y$ を示すのに 2.1.1 項の技法を使っているときには，$X \leq 2Y$ かつ $Y \leq 2X$ を示しても十分ではない。本当にどんな定数を失うこともなく $X \leq Y$ かつ $Y \leq X$ を示す必要があるのである。（しかし 2.1.2 項によって，$X \leq (1+\varepsilon)Y$ かつ $Y \leq (1+\varepsilon)X$ を示すのは OK である。）しかし，一度でも定数を失ってしまうようなことをやってしまっているのなら，それ以上失ったとしてもさらに失うものはほとんどない。すなわち $X \leq Y$ と $X \leq 2Y$ の間には大きな差があるが，実際上は $X \leq 2Y$ と $X \leq 100Y$ の間には，少なくとも数学解析のためにはほとんど差がないのである。この段階で，自分自身を「定数なんてどうでもいい」という精神状態においておかねばならない。そうすると物事が単純になるだろう。たとえば，2 つの正の量の和 $X + Y$ を評価しなければならないとき，

$$\max(X,Y) \leq X + Y \leq 2\max(X,Y)$$

のような評価を使って議論を始めることができる。これがいっているのは，2 という因子を除けば $X + Y$ は $\max(X,Y)$ と同じものだということである。そして場合によっては $\max(X,Y)$ の方が考えやすくなる（たとえば $\max(X,Y)^n$ は $\max(X^n, Y^n)$ に等しいが $(X+Y)^n$ の展開公式はややこしい）。

2.1.17 収束をよくするために部分列をとれることがよくある

実解析学においては，極限 f にかなり遅い速度であったり弱い意味でしか収束しないかもしれない関数列 f_n のようなものが手元にあるという状態になること

がよくある。そして，多くの場合には部分列をとることでこの収束がよくなる。
- 距離空間においては，点列 x_n が極限 x に収束するならば，同じ極限 x に素早く収束する，たとえば $d(x_{n_j}, x) \leq 2^{-j}$ である（さらに 2^{-j} を任意の j に依存する他の正のものに変えられる）ような部分列 x_{n_j} が存在する。とくに $\sum_{j=1}^{\infty} d(x_{n_j}, x)$ と $\sum_{j=1}^{\infty} d(x_{n_j}, x_{n_{j+1}})$ が絶対収束するようにでき，これは便利なときがある。
- L^1 ノルムや測度収束する関数列はからはほとんど到る所で各点収束する部分列を抽出することができる。
- (点列) コンパクト空間の点列はまったく収束しないかもしれないが，ある部分列をとるとかならず収束する。
- 鳩の巣原理：有限個の種類の値しかとらない点列は定数である部分列を持つ。より一般に有限和集合の中の点列には，それらの集合のうちのただ1つのみに入っているような部分列がある。

応用においては部分列で十分という場合も多く，また部分列からもとの列に戻るという方法もたくさんある。
- 距離空間においては，もし x_n がコーシー列であることがわかっていて，x_n のある部分列が x に収束するのであれば，もとの列もそうである。つまり，x_n もまた x に収束する。
- ウリゾーンの部分列原理：位相空間において，点列 x_n のすべての部分列それ自身が極限 x に収束するような部分列を持つのであれば，もとの点列全体が x に収束する。

2.1.18 極限というのは，上極限と下極限の一致することと思える

実数列 x_n は極限 $\lim_{n \to \infty} x_n$ を持つとは限らない。しかし，上極限 $\limsup_{n \to \infty} x_n := \inf_N \sup_{n > N} x_n$ と下極限 $\liminf_{n \to \infty} x_n = \sup_N \inf_{n > N} x_n$ は（無限大かもしれないが）つねに存在する。そして下限や上限を使って簡単に定義できる。このため，極限の代わりに上極限や下極限を考えるのが便利であることが多い。たとえば極限 $\lim_{n \to \infty} x_n$ が存在することを示すには，すべての $\varepsilon > 0$ に対して

$$\limsup_{n \to \infty} x_n \leq \liminf_{n \to \infty} x_n + \varepsilon$$

が成り立つことを示せば十分である。同じように考えて，実数列 x_n が 0 に収束することを示すにはすべての $\varepsilon > 0$ に対して

$$\limsup_{n \to \infty} |x_n| \leq \varepsilon$$

であることを示せば十分である。さらに極限の代わりに上極限や下極限を考える方がやりやすいこともある。なぜなら，極限が存在するかどうかというような問題を心配する必要がないし，さらに多くの道具（とくにファトゥの補題やその類似）がその設定でもまた有効だからである。しかしながら上極限や下極限というのは，極限が持っているような線型性の半分しか持っていないということには注意を払わねばならない。たとえば上極限は劣加法的ではあるが加法的ではないし，下極限は優加法的だが加法的ではない。

単調微分定理（定理 1.6.25）の証明はこの方法に非常に大きく依存している。

ラデマッハーの微分定理

　低次元空間の結果を高次元に拡張しようとするときに，フビニ・トネリの定理（系 1.7.23）がよく用いられる．ここでは，そのことを 1 次元のリプシッツ微分定理（演習 1.6.42）を高次元に拡張することで説明しようと思う．その結果ラデマッハーの微分定理が得られる．

　まず高次元における定義をいくつか思い出しておこう．

> **定義 2.2.1.** (リプシッツ連続性)　ある距離空間 (X, d_X) から他の距離空間 (Y, d_Y) への関数 $f: X \to Y$ がリプシッツ連続であるとは，すべての $x, x' \in X$ に対して $d_Y(f(x), f(x')) \leq C d_X(x, x')$ となるような定数 $C > 0$ が存在することをいう．(この節においては X は $\mathbb{R}^d$ で Y は $\mathbb{R}$ であり，通常の距離を考える．)

> **演習 2.2.1.**　リプシッツ連続関数は一様連続であり，従って連続であることを示せ．さらに，一様連続な関数 $f: [0,1] \to [0,1]$ でリプシッツ連続でないものの例を挙げよ．

> **定義 2.2.2.** (微分可能性)　$f: \mathbb{R}^d \to \mathbb{R}$ を関数とし，$x_0 \in \mathbb{R}^d$ とする．任意の $v \in \mathbb{R}^d$ に対して，f が x_0 において v 方向に方向微分可能であるとは，極限
> $$D_v f(x_0) := \lim_{h \to 0; h \in \mathbb{R} \setminus \{0\}} \frac{f(x_0 + hv) - f(x_0)}{h}$$
> が存在することをいい，このとき $D_v f(x_0)$ を x_0 での v 方向への f の方向導関数という．$v = e_i$ が $\mathbb{R}^d$ の標準基底ベクトル $e_1, \ldots, e_d$ の 1 つであるときには $D_v f(x_0)$ を $\frac{\partial f}{\partial x_i}(x_0)$ と書き，これを x_0 における e_i 方向への f の偏導関数という．
>
> 　また，f が x_0 で全微分可能であるとは，
> $$\lim_{h \to 0; h \in \mathbb{R}^d \setminus \{0\}} \frac{f(x_0 + h) - f(x_0) - h \cdot \nabla f(x_0)}{|h|} = 0$$
> となるようなベクトル $\nabla f(x_0) \in \mathbb{R}^d$ が存在することをいう．ここで $v \cdot w$ は $\mathbb{R}^d$

の通常の内積を表す。さらに $\nabla f(x_0)$ を（もし存在すれば）x_0 における f の勾配という。

◆**注意 2.2.3.** 微分幾何学の観点からすると，勾配ベクトル $\nabla f(x_0) \in \mathbb{R}^d$ を考えるのではなく，$df(x_0) \colon v \mapsto \nabla f(x_0) \cdot v$ で与えられる微分余ベクトル $df(x_0) \colon \mathbb{R}^d \to \mathbb{R}$ を考える方がよい。なぜなら，こうすると全微分可能性という概念をユークリッド内積を使わずに定義することができるからで，これによってユークリッド（もっと一般にリーマン）構造を持たないような多様体上にこの概念を拡張することができるようになるからである。しかしながら，ここではユークリッド空間のことだけを考えるのでこの区別は重要ではない。

次の3つの演習で示すように，全微分可能であれば方向および偏微分可能であるが，逆は成り立たない。

演習 2.2.2.（全微分可能であれば方向および偏微分可能である）$f \colon \mathbb{R}^d \to \mathbb{R}$ が x_0 で全微分可能であれば，x_0 でどんな方向 $v \in \mathbb{R}^d$ へも方向微分可能であり，公式
$$D_v f(x_0) = v \cdot \nabla f(x_0) \tag{2.2}$$
が成り立つことを示せ。とくに偏導関数 $\dfrac{\partial f}{\partial x_i}(x_0)$ は $i = 1, \ldots, d$ で存在し，
$$\nabla f(x_0) = \left(\frac{\partial f}{\partial x_1}(x_0), \ldots, \frac{\partial f}{\partial x_d}(x_0) \right) \tag{2.3}$$
となる。

演習 2.2.3.（連続偏微分可能であれば全微分可能である）* $f \colon \mathbb{R}^d \to \mathbb{R}$ は偏導関数 $\dfrac{\partial f}{\partial x_i} \colon \mathbb{R}^d \to \mathbb{R}$ がすべての点で存在して連続であるとする。このとき，f は全微分可能であることを示せ。とくにそのことから勾配は式 (2.3) で与えられ方向導関数は (2.2) で与えられることがわかる。

演習 2.2.4.（方向微分可能でも全微分可能とは限らない）$f \colon \mathbb{R}^2 \to \mathbb{R}$ を $f(0,0) := 0$ とおき，$(x_1, x_2) \in \mathbb{R}^2 \setminus \{(0,0)\}$ では $f(x_1, x_2) := \dfrac{x_1 x_2^2}{x_1^2 + x_2^2}$ と定める。このとき，すべての $x, v \in \mathbb{R}^2$ で方向導関数 $D_v f(x)$ が存在（従ってとくに偏導関数が存在）するが，f は原点 $(0,0)$ で全微分可能ではないことを示せ。

これでラデマッハーの微分定理を述べることができる。

定理 2.2.4.（ラデマッハーの微分定理）$f \colon \mathbb{R}^d \to \mathbb{R}$ をリプシッツ連続とする。このとき，f はほとんどすべての $x_0 \in \mathbb{R}^d$ において全微分可能である。

2.2. ラデマッハーの微分定理

この定理の $d=1$ の場合は演習 1.6.42 であることに注意せよ．そして，実際この 1 次元の定理を使って高次元のものを示すのである．ただし，方向微分と全微分の間の差に由来する技術的な問題がある．

[証明] ここでの戦略は，まず少し遠慮して方向微分可能性を目指すことにして，それから方向導関数と全微分可能性とをつなげる方法を見つけることである．

$v, x_0 \in \mathbb{R}^d$ とする．f は連続だから，方向微分

$$D_v f(x_0) := \lim_{h \to 0; h \in \mathbb{R} \setminus \{0\}} \frac{f(x_0 + hv) - f(x_0)}{h}$$

が存在するためには，極限が存在するかを決めればよいのだから h が $\mathbb{R} \setminus \{0\}$ の稠密な部分集合 $\mathbf{Q} \setminus \{0\}$ を動く場合を考えれば十分であることがわかる．とくに $D_v f(x_0)$ が存在する必要十分条件は

$$\limsup_{h \to 0; h \in \mathbf{Q} \setminus \{0\}} \frac{f(x_0 + hv) - f(x_0)}{h} = \liminf_{h \to 0; h \in \mathbf{Q} \setminus \{0\}} \frac{f(x_0 + hv) - f(x_0)}{h}$$

である．このことから，各方向 $v \in \mathbb{R}^d$ に対して

$$E_v := \{x_0 \in \mathbb{R}^d : D_v f(x_0) \text{ が存在しない}\}$$

が $\mathbb{R}^d$ のルベーグ可測（実際にはボレル可測になる）であることが簡単にわかる．同様の議論によって $D_v f$ は E_v の外側で可測関数であることがわかる．f はリプシッツだから，$D_v f$ は有界関数でもあることがわかる．

そこで各 v に対して E_v が零集合であることをいおう．$v = 0$ のときには E_v はあきらかに空集合だから $v \neq 0$ と仮定してよい．v を e_1 に写像するような可逆な線型変換を使えば（そのような変換はリプシッツ関数をリプシッツ関数に移し，零集合を零集合に移すことに注意して）一般性を失うことなく v が基底ベクトル e_1 であると仮定してもかまわない．だから，我々の目標はほとんどすべての $x \in \mathbb{R}^d$ において $\dfrac{\partial f}{\partial x_1}(x)$ が存在することを示すこととなった．

そこで $\mathbb{R}^d$ を $\mathbb{R} \times \mathbb{R}^{d-1}$ と分割しよう．各 $x_0 \in \mathbb{R}$ と $y_0 \in \mathbb{R}^{d-1}$ に対して，$\dfrac{\partial f}{\partial x_1}(x_0, y_0)$ が存在する必要十分条件は，定義によって 1 次元関数 $x \mapsto f(x, y_0)$ が x_0 で微分可能なことであるとわかる．しかしこの関数はリプシッツ連続（このことは f のリプシッツ連続性から従う）なのだから，それぞれの固定された $y_0 \in \mathbb{R}^{d-1}$ ごとに，集合 $E^{y_0} := \{x_0 \in \mathbb{R} : (x_0, y_0) \in E\}$ は $\mathbb{R}$ の零集合であることがわかる．集合に対するトネリの定理（系 1.7.19）によって E_v が零集合であることが従い，これが目指していることであった．

次に，$\bigcup_{v \in \mathbb{R}^d} E_v$ が零集合であることをいいたい．しかしこれは非可算無限の v を含んでいるから，直接いうことはできない．しかし $\mathbf{Q}^d$ は可算的であるから，少なくとも $E := \bigcup_{v \in \mathbf{Q}^d} E_v$ が零集合であることはいえる．とくにほとんどすべての $x_0 \in \mathbb{R}^d$ において，f はすべての有理方向 $v \in \mathbf{Q}^d$ に方向微分可能である．

ここで重要な技を実行しよう．それは，方向導関数 $D_v f$ を弱導関数と解釈することである．すでに $D_v f$ がほとんど到る所で定義されており，有界で可測であることはわかっている．そこで $g \colon \mathbb{R}^d \to \mathbb{R}$ をコンパクトに台を持つリプシッツ連続であるような任意の関数としよう．そして積分

$$\int_{\mathbb{R}^d} D_v f(x) g(x)\, dx$$

を調べよう．$D_v f(x)$ は有界可測であり，$g(x)$ は連続かつ台がコンパクトで従って有界なのだから，この積分は絶対収束する．これを

$$\int_{\mathbb{R}^d} \lim_{h \to 0; h \in \mathbb{R} \setminus \{0\}} \frac{f(x + hv) - f(x)}{h} g(x)\, dx$$

と展開する．ここに現れる $\frac{f(x+hv) - f(x)}{h} g(x)$ は（f のリプシッツ性から）h と x に関して一様に有界であり，さらに h が有界集合に入っているときに x について一様にコンパクトな台を持っていることに注意しよう．従って優収束定理（定理 1.4.48）を使って，極限を積分の中から引きずり出して

$$\lim_{h \to 0; h \in \mathbb{R} \setminus \{0\}} \int_{\mathbb{R}^d} \frac{f(x + hv) - f(x)}{h} g(x)\, dx$$

とできる．ここで，ルベーグ積分は平行移動不変（演習 1.3.15）だから

$$\int_{\mathbb{R}^d} f(x + hv) g(x)\, dx = \int_{\mathbb{R}^d} f(x) g(x - hv)\, dx$$

となり，従って（ルベーグ積分の線型性から）考えている式は

$$\lim_{h \to 0; h \in \mathbb{R} \setminus \{0\}} \int_{\mathbb{R}^d} f(x) \frac{g(x - hv) - g(x)}{h}\, dx$$

となる．さて，g はリプシッツだから，$\frac{g(x - hv) - g(x)}{h}$ は一様に有界であり，$h \to 0$ のときにほとんど到る所で $D_{-v} g(x)$ に各点収束する．だから再び優収束定理を使って，部分積分の公式

$$\int_{\mathbb{R}^d} D_v f(x) g(x)\, dx = \int_{\mathbb{R}^d} f(x) D_{-v} g(x)\, dx \tag{2.4}$$

がいえる．この式は方向導関数作用素 D_v を f から g に動かしている．この時点では g は f と同じような関数なのだから，あまり利点があるようには見えない．

2.2. ラデマッハーの微分定理

しかし，鍵となるのは f を固定したまま g を何でも好きなように選べるということである．とくに g としてコンパクトに台を持ち，連続微分可能（そのような関数は導関数が有界なのだから，微積分の基本定理からリプシッツである）なものを選ぶことができる．演習 2.2.3 からそのような関数では $D_{-v}g = -v \cdot \nabla g$ となっているから，

$$\int_{\mathbb{R}^d} D_v f(x) g(x)\,dx = -\int_{\mathbb{R}^d} f(x)(v \cdot \nabla g)(x)\,dx$$

である．この右辺は v について線型だから，左辺もまた v について線型でなければならない．とくに $v = (v_1, \ldots, v_d)$ であれば

$$\int_{\mathbb{R}^d} D_v f(x) g(x)\,dx = \sum_{j=1}^d v_j \int_{\mathbb{R}^d} D_{e_j} f(x) g(x)\,dx$$

となる．そこで勾配の候補となる関数

$$\nabla f(x) := (D_{e_1} f(x), \ldots, D_{e_d} f(x)) = \left(\frac{\partial f}{\partial x_1}(x), \ldots, \frac{\partial f}{\partial x_d}(x)\right)$$

を定義すれば（f がほとんど到る所で全微分可能であるかどうかはまだわからないが，この関数はほとんど到る所で問題なく定義されている），すべてのコンパクトに台を持つ連続微分可能な g に対して

$$\int_{\mathbb{R}^d} (D_v f - v \cdot \nabla f)(x) g(x)\,dx = 0$$

となる．このことから（下の演習 2.2.5 を見よ）$F_v := D_v f - v \cdot \nabla f$ はほとんど到る所で 0 となることがわかり，従って（可算劣加法性から）ほとんどすべての $x_0 \in \mathbb{R}^d$ とすべての $v \in \mathbf{Q}^d$ に対して

$$D_v f(x_0) = v \cdot \nabla f(x_0) \tag{2.5}$$

となる．

x_0 を (2.5) がすべての $v \in \mathbf{Q}^d$ に対して成り立つものとする．このとき f が x_0 で全微分可能になることをいおう．そうすれば主張が示されることになる．$F \colon \mathbb{R}^d \to \mathbb{R}^d$ を

$$F(h) := f(x_0 + h) - f(x_0) - h \cdot \nabla f(x_0)$$

とおく．目標は

$$\lim_{h \to 0;\, h \in \mathbb{R}^d \setminus \{0\}} |F(h)|/|h| = 0$$

を示すことである．一方で $F(0) = 0$ であり，F はリプシッツであり，さらに (2.5) からすべての $v \in \mathbf{Q}^d$ で $D_v F(0) = 0$ である．

$\varepsilon > 0$ とし，$h \in \mathbb{R}^d \setminus \{0\}$ とする。このとき，$r := |h|$ とし，$u := h/|h|$ を単位球面上にとって $h = ru$ と書くことができる。この u は $\mathbf{Q}^d$ には入っていないが，$|u - v| \leq \varepsilon$ となるような $v \in \mathbf{Q}^d$ で近似することができる。さらに単位球面は全有界だから，v は $\mathbf{Q}^d$ の ε（と d のみに依存する）有限部分集合 V_ε に入っているようにできる。

すべての $v \in V_\varepsilon$ に対して $D_v F(0) = 0$ なのだから，（h を V_ε に依存しながら十分に小さくして）すべての $v \in V_\varepsilon$ で

$$\left|\frac{F(rv) - F(0)}{r}\right| \leq \varepsilon$$

となることがわかる。従って

$$|F(rv)| \leq \varepsilon r$$

である。一方で F はリプシッツなのだから

$$|F(ru) - F(rv)| \leq Cr|u - v| \leq Cr\varepsilon$$

となっている。ただし C は F のリプシッツ定数である。$h = ru$ だったから，

$$|F(h)| \leq (C+1)r\varepsilon$$

であることがわかる。言いかえれば，h が ε に依存して十分に小さければ

$$|F(h)|/|h| \leq (C+1)\varepsilon$$

となることがわかる。$\varepsilon \to 0$ とすれば主張を得る。 □

演習 2.2.5.* $F\colon \mathbb{R}^d \to \mathbb{R}$ を局所可積分関数で，g がコンパクトに台を持ち，連続微分可能な関数であればつねに $\int_{\mathbb{R}^d} F(x)g(x)\,dx = 0$ となるものとする。このとき F はほとんど到る所で 0 であることを示せ。（ヒント：もしそうでなければルベーグの微分定理を使って，F のルベーグ点 x_0 で $F(x_0) \neq 0$ となるものをとることができる。そして g を x_0 の十分小さな近傍に台を持つものにとる。）

2.3 確率空間

この節では重要で特別な測度空間として**確率空間**について述べる。その名前からも想像できるように，この空間は確率論の基礎において基本的でまた重要なものである。しかし，強調しておかなければならないが，確率論というのは確率空間の研究ではなく，確率空間というのはその理論の本当の研究対象であるランダムな事象やランダムな変数といったものの振る舞いをモデル化しているだけである。ただしこの教科書では確率論への応用については述べない。

定義 2.3.1. (確率空間) 確率空間というのは，全測度が 1，つまり $\mathbf{P}(\Omega) = 1$ であるような測度空間 $(\Omega, \mathcal{F}, \mathbf{P})$ のことである。測度 $\mathbf{P}$ は**確率測度**と呼ばれる。

記号の変更についての注意：測度空間は伝統的に $(X, \mathcal{B}, \mu)$ のような記号で表されるが，確率空間は伝統的に $(\Omega, \mathcal{F}, \mathbf{P})$ のような記号で表す。もちろんこのように記号を変えたからといって，数学的な土台には何の違いもないのだが，測度論と確率論との文化の違いを反映しているのである。とくに，確率論ではその成分 $\Omega \cdot \mathcal{F} \cdot \mathbf{P}$ について，ほかの測度論の応用には欠けている次のような解釈がある。

(1) 空間 Ω は**標本空間**と呼ばれ，それはランダムな系がとりうるすべての可能な状態 $\omega \in \Omega$ の集合である。
(2) σ-集合代数 $\mathcal{F}$ は**事象空間**と呼ばれ，確率を測量できる事象 $E \in \mathcal{F}$ すべてからなる集合である。
(3) 事象の測度 $\mathbf{P}(E)$ は，その事象の**確率**と呼ばれる。

確率空間に対するさまざまな公理は**確率の基本公理**としてコルモゴロフによって定式化されたものである。

◆**例 2.3.2.** (正規化測度) $0 < \mu(X) < +\infty$ となる測度空間 $(X, \mathcal{B}, \mu)$ が任意に与えられると，$\left(X, \mathcal{B}, \frac{1}{\mu(X)}\mu\right)$ は確率空間である。たとえば Ω が空でない有限集合で，その上で離散 σ-集合代数 2^{Ω} と計数測度 $\#$ を考えると，**正規化計数測度** $\frac{1}{\#\Omega}\#$ は確率測度であり (Ω 上の**離散一様確率測度**という)，$\left(\Omega, 2^{\Omega}, \frac{1}{\#\Omega}\#\right)$ は確率空間である。確率論においてはこの確率空間は離散集合 Ω から同様に確からしく元を取り出す試行をモデル化している。

同様に $\Omega \subset \mathbb{R}^d$ が正で有限な測度 $0 < m(\Omega) < \infty$ を持つルベーグ可測集合であれば，$(\Omega, \mathcal{L}[\mathbb{R}^d]\!\restriction_\Omega, \frac{1}{m(\Omega)} m\!\restriction_\Omega)$ は確率空間である．確率測度 $\frac{1}{m(\Omega)} m\!\restriction_\Omega$ は Ω 上の (**連続**)**一様確率測度**と呼ばれている．確率論においては，この確率空間は連続な集合 Ω から同様に確からしく元を取り出す試行をモデル化している．

◆ 例 2.3.3. (**離散および連続確率測度**) Ω を離散 σ-集合代数 2^Ω を持つ空でない (無限でもよい) 集合とする. $(p_\omega)_{\omega \in \Omega}$ が $[0,1]$ の実数の集まりで $\sum_{\omega \in E} p_\omega = 1$ を満たすものであれば，$\mathbf{P} := \sum_{\omega \in \Omega} p_\omega \delta_\omega$ で定義される確率測度 $\mathbf{P}$，言いかえれば

$$\mathbf{P}(E) := \sum_{\omega \in E} p_\omega$$

は確率測度であり，$(\Omega, 2^\Omega, \mathbf{P})$ は確率空間である．関数 $\omega \mapsto p_\omega$ は状態変数 ω の (**離散**) **確率分布**と呼ばれる．

同様に Ω が $\mathbb{R}^d$ のルベーグ可測部分集合で，正の (無限でもよい) 測度を持つものとし，$f : \Omega \to [0, +\infty]$ は Ω 上のルベーグ可測関数 (当然いつものようにルベーグ測度空間 $\mathbb{R}^d$ を Ω に制限しておく) で $\int_\Omega f(x)\, dx = 1$ を満たすものとする．このとき測度 $\mathbf{P} := m_f$ を

$$\mathbf{P}(E) := \int_\Omega 1_E(x) f(x)\, dx = \int_E f(x)\, dx$$

で定めると，$(\Omega, \mathcal{L}[\mathbb{R}^d]\!\restriction_\Omega, \mathbf{P})$ は確率空間である．関数 f は状態変数 ω の (**連続**) **確率密度**と呼ばれる．(この密度は完全には一意的ではない．確率 0 の集合の上で値を変えてもかまわないからであるが，この曖昧さを除けば問題なく定義できている．さらに進んだ議論は An epsilon of room, Vol. I の §1.2 をみよ．)

演習 2.3.1. (**平行移動不変なランダムな整数はない**) 整数 $\mathbb{Z}$ を離散 σ-集合代数 $2^\mathbb{Z}$ と共に考えるとき，すべての事象 $E \in 2^\mathbb{Z}$ とすべての整数 n に対して平行移動不変性 $\mathbf{P}(E + n) = \mathbf{P}(E)$ を満たすような確率測度 $\mathbf{P}$ は存在しないことを示せ．

演習 2.3.2. (**平行移動不変なランダムな実数はない**) 実数 $\mathbb{R}$ 上にルベーグ σ-集合代数 $\mathcal{L}[\mathbb{R}]$ を考えるとき，すべての事象 $E \in \mathcal{L}[\mathbb{R}]$ とすべての実数 x に対して平行移動不変性 $\mathbf{P}(E + x) = \mathbf{P}(E)$ を満たすような確率測度 $\mathbf{P}$ は存在しないことを示せ．

対象に対する視点が異なっているために用語は違ってしまっているが，測度論の多くの概念は確率論においても重要である．たとえばほとんど到る所で成り立つ性質というのは，ここではほとんど確実に成り立つ性質に置き換えられる．可測な関数はここでは確率変数と呼ばれるようになり，記号も X のようなものが使われることが多いし，その関数の (確率変数が符号なしか絶対収束であれば) 確率空間上での積分は確率変数の期待値と呼ばれ $\mathbf{E}(X)$ と書く．そして，たとえばボ

レル・カンテリの補題（演習 1.4.43）は次のように読み替えられる。$\sum_{n=1}^{\infty} \mathbf{P}(E_n) < \infty$ を満たすような事象の列 $E_1, E_2, E_3, \ldots$ があるとすると，ほとんど確実にこれらの事象はたかだか有限回しか起こらない。同じように考えて，マルコフの不等式（演習 1.4.35(6)）が主張していることは，任意の非負確率変数 X と任意の $0 < \lambda < \infty$ に対して $\mathbf{P}(X \geq \lambda) \leq \frac{1}{\lambda} \mathbf{E}(X)$ となるということである。

2.4 無限直積空間とコルモゴロフの拡張定理

1.7.4 項においては 2 つの集合,可測空間,あるいは (σ-有限) 測度空間の積について述べた。ここではそれらの積の概念を 2 つ以上の空間の場合にどのように一般化するかを考えよう。集合論の公理によれば,ある集合 A で添え字づけられたどんな集合の集まり $(X_\alpha)_{\alpha \in A}$ に対しても,その直積 $X_A := \prod_{\alpha \in A} X_\alpha$ を考えることができる。これは A によって添え字づけられた,つまりすべての $\alpha \in A$ に対して $x_\alpha \in X_\alpha$ となっているようなものの並び $x_A = (x_\alpha)_{\alpha \in A}$ すべてからなる集合である。これを使えば選択公理 (公理 0.0.4) は簡潔に述べることができるようになる。つまり,空でない集合の任意の直積は空でないということである。

どんな $\beta \in A$ に対しても,$\pi_\beta((x_\alpha)_{\alpha \in A}) := x_\beta$ で定まる座標射影写像 $\pi_\beta : X_A \to X_\beta$ を考えられる。もっと一般に,どんな $B \subset A$ に対しても,部分直積空間 $X_B := \prod_{\alpha \in B} X_\alpha$ への部分射影 $\pi_B : X_A \to X_B$ を $\pi_B((x_\alpha)_{\alpha \in A}) := (x_\alpha)_{\alpha \in B}$ で定義する。さらに一般に,2 つの部分集合 $C \subset B \subset A$ が与えられたとき,部分的部分射影 $\pi_{C \leftarrow B} : X_B \to X_C$ を $\pi_{C \leftarrow B}((x_\alpha)_{\alpha \in B}) := (x_\alpha)_{\alpha \in C}$ で定義することができる。これらの部分的部分射影はすべての $D \subset C \subset B \subset A$ に対して結合法則 $\pi_{D \leftarrow C} \circ \pi_{C \leftarrow B} := \pi_{D \leftarrow B}$ を満たす (従って圏の非常に簡単な例になる)。

前に述べたように,どんな X_β 上の σ-集合代数 $\mathcal{B}_\beta$ に対してもそれを π_β で引き戻して X_A 上の σ-集合代数

$$\pi_\beta^*(\mathcal{B}_\beta) := \{\pi_\beta^{-1}(E_\beta) : E_\beta \in \mathcal{B}_\beta\}$$

を作ることができる。これが本当に σ-集合代数であることを確かめるのはやさしい。おおざっぱに言って,$\pi_\beta^*(\mathcal{B}_\beta)$ は状態 $x_A = (x_\alpha)_{\alpha \in A}$ の x_β 座標のみに依存し,さらにその x_β への依存性が $\mathcal{B}_\beta$-可測であるような集合 (あるいは確率論の用語で考えているなら「事象」) のことである。そして,その積 σ-集合代数

$$\prod_{\beta \in B} \mathcal{B}_\beta := \left\langle \bigcup_{\beta \in B} \pi_\beta^*(\mathcal{B}_\beta) \right\rangle$$

を定義することができる。

このとき演習 1.7.18 の一般化が成り立つ。

2.4. 無限直積空間とコルモゴロフの拡張定理

演習 2.4.1.* $((X_\alpha, \mathcal{B}_\alpha))_{\alpha \in A}$ を可測空間の集まりとする。任意の $B \subset A$ に対して $\mathcal{B}_B := \prod_{\beta \in B} \mathcal{B}_\beta$ と書く。

(1) $\mathcal{B}_A$ はすべての $\beta \in A$ に対して射影写像 π_β を可測な射とするような X_A 上のもっとも粗い σ-集合代数であることを示せ。

(2) 各 $B \subset A$ に対して，π_B は $(X_A, \mathcal{B}_A)$ から $(X_B, \mathcal{B}_B)$ への可測な射であることを示せ。

(3) E_A が $\mathcal{B}_A$ に含まれていれば，$E_A = \pi_B^{-1}(E_B)$ となるようなたかだか可算の集合 $B \subset A$ と集合 $E_B \in \mathcal{B}_B$ が存在することを示せ。おおざっぱに言って，これは可測な事象というのはたかだか可算個の成分のみに依存することしかできないということを主張している。

(4) $f: X_A \to [0, +\infty]$ が $\mathcal{B}_A$-可測であれば，$f = f_B \circ \pi_B$ となるようなたかだか可算の集合 $B \subset A$ と $\mathcal{B}_B$-可測関数 $f_B: X_B \to [0, +\infty]$ が存在することを示せ。

(5) A がたかだか可算であれば，$\mathcal{B}_A$ はすべての $\beta \in A$ で $E_\beta \in \mathcal{B}_\beta$ であるような集合によって $\prod_{\beta \in A} E_\beta$ となるもの全体から生成される σ-集合代数であることを示せ。

(6) 一方で，A が非可算で $\mathcal{B}_\alpha$ がすべて非自明であれば，$\mathcal{B}_A$ はすべての $\beta \in A$ で $E_\beta \in \mathcal{B}_\beta$ であるような集合によって $\prod_{\beta \in A} E_\beta$ となるような集合によって生成される σ-集合代数ではないことを示せ。

(7) $B \subset A$ で $E \in \mathcal{B}_A$ かつ $x_{A \setminus B} \in X_{A \setminus B}$ であれば，集合 $E_{x_{A \setminus B}, B} := \{x_B \in X_B : (x_B, x_{A \setminus B}) \in E\}$ は $\mathcal{B}_B$ に入っていることを示せ。ただし $X_B \times X_{A \setminus B}$ と X_A はあきらかなやり方で同じものとみなす。

(8) $B \subset A$ で $f: X_A \to [0, +\infty]$ が $\mathcal{B}_A$-可測であり，さらに $x_{A \setminus B} \in X_{A \setminus B}$ であれば，関数 $f_{x_{A \setminus B}, B}: x_B \to f(x_B, x_{A \setminus B})$ は $\mathcal{B}_B$-可測であることを示せ。

さて，直積空間 X_A 上に測度 μ_A を作る問題を考えよう。そのような測度 μ_A はどんなものも X_B 上に押し出し測度 $\mu_B := (\pi_B)_* \mu_A$（演習 1.4.37 で導入したもの）を導くから，すべての $E_B \in \mathcal{B}_B$ に対して

$$\mu_B(E_B) := \mu_A(\pi_B^{-1}(E_B))$$

となる。だから，定義を追いかければ簡単にわかるようにこれらの測度は $C \subset B \subset A$ であればつねに整合関係

$$(\pi_{C \leftarrow B})_* \mu_B = \mu_C \tag{2.6}$$

を満たす。

ここで，有限な部分集合 B への射影 μ_B だけから μ_A を再構成することができるのかどうかが気になるだろう。これは，μ_B が（従って μ_A も）確率測度という

重要だが特別の場合で，しかも測度 μ_B が内部正則であるという追加の仮定をすれば可能である。もっと正確に言えば，

> **定義 2.4.1.**（内部正則性）（距離づけ可能な）内部正則測度空間 $(X, \mathcal{B}, \mu, d)$ とは，距離 d を持つ測度空間 $(X, \mathcal{B}, \mu)$ で
> (1) すべてのコンパクト集合は可測であり，
> (2) すべての可測な E に対して $\mu(E) = \sup_{K \subset E, K:\text{コンパクト}} \mu(K)$ が成り立つ
> ことをいう。さらに μ が内部正則であるとは，内部正則測度空間の測度であることをいう。

従ってルベーグ測度は内部正則である。またディラク測度や計数測度もそうである。実際，応用上実際に出会うようなほとんどの測度は内部正則である。たとえば $\mathbb{R}^d$（あるいはもっと一般に局所コンパクトな σ-コンパクト空間）上の任意の有限ボレル測度は内部正則であるし，ラドン測度もそうである。An epsilon of room, Vol. I の §1.10 を見よ。

◆**注意 2.4.2.** この内部正則空間の概念を，距離ではなく位相が与えられた空間に一般化することができる。そしてコルモゴロフの拡張定理はその一般化された設定でもまだ成り立つが，チホノフの定理が必要になる。これについては An epsilon of room, Vol. I の §1.8 で説明している。しかしながらコルモゴロフの拡張定理を使うためには位相的な性質について最低限の正則性の仮定が必要である。ただしそれは実際上は通常は大して問題にならない。

> **定理 2.4.3.**（コルモゴロフの拡張定理）$((X_\alpha, \mathcal{B}_\alpha), \mathcal{F}_\alpha)_{\alpha \in A}$ を位相 $\mathcal{F}_\alpha$ を持つ可測空間 $(X_\alpha, \mathcal{B}_\alpha)$ の集まりとする。それぞれの有限な $B \subset A$ に対して，μ_B を $\mathcal{B}_B := \prod_{\alpha \in B} \mathcal{B}_\alpha$ 上の積位相 $\mathcal{F}_B := \prod_{\alpha \in B} \mathcal{F}_\alpha$ による内部正則な確率測度とし，$C \subset B \subset A$ が入れ子になった A の 2 つの有限部分集合であればつねに (2.6) の整合条件を満たしているものとする。このとき，$\mathcal{B}_A$ 上ですべての有限な $B \subset A$ に対して $(\pi_B)_* \mu_A = \mu_B$ を満たすただ一つの確率測度 μ_A が存在する。

[証明] ここでの主な道具は，前測度に対するハーン・コルモゴロフの拡張定理（定理 1.7.8）をハイネ・ボレルの定理と組み合わせることである。

$\mathcal{B}_0$ をある有限な $B \subset A$ とある $E_B \in \mathcal{B}_B$ によって $\pi_B^{-1}(E_B)$ と書けるような X_A の部分集合すべてからなる集合とする。これが $\mathcal{B}_A$ に含まれるブール集合代数であることは簡単に確かめられる。そこで，関数 $\mu_0 \colon \mathcal{B}_0 \to [0, +\infty]$ を，E が

2.4. 無限直積空間とコルモゴロフの拡張定理

ある有限の $B \subset A$ と $E_B \in \mathcal{B}_B$ によって $\pi_B^{-1}(E_B)$ という形のときには

$$\mu_0(E) := \mu_B(E_B)$$

によって定義する。ただし $E \in \mathcal{B}_0$ なる集合はある有限な $B, B' \subset A$ によって 2 通りに $E = \pi_B^{-1}(E_B) = \pi_{B'}^{-1}(E_{B'})$ と表現されるかもしれないが,そのときには $E_{B \cup B'} := \pi_{B \cup B'}(E)$ として $E_B = \pi_{B \leftarrow B \cup B'}(E_{B \cup B'})$ かつ $E_{B'} = \pi_{B' \leftarrow B \cup B'}(E_{B \cup B'})$ でなければならないことに注意せよ。(2.6) を使えば

$$\mu_B(E_B) = \mu_{B \cup B'}(E_{B \cup B'})$$

かつ

$$\mu_{B'}(E_{B'}) = \mu_{B \cup B'}(E_{B \cup B'})$$

であり,従って $\mu_B(E_B) = \mu_{B'}(E_{B'})$ である。このことから,$\mu_0(E)$ が問題なく定義できていることがわかる。μ_B は確率測度だったから,$\mu_0(X_A) = 1$ である。

μ_0 が有限加法的であることは難しくない。そこで μ_0 が前測度であることをいおう。言いかえれば,$E \in \mathcal{B}_0$ が集合 $E_n \in \mathcal{B}_0$ の交わらない可算和集合 $E = \bigcup_{n=1}^{\infty} E_n$ であれば,$\mu_0(E) = \sum_{n=1}^{\infty} \mu_0(E_n)$ であることをいう。

各 $N \geq 1$ に対して $F_N := E \setminus \bigcup_{n=1}^{N} E_N$ とおく。すると F_N は $\mathcal{B}_0$ に含まれ,単調減少で,$\bigcap_{N=1}^{\infty} F_N = \varnothing$ となるようなものである。有限加法性(と μ_0 の有限性)とから,$\lim_{N \to \infty} \mu_0(F_N) = 0$ であることを示せば十分である。

そこで,そうではないと仮定しよう。するとある $\varepsilon > 0$ があってすべての N で $\mu_0(F_N) > \varepsilon$ となる。各 F_N は $\mathcal{B}_0$ に含まれるから,ある有限集合 $B_N \subset A$ とある $\mathcal{B}_{B_N}$-可測集合 G_N によって $F_N = \pi_{B_N}^{-1}(G_N)$ となる。各 B_N を必要に応じて大きくしてやれば,B_N が N に関して増大すると仮定してよい。F_N は増大するから,

$$G_{N+1} \subset \pi_{B_N \leftarrow B_{N+1}}^{-1}(G_N)$$

となることがわかる。内部正則性によって,各 G_N の中に

$$\mu_{B_N}(K_N) \geq \mu_{B_N}(G_N) - \varepsilon/2^{N+1}$$

となるコンパクト部分集合 K_N をとることができる。そこで,

$$K_N' := \bigcap_{N'=1}^{N} \pi_{B_{N'} \leftarrow B_N}^{-1}(K_N)$$

とおけば,各 K_N' はコンパクトで,

$$\mu_{B_N}(K'_N) \geq \mu_{B_N}(G_N) - \sum_{N'=1}^{N} \varepsilon/2^{N'} \geq \varepsilon/2^N$$

となる.とくに集合 K'_N は空ではない.また,この作り方から包含関係

$$K'_{N+1} \subset \pi^{-1}_{B_N \leftarrow B_{N+1}}(K'_N)$$

があり,従って集合 $H_N := \pi^{-1}_{B_N}(K'_N)$ は N について減少する.一方でこれらの集合は F_N に含まれるから,$\bigcap_{N=1}^{\infty} H_N = \emptyset$ が成り立つ.

選択公理によると,各 N について H_N から元 $x_N \in H_N$ を選び出すことができる.どんな N_0 についても,$N \geq N_0$ のときに $\pi_{B_{N_0}}(x_N)$ はコンパクト集合 K'_{N_0} に含まれることに注意しよう.ハイネ・ボレルの定理を繰り返し使うと,x_N の $m = 1, 2, \ldots$ に対する部分列 $x_{N_{1,m}}$ で $\pi_{B_1}(x_{N_{1,m}})$ が収束するようなものをとることができる.さらに,それから部分列 $x_{N_{2,m}}$ をとって,$\pi_{B_2}(x_{N_{2,m}})$ が収束するようにでき,より一般に $m = 1, 2, \ldots$ と $j = 1, 2, \ldots$ に対する入れ子になっている部分列 $x_{N_{j,m}}$ で各 $j = 1, 2, \ldots$ について列 $m \mapsto \pi_{B_j}(x_{N_{j,m}})$ が収束するようなものをとることができる.

ここで対角線論法を使おう.$m = 1, 2, \ldots$ について $x_{N_{m,m}} =: (y_{m,\alpha})_{\alpha \in A}$ なる列を考えよう.その作り方から,各 j において $\pi_{B_j}(x_{N_{m,m}})$ は $m \to \infty$ のときにある極限に収束する.このことから,各 $\alpha \in \bigcup_{j=1}^{\infty} B_j$ に対して $y_{m,\alpha}$ は $m \to \infty$ のときに極限 y_α に収束することがわかる.K'_j は閉集合だから各 j で $(y_\alpha)_{\alpha \in B_j} \in K'_j$ である.さて,y_α を $\alpha \in \bigcup_{j=1}^{\infty} B_j$ から $\alpha \in A$ へ任意に拡張しておけば,点 $y := (y_\alpha)_{\alpha \in A}$ はどの j でも H_j に入っている.ところが,これは $\bigcap_{N=1}^{\infty} H_N = \emptyset$ という事実に矛盾する.この矛盾によって μ_0 が前測度だということの証明が終わった.

そこで μ を μ_0 のハーン・コルモゴロフ拡張とすると,μ が要求されているすべての性質を満たしていることが簡単に確認でき,一意性は演習 1.7.7 から従う. □

コルモゴロフの拡張定理は,確率論の基礎において基本的な道具である.なぜなら,これによって時間が離散な場合(時間の集合 T が整数 $\mathbb{Z}$ のようなもののとき)や連続の場合(時間の集合 T が $\mathbb{R}$ のようなもののとき)も含めてさまざまなランダムな過程 $(X_t)_{t \in T}$ を考えられる確率空間を作ることができるからである.とくにこれはブラウン運動に対応するウィナー過程と呼ばれる確率過程を厳密に構成するために使うこともできる.これはたいていの確率論の教科書に載っているが,ここではこの話題は扱わないことにする.ここでは,よく現れるようなコ

ルモゴロフの拡張定理の特別な場合として，直積確率測度が作れることを述べておこう．

定理 2.4.4. (直積測度の存在) A を任意の集合とする．各 $\alpha \in A$ に対して X_α を局所コンパクトな σ-コンパクト距離空間で，$\mathcal{B}_\alpha$ をそのボレル σ-集合代数（つまり，開集合によって生成される σ-集合代数）として $(X_\alpha, \mathcal{B}_\alpha, \mu_\alpha)$ を確率空間とする．このとき，$(X_A, \mathcal{B}_A) := \left(\prod_{\alpha \in A} X_\alpha, \prod_{\alpha \in A} \mathcal{B}_\alpha\right)$ 上に，$E_\alpha \in \mathcal{B}_\alpha$ ($\alpha \in A$) かつ有限個の α を除いては $E_\alpha = X_\alpha$ となるものに対して

$$\mu_A\left(\prod_{\alpha \in A} E_\alpha\right) = \prod_{\alpha \in A} \mu_\alpha(E_\alpha)$$

を満たすただ一つの確率測度 $\mu_A = \prod_{\alpha \in A} \mu_\alpha$ が存在する．

[証明] 有限な $B \subset A$ に対して 1.7.4 項の方法を使って作った有限直積測度 $\mu_B := \prod_{\alpha \in B} \mu_\alpha$ に対してコルモゴロフの拡張定理を適用する．これらは局所コンパクトで σ-コンパクト空間上の確率測度だから内部正則（An epsilon of room, Vol. I の §1.10 を見よ）である．整合条件 (2.6) は有限直積測度の一意性から確認することができる． □

◆注意 2.4.5. この結果は An epsilon of room, Vol. I の §1.10 で説明するリースの表現定理からも得られる．

◆例 2.4.6. (ベルヌイ立方体) $A := \mathbb{N}$ とし，各 $\alpha \in A$ に対して $(X_\alpha, \mathcal{B}_\alpha, \mu_\alpha)$ を 2 つの元からなる集合 $X_\alpha = \{0, 1\}$ と離散距離（従って離散 σ-集合代数）および一様確率測度 μ_α からなるものとする．すると，定理 2.4.4 によって，無限離散立方体 $X_A := \{0, 1\}^\mathbb{N}$ 上に確率測度 μ が存在し，これをこの立方体の上の（一様）ベルヌイ測度という．座標関数 $\pi_\alpha : X_A \to \{0, 1\}$ はこのとき，$\{0, 1\}$ に値をとる可算個の確率変数の列と解釈することができる．直積測度の性質から，これらの確率変数は $\{0, 1\}$ 上に一様分布しており，それらは独立 [*2)] であることが簡単に確かめられる．おおざっぱに言って，ベルヌイ測度によって無限に多くの「コイン投げ」をモデル化することができる．ここでの自然数をほかの添え字集合に変更しても同じようなものを作ることができる．

◆例 2.4.7. (連続立方体) 前の例を繰り返すが，$\{0, 1\}$ を単位区間 $[0, 1]$（通常の距離とボレル σ-集合代数と一様確率測度を考える）に置き換えよう．これによって無限連続立方体 $[0, 1]^\mathbb{N}$ に確率測度を考えることができ，座標関数 $\pi_\alpha : X_A \to [0, 1]$ は $[0, 1]$ 上で一様分布

[*2)] 確率変数の集まり $(Y_\alpha)_{\alpha \in A}$ が独立であるとは，A のどんな有限な部分集合 B と Y_α の値域のすべての可測集合 E_α に対して $\mathbf{P}\left(\bigwedge_{\alpha \in B} Y_\alpha \in E_\alpha\right) = \prod_{\alpha \in B} \mathbf{P}(Y_\alpha \in E_\alpha)$ が成り立つことをいう．

する独立な確率変数と解釈することができる。

◆例 2.4.8.（独立ガウス変数） 前の例を繰り返すが，今度は $[0,1]$ を $\mathbb{R}$（通常の距離とボレル σ-集合代数を考える）に置き換え，正規確率分布 $d\mu_\alpha = \dfrac{1}{\sqrt{2\pi}} e^{-x^2/2}\, dx$（すなわちすべてのボレル集合 E に対して $\mu_\alpha(E) = \displaystyle\int_E \dfrac{1}{\sqrt{2\pi}} e^{-x^2/2}\, dx$ となる）を考えよう。これは独立なガウス型確率変数 π_α の可算列を考えることができる確率空間である。

参考文献

1) H. Brezis, E. Lieb, *A relation between pointwise convergence of functions and convergence of functionals*, Proc. Amer. Math. Soc. **88** (1983), 486–490.
2) M. Dehn, *Über den Rauminhalt*, Mathematische Annalen **55** (1901), no. 3, 465–478.
3) M. de Guzmán, Real variable methods in Fourier analysis. North-Holland Mathematics Studies, 46. Notas de Matemática , 75. North-Holland Publishing Co., Amsterdam-New York, 1981.
4) K. Gödel, *Consistency of the axiom of choice and of the generalized continuum-hypothesis with the axioms of set theory*, Proc. Nat. Acad. Sci. **24** (1938), 556–557.
5) A. Melas, *The best constant for the centered Hardy-Littlewood maximal inequality*, Ann. of Math. **157** (2003), no. 2, 647–688.
6) R. Solovay, *A model of set-theory in which every set of reals is Lebesgue measurable*, Ann. of Math. **92** (1970), 1–56.
7) E. Stein, R. Shakarchi, Real analysis. Measure theory, integration, and Hilbert spaces. Princeton Lectures in Analysis, III. Princeton University Press, Princeton, NJ, 2005.
8) E. Stein, J.-O. Strömberg, *Behavior of maximal functions in R^n for large n*, Ark. Mat. **21** (1983), no. 2, 259–269.
9) T. Tao, Structure and Randomness: pages from year one of a mathematical blog, American Mathematical Society, Providence RI, 2008.
10) T. Tao, Poincaré's Legacies: pages from year two of a mathematical blog, Vol. I, American Mathematical Society, Providence RI, 2009.
11) T. Tao, An epsilon of room, Vol. I, American Mathematical Society, Providence RI, 2010.
12) G. Vitali, *Sui gruppi di punti e sulle funzioni di variabili reali*, Atti dell'Accademia delle Scienze di Torino **43** (1908), 75–92.

監訳者あとがき

訳者まえがきにあるように，本書はテレンス・タオ (陶哲軒) 著 "An Introduction to Measure Theory" の全訳である．同教授は 2005 年に仙台で開催された非線形偏微分方程式をテーマとする日本数学会主催の研究集会のため来日され，監訳者はその講演を聞く機会があった．ラフな運動靴を履いての講演で，その姿はどう見ても大学院生にしか見えなかったのをよく覚えている．その翌年に 31 歳でフィールズ賞を受賞することになるが，同教授がカバーする数学の範囲は通常では考えられないほど広いものである．

訳者の乙部厳己氏は確率論，特に確率偏微分方程式および力学系周辺の専門家である．TeX に関する多数の書籍や情報科学の本を出版していることでも知られ，きわめて有能な方である．朝倉書店から本書の訳者として適任な人を推薦するよう依頼を受けたとき，真っ先に思い浮かべたのは乙部氏である．原書出版からやや時間を置いての本書刊行になったが，その主因は原書出版社との契約上，訳書の刊行ができない期間があったことにある．乙部氏は，実際には大変多忙な中，驚異的なスピードで翻訳作業を終えてくださった．

出版にあたっては，朝倉書店編集部の方々に大変お世話になった．訳者および編集部の方々に深く感謝の意を表したい．

2016 年 11 月

舟木直久

定義・定理・演習ほか参照箇所
(本文中で引用される項目のみ)

公理
　0.0.4　xii

定義
　1.2.2　19
　1.3.12　60
　1.3.13　61
　1.3.17　64
　1.3.21　69
　1.4.16　81
　1.4.31　87
　1.6.30　144
　1.7.10　176

定理
　0.0.2　xi
　1.3.20　68
　1.3.26　70
　1.3.28　72
　1.4.43　97
　1.4.48　100
　1.6.7　120
　1.6.9　121
　1.6.11　122
　1.6.12　123
　1.6.19　131
　1.6.20　132
　1.6.23　136
　1.6.25　139
　1.6.40　155
　1.7.8　167

　2.4.4　219

系
　1.3.14　61
　1.4.45　98
　1.4.46　99
　1.6.10　121
　1.7.17　181
　1.7.19　182
　1.7.23　185

命題
　1.5.7　107
　1.6.13　124
　1.6.34　148
　1.6.37　150
　1.6.41　157
　1.7.11　177

補題
　1.1.2　6
　1.2.5　22
　1.2.6　24
　1.2.9　26
　1.2.11　28
　1.2.12　29
　1.2.13　30
　1.2.15　34
　1.3.9　55
　1.3.15　63
　1.6.16　127

　1.6.17　128
　1.6.26　140
　1.6.31　144

例
　1.3.25　70
　1.4.8　77
　1.4.22　83
　1.4.25　84
　1.4.26　84

注意
　0.0.1　x
　0.0.3　xii
　1.3.29　73
　1.4.15　80
　1.4.33　88

演習
　0.0.2　xii
　1.1.1　6
　1.1.2　7
　1.1.3　8
　1.1.5　10
　1.1.6　10
　1.1.13　11
　1.1.14　11
　1.1.15　12
　1.1.18　13
　1.2.3　21
　1.2.4　24

1.2.7 32	1.4.16 82	1.6.15 132
1.2.9 33	1.4.22 85	1.6.24 137
1.2.11 36	1.4.23 86	1.6.25 137
1.2.15 36	1.4.24 86	1.6.27 138
1.2.16 37	1.4.26 87	1.6.30 140
1.2.17 37	1.4.28 87	1.6.35 148
1.2.18 38	1.4.29 88	1.6.36 148
1.2.19 38	1.4.30 89	1.6.41 149
1.2.21 38	1.4.31 89	1.6.42 149
1.2.22 39	1.4.35 91	1.6.44 151
1.2.27 42	1.4.37 93	1.6.48 152
1.3.3 57	1.4.41 96	1.6.49 154
1.3.4 57	1.4.43 99	1.6.53 159
1.3.11 61	1.4.48 102	1.6.54 159
1.3.15 62	1.5.1 105	1.7.1 162
1.3.16 62	1.5.2 105	1.7.2 162
1.3.17 63	1.5.3 109	1.7.3 165
1.3.18 63	1.5.6 111	1.7.7 168
1.3.25 73	1.5.9 113	1.7.9 169
1.4.2 76	1.5.10 114	1.7.16 174
1.4.3 77	1.5.13 114	1.7.18 175
1.4.4 77	1.5.18 117	1.7.19 175
1.4.6 78	1.6.1 118	1.7.22 183
1.4.7 78	1.6.4 120	1.7.24 185
1.4.8 78	1.6.5 122	2.2.3 206
1.4.9 78	1.6.8 125	2.2.5 210
1.4.13 80	1.6.10 128	2.4.1 215
1.4.14 81	1.6.11 130	
1.4.15 81	1.6.12 130	

索引

欧数字

2進入れ子構造　28
2進最大不等式　136
2進集合代数　77
2進数の網　28
2進立方体　12

σ-コンパクト　79, 216, 219
σ-集合代数　32, 79
　　積———　175, 214
　　———の再帰的記述　81
　　———の生成　80
　　———の引き戻し　175
　　ボレル———　81
σ-有限　79, 112, 168, 176

a.e.　50

F_σ 集合　38, 81

G_δ 集合　38, 81

L^1 距離　65
L^1 ノルムで収束　105
L^∞ ノルム　106
L^∞ ノルムで収束　104
L^p ノルム　114

$O(X)$　155

あ 行

悪魔の階段　152

一様確率測度　211
一様可積分性　113
一様収束　57, 69, 104
一様にほとんど到る所で収束　104
一様連続性　154
移動瘤関数　96
移動する瘤の例　72
イプシロンエントロピー　12
イプシロンの余地を作る　22, 24, 188

ヴァイエルシュトラス関数　139
ヴィタリ型の被覆補題　133
上向き単調収束　86
　　集合の———　36
ウリゾーンの部分列原理　203
ウリゾーンの補題　69

エゴロフの定理　70, 89, 110
エルゴード理論　88

凹　150
押さえ込み　113
押し出し　93, 94, 215
折り返し　191

228　索　引

か 行

開集合　27
概収束　105
外測度　19, 21, 162, 167
階段関数　68
外部正則性　29
可換 *-代数　48
拡大実数　ix
各点収束　69, 104
　集合の——　36
確率　211
確率空間　110, 211
確率収束　105
確率測度　211
確率変数　212
確率密度　212
可算加法性　34, 85
可算選択公理　xiii
可算劣加法性　21, 86
可測基数　43
可測空間　79
可測写像　88
可測集合　3
可測性　54, 58
　関数の——　88
　集合の——　75
可測な射　88
カラテオドリ可測性　37, 162
カラテオドリ条件　19
関数解析学　54
カントール関数　152
カントール集合　33, 58
カントール測度　173
カントールの定理　24
完備化　4, 47, 176
　測度の——　87
完備な測度　87
ガンマ関数　11

擬距離　65

記号　viii
記述集合論　54, 82
期待値　212
基本集合　5
基本集合代数　76
基本測度　6
基本跳躍関数　144
逆微分の一意性　120
球　11
強導関数　118
極限基数　134
局所一様収束　69
局所可積分性　131
局所コンパクト　70, 216, 219
局所的　70
局所有界変動　149
距離的完備化　39
均質性　91
　積分の——　60, 90

空間充填曲線　40
区間　5, 170
矩形　5
クザンの定理　136
区分的定数関数　14
区分的定数積分　14, 46
区分的に連続　15
グラフ　10

計数測度　84
　正規化——　211
ゲージ関数　137
圏　214
原子集合代数　77

広義一様収束　70
高速収束　111
恒等作用素の近似　138, 186
勾配　206
古典的導関数　118
コルモゴロフの拡張定理　216
コンパクト一様収束　70

索　引

コンパクト性　24

さ　行

最大エルゴード定理　131
細密化　75, 90
雑音許容性　53
三角不等式　67

試験関数　68
指示関数　viii
事象空間　211
下向き単調収束　86
下向き有界収束
　　集合の——　36
自明集合代数　76
弱導関数　208
弱微分　118
集合代数の生成　78
収束
　　L^1 ノルムで——　105
　　L^∞ ノルムで——　104
　　一様——　57, 69, 104
　　一様にほとんど到る所で——　104
　　概——　105
　　各点——　69, 104
　　確率——　105
　　局所一様——　69
　　広義一様——　70
　　高速——　111
　　コンパクト一様——　70
　　測度——　105
　　分布——　117
　　平均——　105
　　ほとんど到る所で各点——　69, 104
　　ほとんど一様に——　104
　　ほとんど確実に——　105
　　本質的一様——　104
シュタインハウスの定理　125, 137
準同型　125
ジョルダン外測度　9, 18, 162
ジョルダン外容積　162

ジョルダン可測性　9, 17
ジョルダン集合代数　76
ジョルダン零集合　11
ジョルダン測度　4, 17
　　——の一意性　12
ジョルダン内測度　9
ジョルダン容積　4

垂直切り捨て　61, 91
垂直無限遠点への消失　96, 106, 113
水平切り捨て　61, 91
水平無限遠点への消失　71, 96, 106
ストーンの定理　76

正規化計数測度　211
制限
　　関数の——　92
　　測度の——　84
　　ブール集合代数の——　76
生成
　　σ-集合代数の——　80
　　ブール集合代数の——　78
正変動　148
積 σ-集合代数　175, 214
積測度　177
積分
　　区分的定数——　14
　　ダルブー下——　15
　　ダルブー上——　15
　　単関数——　48, 89
　　ダンジョワ——　160
　　符号なし——　91
　　符号なしルベーグ下——　59
　　符号なしルベーグ上——　60
　　ペロン——　160
　　ヘンストック・クルツヴァイル——　159
　　リーマン——　14
　　リーマン・スティルチェス——　174
　　ルベーグ——　44
　　ルベーグ——
　　　　絶対可積分——　64
　　　　符号なしの——　61

積分の面積解釈　185
絶対可積分性　51, 64, 94
絶対収束積分　94
絶対連続性　154
切片　144
零集合　30, 87
零集合代数　76
零測度　84
線型性
　　積分の――　14, 16, 51, 52, 66
先験的評価　190
前測度　166
選択公理　xii, 214
全微分可能性　205
全変動　143, 147

測度　34, 85
　　一様確率　211
　　外――　19, 21, 162, 167
　　確率――　211
　　カントール――　173
　　完備な――　87
　　基本――　6
　　計数――　84
　　　　正規化――　211
　　ジョルダン――　4
　　ジョルダン外――　9, 18
　　ジョルダン内――　9
　　積――　177
　　零――　84
　　前――　166
　　直積　219
　　ディラク――　83
　　ハウスドルフ――　165
　　ボレル――　136
　　ラドン――　172
　　ルベーグ――　20
　　ルベーグ外――　18
　　ルベーグ・スティルチェス――　169
　　ルベーグ内――　38
測度空間　85
　　――の圏　88

測度収束　105
測度の和　85
測量の問題　2
粗大化　75
ソロヴェイの定理　40

た　行

台　50
　　――がコンパクト　68
第一非可算基数　81, 183
対称差　6
代数による近似　87
大数の法則　41
体積　2
　　直方体の――　5
タイプライタ列　106
高さ
　　階段関数の――　109
たたみ込み　125
多面体　11
ダルブー下積分　15
ダルブー可積分性　15
ダルブー上積分　15
ダルブー積分　15
単関数　47
単関数積分　48, 89
ダンジョワ積分　160
単調収束定理　97, 116
　　集合に対する――　86
　　集合の――　36
単調性
　　積分の――　14, 16, 51, 60, 90, 91
　　測度の――　8, 10, 21, 84
単調族定理　179
単調微分定理　139

稠密性論法　123
超関数　68, 117
超限帰納法　81, 134
超フィルター　193
跳躍関数　144

調和解析　132
直積空間　214
直積測度　219
直方体　5
直径　23

ツォルンの補題　126

ティーツェの拡張定理　73
定性的　126
ディニ導関数　140
ディラク測度　83
定理
　エゴロフの——　70, 89, 110
　カントールの——　24
　クザンの——　136
　コルモゴロフの拡張——　216
　最大エルゴード——　131
　シュタインハウスの——　125, 137
　ストーンの——　76
　ソロヴェイの——　40
　単調収束——　36, 97, 116
　　集合に対する——　86
　単調族——　179
　単調微分——　139
　ティーツェの拡張——　73
　トネリの——　180–182
　　級数の——　xi
　　和と積分に対する——　98
　ハーン・コルモゴロフの——　167
　ハーン・バナッハの——　43
　ハイネ・ボレルの——　24, 70
　微積分の第一基本——　121
　微積分の第二基本——　120, 150, 151, 155, 157
　フビニ・トネリの——　185
　フビニの——　184
　平均値の——　120
　ベールのカテゴリー——　33
　ボヤイ・ゲルヴィンの——　12
　有界変動微分——　149
　優収束——　100

　　集合に対する——　36, 86
　ラデマッハーの微分——　206
　リースの表現——　161
　リース・フィッシャーの——　65
　リプシッツ微分——　149
　ルジンの——　72
　ルベーグの微分——　122, 123, 131
　ルベーグ・ラドン・ニコディムの——　153
　ロルの——　119
点付き分割　13

導関数　118
同値　39
同値類　54
同様に確からしい　212
凸　150
ドット積　viii
トネリの定理　180, 181
　級数の——　xi
　集合に対する——　182
　和と積分に対する——　98
ド モルガンの法則　32
貪欲法　133

な 行

内積　viii
内部正則性　36, 136, 216
長さ　viii, 2
　区間の——　5

熱核　138

ノルム
　L^1——　64
　L^∞——　106
　L^p——　114
　分割の——　13

は 行

ハーディ・リトルウッドの片側最大不等式

127, 140
ハーディ・リトルウッドの最大不等式 132
ハーディ・リトルウッドの両側最大不等式 130
ハーン・コルモゴロフ拡張 168
ハーン・コルモゴロフの定理 167
ハーン・バナッハの定理 43
ハイネ・ボレルの定理 24, 70
ハウスドルフ測度 165
バナッハ・タルスキーのパラドックス 3
幅
　階段関数の―― 109
幅無限への消失 106
幅無限大への消失 96, 113
反射関係 15
半ノルム 65

引き戻し
　σ-集合代数の―― 175
非原子集合代数 77
微積分の第一基本定理 121
微積分の第二基本定理 120, 150, 151, 155, 157
日の出の不等式 130
日の出の補題 128
非負性
　測度の―― 10
微分可能性 118
標本空間 211
ヒルベルトの第3問題 12

ファトゥの補題 99
　――の等式版 101, 117
ブール集合代数 10, 32, 75
　――の再帰的記述 78
符号なし積分 91
　――の一意性 102
符号なしルベーグ下積分 59
符号なしルベーグ上積分 60
不定形 ix
フビニ・トネリの定理 185
フビニの定理 184
部分積分 151, 174, 208

部分零集合 87
不連続点 144
分布収束 117

閉2進立方体 28
平均収束 105
平均値の定理 120
平行移動
　ユークリッド空間の集合の―― 6
平行移動の連続性 124
平行移動不変性 8, 10, 38, 62
ヘヴィサイド関数 152, 173
ベールのカテゴリー定理 33
ベシコヴィッチの被覆補題 136
ベルヌイ確率変数 219
ペロン積分 160
変数変換
　級数の―― x
　線型―― 38, 62
　測度の―― 93
ヘンストック・クルツヴァイル積分 159
偏導関数 205

ポアソン核 138
方向微分可能性 205
包除原理 84, 90
補題
　ヴィタリ型の被覆―― 133
　日の出の―― 128
　ファトゥの―― 99
　　――の等式版 101, 117
　ベシコヴィッチの被覆―― 136
　ボレル・カンテリの―― 99, 213
ほとんど到る所 50, 90
ほとんど到る所で各点収束 69, 104
ほとんど到る所での微分可能性 118
ほとんど一様に収束 104
ほとんど確実 212
ほとんど確実に収束 105
ほとんど交わらない 12, 26
ほとんど優収束 101
ボヤイ・ゲルヴィンの定理 12

ボレル σ-集合代数　81
ボレル階層　82
ボレル可測　58, 81
ボレル・カンテリの補題　99, 213
ボレル測度　136
本質的一様収束　104
本質的上界　106

ま　行

末尾台　109
マルコフの不等式　63, 91, 213

密集点　137

無限級数
　　絶対収束——　44
　　符号なしの——　x, 44

面積　2
面積解釈
　　積分の——　185
　　リーマン積分の——　16
　　ルベーグ積分の——　62

モンテカルロ積分　7

や　行

有界変動　147
有界変動微分定理　149
優加法性　91
　　積分の——　61
ユークリッド空間　viii
有限加法性　7, 10, 22, 62, 83, 84, 90, 92
有限加法的　43
有限劣加法性　10, 21, 84
優収束定理　100
　　集合に対する——　36, 86

よい積分核　138

ら　行

ラデマッハーの微分定理　206
ラドン測度　37, 136, 172, 216

リースの表現定理　161
リース・フィッシャーの定理　65
リーマン可積分性　14
リーマン・スティルチェス積分　174
リーマン積分　14
　　——の一意性　16
　　——の面積解釈　16
リーマン和　13
離散化　7
離散確率分布　212
離散集合代数　76
リトルウッドの第一原理　20, 33, 37, 68
リトルウッドの第二原理　68, 72
リトルウッドの第三原理　68, 70
リトルウッド風の原理　73
リプシッツ微分定理　149
リプシッツ連続性　205

累積分布関数　117
ルジンの定理　72
ルベーグ外測度　18
ルベーグ可測　44
ルベーグ可測性　19
　　複素関数の——　58
　　符号なし関数の——　54
ルベーグ集合代数　76
ルベーグ・スティルチェス測度　169
ルベーグ積分　44, 46
　　絶対可積分——　64
　　——の一意性　62
　　——の面積解釈　62
　　符号なしの——　61
ルベーグ測度　20
　　——の一意性　39
ルベーグ哲学　54
ルベーグ点　131

索　引

ルベーグ内測度　38
ルベーグの微分定理　37, 122, 123, 131
ルベーグ非可測集合の存在　41
ルベーグ分解　145
ルベーグ・ラドン・ニコディムの定理　153

劣加法性

積分の――　61
連続確率分布　212
連続体仮説　183
連続微分可能性　118

ロルの定理　119

英和用語対照表

人 名

Baire → ベール
Banach → バナッハ
Bernoulli → ベルヌイ
Besicovitch → ベシコヴィッチ
Bolyai → ボヤイ
Bool → ブール
Borel → ボレル
Cantelli → カンテリ
Cantor → カントール
Carathéodory → カラテオドリ
Cousin → クザン
Darboux → ダルブー
de Morgan → ド モルガン
Denjoy → ダンジョワ
Dini → ディニ
Dirac → ディラク
Egorov → エゴロフ
Fatou → ファトゥ
Fischer → フィッシャー
Fubini → フビニ
Gerwien → ゲルヴィン
Hahn → ハーン
Hardy → ハーディ
Hausdorff → ハウスドルフ
Heaviside → ヘヴィサイド
Heine → ハイネ
Henstock → ヘンストック
Hilbert → ヒルベルト
Jordan → ジョルダン
Kolmogorov → コルモゴロフ
Kurzweil → クルツヴァイル
Lebesgue → ルベーグ
Lipschitz → リプシッツ
Littlewood → リトルウッド
Lusin → ルジン
Markov → マルコフ
Nikodym → ニコディム
Perron → ペロン
Poisson → ポアソン
Rademacher → ラデマッハー
Radon → ラドン
Riemann → リーマン
Riesz → リース
Rolle → ロル
Solovay → ソロヴェイ
Steinhaus → シュタインハウス
Stieltjes → スティルチェス
Stone → ストーン
Tao → タオ
Tarski → タルスキー
Tietze → ティーツェ
Tonelli → トネリ
Urysohn → ウリゾーン
Vitali → ヴィタリ
Weierstrass → ヴァイエルシュトラス
Zorn → ツォルン

英和用語対照表

A

a priori estimate → 先験的評価
absolute continuity → 絶対連続性
absolute integrability → 絶対可積分性
absolutely convergent integral → 絶対収束積分
additivity → 加法性
algebra → 集合代数, 代数
almost disjoint → ほとんど交わらない
almost everywhere → ほとんど到る所
almost surely → ほとんど確実に
almost uniform convergence → ほとんど一様に収束
antiderivative → 逆微分
area → 面積
atomic → 原子
axiom of choice → 選択公理

B

Baire category theorem → ベールのカテゴリー定理
ball → 球
basic jump function → 基本跳躍関数
Borel hierarchy → ボレル階層
bounded variation → 有界変動
box → 直方体, 矩形

C

Carathéodory criterion → カラテオドリ条件
Cartesian product → 直積
category → 圏
change of variables → 変数変換
coarsening → 粗大化
commutative → 可換
compact → コンパクト
compact uniform convergence → コンパクト一様収束
complete → 完備
concave → 凹
continuous differentiability → 連続微分可能性
continuous probability distribution → 連続確率分布
continuum hypothesis → 連続体仮説
convergence → 収束
convex → 凸
convolution → たたみ込み
counting measure → 計数測度
cumulative distribution function → 累積分布関数

D

decomposition → 分解
density argument → 稠密性論法
derivative → 導関数
descriptive set theory → 記述集合論
devil's staircase → 悪魔の階段
diameter → 直径
differentiability → 微分可能性
directional differentiability → 方向微分可能性
discrete probability distribution → 離散確率分布
discretisation → 離散化
distribution → 超関数, 分布
dominated convergence theorem → 優収束定理
domination → 押さえ込み
dot product → ドット積
downward → 下向き
dyadic → 2進
dyadic mesh → 2進数の網
dyadic nesting property → 2進入れ子構造

E

elementary → 基本

epsilon entropy → イプシロンエントロピー
equivalence class → 同値類
equivalent → 同値
ergodic theorem → エルゴード定理
escape → 消失
essential upper bound → 本質的上界
essentially uniform convergence → 本質的一様収束
Euclidean space → ユークリッド空間
event space → 事象空間
expectation → 期待値
extended real → 拡大実数

F

fast convergence → 高速収束
finite → 有限
first fundamental theorem of calculus → 微積分の第一基本定理
first uncountable ordinal → 第一非可算基数
fraction → 切片
functional analysis → 関数解析学

G

gamma function → ガンマ関数
gauge function → ゲージ関数
generation → 生成
good kernel → よい積分核
gradient → 勾配
graph → グラフ
greedy algorithm → 貪欲法

H

harmonic analysis → 調和解析
heat kernel → 熱核
homogeneity → 均質性
homomorphism → 準同型
horizontal truncation → 水平切り捨て

I

inclusion-exclusion principle → 包除原理
indeterminate form → 不定形
indicator function → 指示関数
infinite series → 無限級数
inner product → 内積
inner regularity → 内部正則性
integral → 積分
integration by parts → 部分積分
interval → 区間

J

Jordan content → ジョルダン容積
jump function → 跳躍関数

L

law of large numbers → 大数の法則
Lebesgue philosophy → ルベーグ哲学
Lebesgue point → ルベーグ点
length → 長さ
limit ordinal → 極限基数
linearity → 線型性
local → 局所
local integrability → 局所可積分性

M

maximal ergodic theorem → 最大エルゴード定理
maximal inequality → 最大不等式
mean value theorem → 平均値の定理
measurability → 可測性
measurable cardinals → 可測基数
measurable morphism → 可測な射
measurable space → 可測空間
measure → 測度
metric completion → 距離的完備化

monotone class lemma → 単調族定理
monotone convergence theorem → 単調収束定理
monotone differentiation theorem → 単調微分定理
monotonicity → 単調性
Monte Carlo integration → モンテカルロ積分
moving bump → 移動瘤

N

noise tolerance → 雑音許容性
non-negativity → 非負性
norm → ノルム
null set → 零集合

O

open set → 開集合
outer measure → 外測度
outer regularity → 外部正則性

P

partial derivative → 偏導関数
piecewise → 区分的
point of density → 密集点
point of discontinuity → 不連続点
pointwise convergence → 各点収束
polytope → 多面体
positive variation → 正変動
pre-measure → 前測度
probability → 確率
probability density → 確率密度
probability space → 確率空間
product σ-algebra → 積 σ-集合代数
product measure → 積測度
pseudo-metric → 擬距離
pullback → 引き戻し
pushforward → 押し出し

Q

qualitative → 定性的

R

random variable → 確率変数
recursive description → 再帰的記述
refinement → 細密化
reflection → 反射, 折り返し
restriction → 制限
Riesz representation theorem → リースの表現定理
rising sun lemma → 日の出の補題

S

sample space → 標本空間
second fundamental theorem of calculus → 微積分の第二基本定理
seminorm → 半ノルム
simple function → 単関数
space-filling curve → 空間充填曲線
step function → 階段関数
strong derivative → 強導関数
sub-null set → 部分零集合
subadditivity → 劣加法性
superadditivity → 優加法性
support → 台
symmetric difference → 対称差

T

tagged partition → 点付き分割
tail support → 末尾台
test function → 試験関数
total differentiability → 全微分可能性
total variation → 全変動
transfinite induction → 超限帰納法
translation → 平行移動
triangle inequality → 三角不等式

typewriter sequence → タイプライタ列

U

ultrafilter → 超フィルター
uniform continuity → 一様連続性
uniform convergence → 一様収束
　—— on compact sets → 広義——
uniform integrability → 一様可積分性
uniformly at random → 同様に確からしい
unique → 一意
unsigned integral → 符号なし積分

upward → 上向き
Urysohn subsequence principle → ウリゾーンの部分列原理

V

vertical truncation → 垂直切り捨て
volume → 体積

W

weak derivative → 弱微分, 弱導関数
width → 幅

監訳者略歴

舟木直久（ふなきただひさ）

1951年　東京都に生まれる
1976年　東京大学大学院理学系研究科修士課程修了
現　在　東京大学大学院数理科学研究科教授・理学博士
　　　　専門は確率論
主　著　"*Lectures on Random Interfaces*"（Springer, 2016）
　　　　『確率微分方程式』（岩波書店，2005）
　　　　『確率論』（朝倉書店，2004）
　　　　『ミクロからマクロへ1. 界面モデルの数理』，
　　　　『ミクロからマクロへ2. 格子気体の流体力学極限』
　　　　（共著，シュプリンガー・フェアラーク東京，2002）

訳者略歴

乙部厳己（おとべよしき）

1972年　大阪府に生まれる
2001年　東京大学大学院数理科学研究科博士課程修了
現　在　信州大学理学部准教授・博士（数理科学）
　　　　専門は解析学

テレンス・タオ　ルベーグ積分入門　　定価はカバーに表示

2016年12月10日　初版第1刷
2024年 7月25日　　　第7刷

　　　　監訳者　舟　木　直　久
　　　　訳　者　乙　部　厳　己
　　　　発行者　朝　倉　誠　造
　　　　発行所　株式会社　朝　倉　書　店

　　　　東京都新宿区新小川町6-29
　　　　郵便番号　162-8707
　　　　電　話　03(3260)0141
　　　　ＦＡＸ　03(3260)0180
　　　　https://www.asakura.co.jp

〈検印省略〉

© 2016〈無断複写・転載を禁ず〉　印刷・製本　デジタルパブリッシングサービス

ISBN 978-4-254-11147-7　C 3041　　　　Printed in Japan

JCOPY <出版者著作権管理機構　委託出版物>

本書の無断複写は著作権法上での例外を除き禁じられています．複写される場合は，そのつど事前に，出版者著作権管理機構（電話 03-5244-5088, FAX 03-5244-5089, e-mail: info@jcopy.or.jp）の許諾を得てください．

好評の事典・辞典・ハンドブック

数学オリンピック事典	野口　廣 監修　B5判 864頁
コンピュータ代数ハンドブック	山本　慎ほか 訳　A5判 1040頁
和算の事典	山司勝則ほか 編　A5判 544頁
朝倉 数学ハンドブック［基礎編］	飯高　茂ほか 編　A5判 816頁
数学定数事典	一松　信 監訳　A5判 608頁
素数全書	和田秀男 監訳　A5判 640頁
数論＜未解決問題＞の事典	金光　滋 訳　A5判 448頁
数理統計学ハンドブック	豊田秀樹 監訳　A5判 784頁
統計データ科学事典	杉山高一ほか 編　B5判 788頁
統計分布ハンドブック（増補版）	蓑谷千凰彦 著　A5判 864頁
複雑系の事典	複雑系の事典編集委員会 編　A5判 448頁
医学統計学ハンドブック	宮原英夫ほか 編　A5判 720頁
応用数理計画ハンドブック	久保幹雄ほか 編　A5判 1376頁
医学統計学の事典	丹後俊郎ほか 編　A5判 472頁
現代物理数学ハンドブック	新井朝雄 著　A5判 736頁
図説ウェーブレット変換ハンドブック	新　誠一ほか 監訳　A5判 408頁
生産管理の事典	圓川隆夫ほか 編　B5判 752頁
サプライ・チェイン最適化ハンドブック	久保幹雄 著　B5判 520頁
計量経済学ハンドブック	蓑谷千凰彦ほか 編　A5判 1048頁
金融工学事典	木島正明ほか 編　A5判 1028頁
応用計量経済学ハンドブック	蓑谷千凰彦ほか 編　A5判 672頁

価格・概要等は小社ホームページをご覧ください．